CHASSE ET PÂTURAGE DANS LES FORÊTS DU NORD DE LA FRANCE

Pour une archéologie du paysage sylvestre (XIe-XVIe siècles)

http ://www.librairieharmattan.com
diffusion.harmattan@wanadoo.fr
harmattan1@wanadoo.fr

ISBN : 2-296-01870-X
EAN : 9782296018709

François DUCEPPE-LAMARRE

CHASSE ET PÂTURAGE DANS LES FORÊTS DU NORD DE LA FRANCE

Pour une archéologie du paysage sylvestre (XIe-XVIe siècles)

Préface de Robert DELORT

Postface de Jean-Jacques DUBOIS

L'Harmattan
5-7, rue de l'École-Polytechnique ; 75005 Paris
FRANCE

L'Harmattan Hongrie
Könyvesbolt
Kossuth L. u. 14-16
1053 Budapest

Espace L'Harmattan Kinshasa
Fac..des Sc. Sociales, Pol. et Adm. ;
BP243, KIN XI
Université de Kinshasa – RDC

L'Harmattan Italia
Via Degli Artisti, 15
10124 Torino
ITALIE

L'Harmattan Burkina Faso
1200 logements villa 96
12B2260
Ouagadougou 12

REMERCIEMENTS

J'exprime toute ma gratitude pour la disponibilité, les remarques et la générosité professionnelle du Professeur Jean-Jacques Dubois de la faculté de géographie à l'Université de Lille, membre du laboratoire de « Géographie des milieux anthropisés » et du Groupe d'histoire des forêts françaises, qui a accepté aimablement à partir de son optique en biogéographie historique de rédiger la postface de ce livre.

Une gratitude qui va également à la gentillesse et au regard critique du Professeur Claude Kergomard de la faculté de géographie à l'Université de Lille, directeur du laboratoire de « Géographie des milieux anthropisés ».

Au sein du même laboratoire, Madame Monique Bécu, Technicienne-photographe au CNRS, doit être remerciée pour la qualité et la minutie de son travail dans la mise au point définitive des illustrations. Toujours dans cette même équipe, Monsieur Pierre-Gil Salvador, Maître de conférences de la faculté de géographie à l'Université de Lille, doit être remercié pour ses commentaires avisés en géomorphologie et pour la stratigraphie.

S'ajoute également toute ma reconnaissance à l'Institut historique allemand de Paris et à son Directeur, Monsieur le

Professeur Werner Paravicini ainsi qu'aux « responsables réseaux », Messieurs Roman Kiess et Martin Baader, puisque mon séjour en tant que boursier francophone m'a permis de mettre la dernière main à cet ouvrage.

Je remercie aussi, grandement, le Professeur Robert Delort, pionnier de l'étude historique de l'environnement et des animaux, qui, avec son intelligence volontaire et exigeante m'accorde l'honneur de préfacer ces travaux, fruits d'un jeune chercheur enthousiaste.

Cet ouvrage voit le jour en ayant profité des conseils appréciés de Madame Andrée Corvol, Directeur de recherches au CNRS à l'Institut d'Histoire moderne et contemporaine et présidente du Groupe d'histoire des forêts françaises, ainsi que de ceux de Monsieur Stéphane Lebecq, Professeur d'Histoire médiévale de la faculté d'histoire à l'Université de Lille, en plus de la relecture enrichissante de Madame Corinne Beck, Maître de conférences d'Histoire médiévale de la faculté d'histoire à l'Université de Nantes, qui tous contribuèrent à l'éclosion qualitative de ce premier livre.

Merci à Armelle Masse, docteur en archéologie, pour certainement sa complicité, sa patience et ses conseils, en plus de sa relecture et de son soutien logistique durant ces années.

Merci aux nombreux bénévoles qui ont contribué à l'état définitif de cet ouvrage. En particulier mes parents qui ont relu et corrigé l'intégralité du texte. Une relecture qui fut également réalisée gracieusement par le très professionnel et ami Laurent Courcoul. De surcroît, ce texte fut agrémenté par le trait habile de la créatrice et graphiste Florence Masse.

PRÉFACE

Le titre de cet ouvrage pourrait paraître ambitieux ; c'est pourtant bien une étude, portée par quelques points de « microhistoire » mais portant aussi un vaste regard sur le temps long (XIe-XVIe siècles), dans un espace certes restreint (Nord de la France) permettant cependant l'émergence d'une archéologie des paysages des milieux forestiers.

Entendons-nous sur le terme « paysage », minutieusement défini, au copieux glossaire, dans sa conception globalement géographique et historique, à la suite de P. George : « portion d'espace analysée visuellement, résultat de la combinaison dynamique d'éléments physicochimiques, biologiques et anthropiques qui, en réagissant les uns sur les autres, en font un ensemble unique et indissociable en perpétuelle évolution… ; essentiellement changeant, il ne peut être appréhendé que dans sa dynamique, c'est-à-dire dans le cadre de l'histoire qui lui restitue sa 4e dimension. »
Une telle définition, surtout si l'on appuie sur les caractères géophysicochimiques de la « landšaftovedenie » russe et soviétique, concerne donc l'environnement observé autour d'un fait biologique ou anthropique en commençant par des bases fermes

et objectives, susceptibles de généralisation, et spécifiques de toute étude particulière.

Si nous revenons à la synergie ici embrassée, de la géographie à l'histoire, à l'archéologie et à l'écologie, la tâche paraît bien délicate quand elle se focalise sur les milieux forestiers, dont il faut considérer les relations réciproques, entre autres, avec des facteurs humains (ou animaux), qui, autant et plus que les autres, varient perpétuellement dans le temps court ou long de l'histoire, donc au rythme très rapide de l'anthropisation des écosystèmes, appréhendée par Michelet comme l'éternelle « lutte de l'homme contre la nature ». S'il y a bien lutte, et non entente raisonnable sinon raisonnée, il conviendrait alors de cerner plus précisément ses modalités, les actions, réactions, voire les intentions et les réalisations… les aspects juridiques, sociologiques, économiques, intellectuels, culturels, religieux…

Est donc tentée ici une étude globale et exemplaire du fait forestier tel que nous permettent de le cerner les sources archéologiques, géographiques… les textes et documents d'histoire, et les connaissances actuelles des sciences de la vie et de la terre que l'on peut, avec beaucoup de prudence, risquer dans l'étude de périodes point trop anciennes : les végétaux semblent avoir moins changé que les animaux ; mais leur répartition, leur diffusion, leurs absences ou présences en un même lieu, leur aspect, leur groupement… ont pu évidemment varier considérablement sur quelques siècles.

Ce qui est donc ici remarquable, pour le spécialiste, est une méthode, avant même que l'on ne s'attache aux résultats qui la confortent et la justifient.

Les textes les plus précieux que nous a laissés le Moyen Âge (des XIe au XVIe siècles) pour étudier et connaître l'environnement réel, la nature, non seulement telle que la voyaient les hommes de l'époque, mais telle que nous pouvons nous la représenter avec nos connaissances actuelles, sont, par exemple, les traités de chasse écrits par des seigneurs intéressés, curieux et compétents, de l'empereur Frédéric II ou du roi de Castille Alphonse le Sage (*De arte venandi cum avibus* ou *Libro de la Monteria*) à ceux du comte de Foix, Gaston Fébus (*Livre de la*

Chasse) ou de Henri de Ferrières (*Le roi Modus et la reine Ratio*) ; les traités d'économie rurale, de Walter de Henley comme de Pierre de Crescens voire de Jean de Brie, les multiples comptes de gestion des biens (recettes, dépenses, investissements) des propriétaires et de leur personnel ; les illustrations, précises ou fantaisistes qui les ornent. Ajoutons bien sûr les encyclopédies qui s'inspirent de ces œuvres ou diffusent les représentations de l'imaginaire clérical et folklorique, issu d'une mémoire partielle et réinterprétée de la production antique, peu à peu remaniée à la lueur d'observations directes depuis Hildegarde de Bingen, les exemples venus du monde islamique (que connaît même Vincent de Beauvais), la curiosité d'Albert le Grand et enfin l'omniscience de Conrad Gesner qui, au milieu du XVIe siècle, nous livre la somme des connaissances (plus que des croyances) de ses contemporains sur l'ensemble du monde naturel. Lectures et interprétations croisées permettent ainsi de distinguer les intentions et les impacts de l'action humaine sur la forêt, au niveau des paysans comme à celui des seigneurs (et propriétaires non exploitants directs).

F. Duceppe-Lamarre nous fournit ainsi, en liaison avec de nombreuses sources archéologiques, de nouvelles applications de la problématique présentée par R. Bechmann, sur l'exploitation de la forêt par les paysans, les défrichements, les choix ou maintien des essences en fonction de divers critères : bois d'œuvre et de construction, bois de chauffe ou charbonnage, arbres favorables à l'élevage par leurs feuilles, leurs pousses, leurs fruits (et pas seulement chênes et hêtres pour les porcins mais aussi châtaigniers dont un hectare fournirait sans gros effort humain autant de nourriture qu'un hectare de céréales durement travaillé), qualité des sous-bois, tolérance aux espèces tinctoriales ou médicinales, aux fougères utiles à la verrerie... Nous le suivons dans la forêt apprivoisée, appropriée, jardinée ou altérée avec les modifications des sols piétinés ou tassés dans les futurs prés salés ou fécondés par les excréments ou utilisés pour marne, sable, terre à bruyère... l'introduction ou la disparition de certaines espèces, les fluctuations des clairières et les coupes illégales, les enclos pour les pacages, les espaces encadrés par des enceintes annulaires, des alignements, des haies, des talus ou des fossés, des zones humides (ou des étangs poissonneux) étendues, maintenues ou réduites. Mais aussi les dégradations en cours par surexploitation, surpâturage, conflits d'intérêts entre utilisateurs, extension de sauvages nuisibles aux jeunes pousses ou aux herbes (daims, lapins...), toutes questions qui posent les problèmes d'une éventuelle protection ou d'un nouveau type d'aménagement.

On peut, à cette occasion, choisir, parmi tant d'exemples précisés sur le terrain, deux aspects originaux, dans le sillage d'études en cours, concernant des impacts d'intentions foncièrement seigneuriales sur le devenir et le modelage du paysage de ces milieux forestiers en fonction pour la faune sauvage, de la chasse et du droit de chasse que se sont peu à peu réservé les seigneurs, surtout laïcs, qui, à la différence des clercs, acceptent de faire couler le sang et de manier des armes susceptibles de blesser et de tuer. Cette chasse peut ne pas être interdite aux paysans qui ont toujours la possibilité de braconner ou de « cueillir » du petit gibier qui n'exige ni meutes, ni oiseaux, ni armes perforantes, ni chevaux... Les dames ellesmêmes peuvent chasser à l'oiseau, voire à l'arc l'animal qui gagne peu à peu l'Occident, favorisé par les seigneurs qui le diffusent en garennes ouvertes ou fermées à partir des XIIe-XIIIe siècles. L'extraordinaire prolificité du lapin a peu besoin d'être surveillée ou encadrée, sauf si les ravages aux formations végétales sont trop importants ; mais il est des « paysages » qui lui conviennent particulièrement et où on peut même, vu les revenus que l'on en tire, l'aider par élimination des prédateurs ou complément temporaire d'alimentation. La garenne ouverte s'étend en particulier dans les dunes de Flandre française, et tout autant en Angleterre et en Hollande comme nous le montrent les travaux de E. Veale jusqu'à P. Van Dam. Mais, à la suite de É. Zadora-Rio et C. Calou, nous devons insister aussi sur les garennes closes qui nécessitent des constructions (la motte à conils), des murs et des abris, voire la surveillance et l'élevage en semi-liberté.

Les garennes, réserves de gibier, ne sont à peu près spécifiques du lapin que sur la fin du Moyen Âge ; mais le gibier que l'on y « gardait » pouvait avoir besoin de plus grands espaces peu ou pas confinés ; on parle alors plutôt de « parcs de chasse », aboutissement parfois gigantesque des « breuils » (Brühl) des empereurs (Charlemagne à Aix, Barberousse à Kaiserslautern, Frédéric II près de Palerme), des rois (Henry II et les Plantagenêt à Tavistock, les Capétiens à Vincennes, les Navarrais à Olite...) et, à côté des 3 000 petits parcs de l'aristocratie anglaise, les grands ensembles des seigneurs français, comme celui du duc de Bourgogne à Hesdin (940 hectares ceints d'un mur de 13 km.) ou ceux du duc de Bretagne à Rhuys, 2 600 hectares à l'intérieur d'un mur de 5 pieds de haut, et surtout près de Chateaulin, avec ce mur de 32 km. si imposant qu'il fut appelé « moguer an Diaoul » (mur du Diable). J. Kerhervé a bien montré les nombreux intérêts de tels parcs où l'on trouvait « beaux déduits et esbats de chace », mais aussi de très belles forêts, parfaitement protégées, des espaces pour élever des animaux recherchés (haras pour chevaux) et même des sauvages, comme des cerfs, des daims ou des hérons, surveillés et éventuellement alimentés, plus, en liberté, en fosses ou en cages, des animaux exotiques ou rares : chameaux, paons, autruches, perroquets, ours, fauves... parfois une ménagerie plus cohérente comme à Angers ou à Berre, celles du roi René ou du Duc de Calabre. Le parc d'Hesdin est à ce sujet tout à fait exemplaire : nous apprenons qu'on y garde un castor, devenu très rare en Bourgogne, au point qu'il n'apparaît plus chez les pelletiers et que l'on se hâte d'en présenter un, vivant, à la duchesse ; le duc reçoit du grand maître de l'Ordre « de son païs de pruce » des aurochs, (deux buefs et deux vaiches sauvaiges), et, une autre fois, des chevaux sauvages, probablement des tarpans. Les conséquences de tels parcs de chasse sur la forêt sont considérables. Murs, bâtiments, hangars, volières prolifèrent et modifient notablement le paysage ; un personnel nombreux y reste à demeure ; il faut prévoir l'entretien des auxiliaires de chasse, chiens, rapaces, furets ; le transfert de grands animaux peut se faire sur des centaines de kilomètres ; en 1417, le duc fait faire une enquête à Aisey pour

savoir « combien de daims il avait ou parc dudit lieu et comment l'on en pourrait avoir six, c'est assavoir deux masles et quatre femelles pour les mener à madame la duchesse de Savoye qui les voulait avoir pour iceulx mettre en son parc de Rippaille sur le lac de Genève ». Il y a là introduction voulue dans un écosystème d'une nouvelle espèce, évidemment amenée à le modifier...
En dehors du parc, qui parfois grignote le reste de la forêt, se trouvent des fours à chaux, des pièges en creux ou construits, un aménagement pour des allées, des arbres d'alignement, des buissons cynégétiques où on laisse s'installer la broussaille pendant quelques années, le temps que les sangliers s'y installent...

L'un des intérêts majeurs de cette remarquable étude est donc de démontrer, par des exemples précis et aisément généralisables, que les activités humaines telles que l'élevage et la chasse entraînent, dans une mesure dont on méconnaissait l'ampleur, des modifications profondes du paysage forestier. Remercions F. Duceppe-Lamarre d'avoir exposé, étudié aussi finement et démontré que, parmi les nombreux facteurs qui agissent sur le paysage des milieux forestiers (et leur environnement), il n'en est guère de plus rapides et d'aussi durables que ceux attribuables à l'homme par le biais de ses rapports ambigus avec l'animal.

Robert Delort

Professeur d'Histoire

Universités de Lausanne et de Paris VIII

INTRODUCTION

Faire entrer l'archéologie dans le bois…

Archéologie et écologie : limites et nouvelles perspectives

Si l'archéologie sait aborder les milieux ouverts, elle demeure encore de nos jours dépourvue devant les milieux forestiers, autant pour des raisons scientifiques que techniques. Cet état de la recherche constitue une pesanteur négative qui explique la marginalité du thème forestier dans les études portant sur le paysage ou sur le monde rural, alors que les forêts se situent au cœur de l'économie et des mentalités des civilisations précontemporaines. L'archéologie, comme l'histoire, possède trop souvent une vision réductrice de la forêt. L'archéologue, et c'est là le principal reproche que nous pouvons lui faire, tient peu compte de la nature dans sa démarche. É. Zadora-Rio l'a dit lors du colloque « Du pollen au cadastre », l'archéologie s'est transposée en milieu forestier, plutôt que de se transformer en une archéologie forestière. Elle étudie les sites d'habitats ou proto-industriels dans un espace boisé mais sans liaison avec ce dernier, négligeant les vestiges archéologiques et les éléments de paysage témoignant de la multiplicité des formes de l'exploitation du milieu forestier. Les vestiges matériels provenant de sites d'habitats ou proto-industriels ont pourtant attiré les archéologues, mais ces derniers n'ont pas compris qu'il pouvait exister une spécificité du milieu, malgré quelques appels aux sciences de la nature. D'une certaine manière, l'archéologie a d'abord et surtout travaillé dans un paysage uniquement culturel.

De son côté, l'écologue élabore une théorie de la nature mais dont l'homme est absent. Or, de nombreux faits forestiers sont des œuvres humaines que l'écologue méconnaît, contrairement à la démarche prônée en biogéographie historique, par exemple. En tant qu'acteur fondamental de l'aménagement des paysages européens et en tant que superprédateur, l'homme constitue un sujet d'analyse privilégié. D'une certaine manière, l'écologie a trop travaillé dans un paysage uniquement naturel.

Le constat est clair, l'archéologie et l'écologie possèdent chacune leur propre regard sur la forêt. Afin de dépasser leurs limites respectives, il faut continuer sur la voie du rapprochement entre les sciences de la nature et les sciences historiques. Je définis donc l'archéologie forestière comme étant une étude de la diversité des forêts dans leur coévolution naturelle et anthropique. Oblitérer un de ces deux aspects revient à écorner notre compréhension des paysages. Il en découle deux conséquences qui refondent la vision forestière.

1. Les formes de l'anthropisation des écosystèmes.- G. Bertrand l'a bien relevé dès les années 1970, l'homme substitue dans les paysages des équilibres secondaires aux équilibres primaires. Cette modification, essentielle, incite l'archéologue à revoir sa vision du paysage forestier comme étant non plus un écosystème naturel, mais un écosystème que l'on qualifierait aujourd'hui – sans jugement de valeur – d'altéré[1]. Il n'est pas forcément tronqué dans sa réalité environnementale, il peut

---

[1] Les termes d'anthroposystème ou de géosystème sont également utilisés selon les auteurs à la place d'écosystème modifié, altéré ou tronqué.

également être enrichi par l'homme. D'une manière ou d'une autre, la diversité du vivant et ses relations avec le milieu doivent être prises en compte par les sciences historiques car cette diversité et ces relations varient non seulement dans l'espace mais aussi dans le temps.

2. La perspective du patrimoine mixte.- À partir du moment où l'on admet la double composante culturelle et naturelle des paysages, ceux-ci deviennent un patrimoine mixte. C'est dire qu'ils possèdent une histoire, dont certaines facettes sont économiques, juridiques ou politiques. Il faut donc étudier l'histoire de la gestion des paysages forestiers à partir de la diversité de ses composantes, s'interroger alors sur les transferts d'espèces vivantes, les incidences de ces transferts sur le milieu, sur la flore, sur la faune. Ces modifications répondent-elles à une volonté anthropique ou au contraire sont-elles accidentelles ? Comment sont gérés les paysages forestiers par les hommes de ces temps ?

En définitive, c'est à un renouvellement des méthodes d'approche en archéologie du paysage que nous assistons. Une démarche qui se veut à la croisée des sciences de l'homme et de la nature, comme J. Guilaine l'a si justement écrit dans les années 1990. Or de ce renouvellement procède une série de thèmes de recherches dont les résultats se font encore attendre malgré une dynamique certaine impulsée par les programmes Environnement, Vie et Société du CNRS. Les thèmes énumérés par C. Beck et R. Delort qui demeurent d'actualité sont cités ci-dessous et illustrent clairement que l'histoire de l'environnement a récemment quitté sa phase de décollage. Ce qui n'est toujours pas le cas de l'archéologie forestière.

« – la topographie forestière demeure encore largement méconnue pour les périodes prémodernes

– on ignore tout de l'histoire des pathologies forestières

– l'exploration de la faune historique est (...) commencée. »

Ce à quoi il faut ajouter que les écosystèmes des forêts tempérées de plaine sont peu étudiés en fonction des modifications anthropiques.

Si tant de sujets restent en suspens comme autant de « carottes de la recherche », convenons par ailleurs que certains d'entre eux figurent en bonne place dans le cadre d'une étude sur les interactions entre l'homme, l'animal et les forêts.

Chasse et pâturage dans les forêts du nord de la France

Les interactions nature/société sont au centre de cette recherche menée dans une perspective d'archéologie du paysage. L'action de l'homme sur les écosystèmes forestiers en fonction de l'animal chassé et élevé constitue le sujet d'étude. Je propose donc une réflexion sur les modifications forestières résultant de ces relations entre l'homme et l'animal. En d'autres termes, la problématique consiste à évaluer les enjeux de la chasse et du pâturage dans les milieux forestiers du nord de la France entre le XIe et le XVIe siècle, à partir d'une étude croisant les démarches des sciences historiques et des sciences de la nature. Il convient maintenant de voir comment peuvent se définir les différents termes de l'analyse.

L'homme doit être compris comme étant soit l'acteur d'une pensée, dont la portée peut parfois lui échapper, soit uniquement le penseur. L'homme qui rédige un acte importe autant que celui qui façonne la terre avec sa bêche, puisque les deux participent dans leur rapport propre à une construction de l'environnement. Concernant l'homme dans sa composante sociale, il faut préciser, dans la mesure où le critère est pertinent, quelle est sa condition sociojuridique, tout en s'intéressant à chacune : paysan, artisan, bourgeois, nobles laïques ou ecclésiastiques. Le ou la veneur de gibier « noble », comme le chasseur de rongeurs ou le braconnier de toutes bêtes, inscrivent leur rapport à la nature dans un contexte donné. Toutefois, et il ne faut pas se leurrer, les catégories occupant le haut de la stratification sociojuridique sont également favorisées par l'abondance de l'écrit durant la période d'étude puisque ce sont les producteurs des sources. Les archives décrivent d'abord les ecclésiastiques, puis les seigneurs laïques, soit ceux qui ont écrit les premiers et le plus durant leur vie. Toutefois durant ces vies, des aspérités apparaissent : conflits d'usages, abus, dégradation du milieu dont l'animal constitue au moins un enjeu, sinon un protagoniste marquant.

Les faunes forestières actuelles sont le résultat de coévolutions pour les périodes historiques. Il convient d'inventorier les espèces présentes et absentes par époque et par type d'espaces forestiers, en plus d'analyser les facteurs qui déterminent ces modifications et d'en retrouver les implications. En outre, l'aménagement du milieu physique en fonction des relations entre l'homme et l'animal est observé de près. Les deux relations fondamentales entre l'homme et l'animal, dans les milieux forestiers, sont celles du pâturage et de la chasse. Ce sont elles qui conditionnent l'analyse. Elles génèrent autant la présence que l'apparition d'animaux en plus d'aménagements forestiers. De ce fait, il est compréhensible que soit laissé de côté tout un pan de la faune ; en particulier les poissons et le monde des insectes à une exception près. En effet, ces derniers sont fort peu chassés ou élevés d'après les sources… alors que les premiers, comme chacun sait, ne sont pas des animaux forestiers. La précision s'impose, car cette étude se concentre sur un milieu, celui des sylves.

La forêt, c'est le monde physique qui environne l'homme, à la fois malléable et réfractaire à ce dernier. La nature est appréhendée dans une de ses manifestations qu'est le vaste thème des forêts de plaine de type tempéré. Il pourrait être défini comme étant la formation végétale stratifiée dans laquelle domine l'arbre et dont le milieu est favorable à une diversité faunique certaine. Ce milieu vivant particulier se comprend de deux manières distinctes mais s'interpénétrant. D'abord dans ses caractéristiques spécifiques, donc dans la définition des régions dites de diffusion naturelle des essences végétales, mais aussi à travers les divers degrés de ses modifications anthropiques, ce qui revient à dire que la forêt ne s'appréhende pas que par elle-même. En effet, les relations humaines avec l'espace boisé sont diverses et découlent d'une multiplicité de buts. Droits d'usages paysans, aménagements forestiers, piégeage d'animaux, sont générateurs de faciès et, par voie de conséquence, de thèmes de recherche en archéologie du paysage. Une archéologie du paysage qui s'inscrit de plain-pied au sein des préoccupations environnementales liées à l'aménagement du territoire dans une chronologie donnée.

En ce qui concerne les limites temporelles, c'est une longue seconde moitié du Moyen Âge qui part du XIe et mord généreusement sur le XVIe siècle. Les textes et les sources archéologiques étudiés s'insèrent à l'intérieur de cette fourchette de temps qui déborde du cadre chronologique traditionnel. Cette étendue temporelle, aux dates « rondes », se voit définie pour deux raisons fondamentales. Premièrement afin de circonscrire les évolutions lentes de l'histoire tant humaine que végétale. Des phénomènes peuvent apparaître permanents dans leur durée selon l'optique temporelle retenue, surtout lorsque l'on se rapporte à l'espérance de vie de plusieurs familles d'arbres et d'arbustes de milieu continental tempéré. Il faut donc multiplier les générations humaines pour se rapprocher de la longévité forestière afin d'écrire cette histoire. La deuxième raison tient quant à elle non pas au sujet, mais aux sources permettant de l'appréhender, c'est-à-dire afin de correspondre à l'évolution en nombre des documents écrits disponibles dans la région du nord de la France. Rares pour les premiers siècles, au point de se trouver face à une « triste steppe documentaire entre le IXe et la fin du XIIe siècle » selon R. Fossier, ils deviennent plus présents à la fin du Moyen Âge classique (XIIIe siècle essentiellement), puis tardif (XIVe-XVe siècles) et finalement encore davantage durant la Renaissance (XVe-XVIe siècles). Il n'est pas inutile de rappeler que les ensembles politiques voisins qui influençant davantage l'histoire de la région d'étude en plus de la diriger, sont le royaume de France, le comté de Flandre et le duché de Bourgogne entre le XIe et le XVe siècle, puis les Habsbourgs d'Autriche et d'Espagne aux XVe et XVIe siècles.

Le cadre géographique choisi, la frange frontalière du nord de la France, correspond à la partie française des anciens Pays-Bas. Géographiquement, la partie française des anciens Pays-Bas se trouve partagée entre le bassin belge et le bassin parisien, vaste zone au sein de laquelle se logent les forêts de plaine de type tempéré. L'inconfortable situation de région frontalière emmène en contrepartie à rechercher une zone pratique d'étude, soit celle de l'actuelle région administrative du Nord-Pas-de-Calais, ce qui ne représente en aucun cas une réalité historique en soi. La suite de ce travail coule donc de source : poursuivre cette enquête dans les limites correspondant aux comtés médiévaux afin de gagner en cohérence historique ; cela en sollicitant l'apport des sources écrites en flamand et bien entendu des collègues des anciens Pays-Bas du Nord. Mais avant de se projeter dans l'avenir, il y a d'abord deux points de méthode de la présente recherche qui doivent être précisés. En premier lieu, la question des échelles d'étude.

Les échelles d'étude du paléoenvironnement

La réflexion suivante part d'un constat émis par C. et G. Bertrand. Ces deux chercheurs affirment que « l'archéologie agraire reste effectivement à construire dans sa problématique comme dans sa continuité historique » et qu'une « archéologie d'échelle... reste encore à élaborer ». Ce qui est d'autant plus vrai, encore aujourd'hui, pour l'archéologie du paysage sylvestre. Outre la problématique qui vient d'être abordée, la question de la continuité historique, ou de l'écoulement du temps, et celle des dimensions d'observation sur le plan spatial peuvent être résolues de manière similaire.

1. Le temps.- Si l'on travaille du XIe au XVIe siècle, afin d'aborder les paysages dans leurs « nappes d'histoire

lentes » pour reprendre le langage de F. Braudel, travaille-t-on seulement dans une perspective du « temps long » ? Ce dernier n'est-il pas hétérogène dans sa consistance ? Pour les sciences historiques, on est bien dans une perspective pluriséculaire, donc dans une longue durée. À l'échelle humaine, cela est aussi vrai. Maintenant, si l'on prend en compte la longévité des différentes composantes vivantes de l'écosystème forestier, cela est nettement variable, et l'on risque de ne pas prendre le pouls exact de divers phénomènes de courte ou de très longue durée. De plus, si la ligne du temps est continue, celle de la documentation ne l'est pas. Pour un même espace forestier, il se présente parfois des vides d'un siècle ou deux. Ensuite interviennent des grumeaux documentaires où sont agglutinés tous les faits et gestes de la gestion forestière du moment, forçant ainsi le lecteur à devenir un familier des lieux et de certains acteurs. Au vu de telles discontinuités dans la longue durée, l'archéologie forestière doit utiliser conjointement différents pas de temps d'analyse à l'instar des géographes pour l'espace. Ainsi, au temps long braudélien s'adjoignent des séquences de temps courts de quelques mois à douze mois environ. Macrohistoire et microhistoire sont ainsi utilisées et permettent, par leur emboîtement, de ne pas passer à côté de mutations qui auraient été soit trop rapides, soit trop lentes pour être perçues.

2. L'espace.- La géographie, science de l'organisation de l'espace, apporte des modèles d'analyse scalaire et d'analyse paysagère. C'est-à-dire qu'elle instaure un ordre de grandeur des phénomènes observés, ici les unités de paysage[2] forestier, ce qui permet des comparaisons et des regroupements. Ce genre de procédé a été choisi pour l'analyse spatiale en relation avec le régime juridique des espaces forestiers. Les niveaux d'analyse forestière proposés par J.-J. Dubois sont repris en les adaptant aux réalités sociojuridiques de l'histoire. La région forestière se compose ainsi de systèmes forestiers

[2] Voir le lexique.

ou sylvosystèmes, qui sont eux-mêmes subdivisés en territoires d'élevage et de chasse forestiers. Ces territoires se subdivisent à leur tour en faciès forestiers locaux, les sylvofaciès, puis, plus petits éléments de la chaîne, en micropaysages forestiers[3]. Ces précisions, pour le moins utiles bien que techniques, sont révélatrices d'une rencontre efficiente entre les sciences de la nature et de l'homme pour l'étude du milieu forestier. Le second point de méthode devant être abordé, concerne en effet le caractère interdisciplinaire de la démarche poursuivie.

Une démarche interdisciplinaire portée par la polyphonie des sources

D'emblée, il faut insister sur la question cruciale de la collecte des sources qui s'effectue de deux manières complémentaires :

– la recherche de corpus étoffés d'archives concernant un même espace boisé

– la diversification de la nature et des types de documents.

Comme l'a auparavant démontré R. Delort, il faut pour étudier l'environnement, rassembler une documentation au demeurant éparse mais qui soit le plus riche possible de sens. Pour chaque espace boisé, le temps long est privilégié afin de saisir les évolutions cycliques ou structurelles. Outre le facteur temps, les sources rassemblées doivent viser un aspect synthétique. C'est-à-dire qu'elles doivent illustrer la pluralité des enjeux ou des intérêts concernant les milieux boisés en fonction de la chasse et du pâturage.

---

[3] Le sylvosystème s'étend entre quelques dizaines à quelques centaines de kilomètres carrés, le territoire d'élevage et de chasse entre quelques dizaines d'hectares et plusieurs dizaines de kilomètres carrés, le sylvofaciès de quelques hectares à quelques dizaines d'hectares et le micropaysage forestier correspond à un site d'habitat avec son environnement immédiat (cour et jardin).

Les documents soumis à cette investigation[4] relèvent de trois natures différentes : écrite, graphique et archéologique, catégories elles-mêmes sécables en divers types. Les sources écrites comprennent principalement des sources zoologiques (traités de chasse, d'élevage et d'agronomie) et des archives (actes juridiques et comptables). Ces sources de la pratique se distinguent essentiellement par la nature de leur information : les archives comprennent des données économiques, sociales et législatives contrairement aux traités qui abordent tout de même les comportements sociaux. Ces derniers sont écrits par des praticiens, comme Fébus, ou alors par des théoriciens qui s'abreuvent aux sources antiques comme Pierre de Crescens. En tout état de cause, bien que synchrones, aucun des traités n'a été rédigé dans la région d'étude ! En revanche, certains auteurs proviennent des régions voisines comme Jean de Brie et Henri de Ferrières alors que les autres sont issus des régions pyrénéenne et méditerranéenne. Leur présence s'explique parce que leurs ouvrages voyagent et parce que leurs informations aboutissent au sein de la région étudiée. L'ouvrage de Pierre de Crescens est traduit en français 53 ans après sa parution dans la péninsule italienne en 1320 par exemple, alors que le manuscrit de Fébus est dédié au duc de Bourgogne Philippe le Hardi de qui relèvent les comtés d'Artois et de Flandre depuis la mort de Louis de Male en 1384. Outre leur intérêt historique évident pour le sujet, il existe également une réelle pertinence de ces sources qu'il convient maintenant de tempérer. L'absence d'informations économiques empêche assurément d'apprécier au moins une part de la réalité des pratiques décrites. De plus, certaines informations peuvent s'intégrer à des ensembles régionaux sans être directement transposables à la frange frontalière de la France septentrionale. Les documents juridiques et normatifs arrivent donc à point nommé afin d'énumérer les coutumes locales et préciser les lieux de chasse comme d'élevage. En

[4] Lors de chaque thème d'étude présenté au cours de cet ouvrage, les divers types de sources utilisées sont passés en revue. Il n'y a donc lieu d'offrir, pour cette introduction, que leur présentation générale ainsi que leur critique d'ensemble.

outre, ce type de source brise à coup de tomahawk l'image par trop idéale d'un monde sans conflits que véhiculent les traités. Bien sûr un règlement d'usage forestier reste un portrait figé et manque ainsi de souplesse afin de décrire le quotidien ; c'est pourquoi la confrontation des sources reste un nécessaire présupposé. D'ailleurs, les sources comptables participent à ce tableau à plusieurs voix. Ce type d'archives, particulièrement riche en Artois avant 1384 puis dans les Pays-Bas bourguignons, permet d'analyser concrètement le fonctionnement d'importantes réserves cynégétiques. Un intérêt majeur qui modère également les propos des traités sur certains points ou les confirme en introduisant une réalité que l'on sent palpiter au rythme des données de la comptabilité. Ces textes requièrent une évidente patience de manipulation ainsi que des précautions. La réalité comptable est-elle toujours en phase avec la réalité des faits ? Toute action des contemporains dénuée de logique financière disparaît immanquablement des rouleaux ou des registres de ce type de source – quoique pas forcément des quittances. Dans certains cas de figure, une vérification peut être apportée par les vestiges.

Les vestiges se composent de structures archéologiques, d'aménagements de paysage et d'unités de paysages, donc de sites et de "hors-sites". Les vestiges comprennent ainsi des éléments archéologiques proprement dits et des éléments vivants qu'il convient d'étudier à partir d'une démarche ethnographique et biogéographique. Une lisière externe forestière non entretenue d'arbres étêtés qui alternent avec des buissons d'arbustes épineux constitue une unité de paysage archaïque alors que si elle est encore en usage, avec ou sans ajouts contemporains, comme les barbelés, elle devient dorénavant actuelle pour reprendre la classification d'A. Verhulst. Bien entendu, il faut se garder des anachronismes et cette approche vaut essentiellement pour sa démonstration de savoirs traditionnels afin de les comparer aux pratiques médiévales puis modernes des lisières externes pour la chasse et le pâturage. La part archéologique des limites forestières comprend des fossés, des talus, des palissades et des murailles qui composent des unités de paysages parfois fossiles. Mais ces deux derniers éléments font cependant passer des lisières à une clôture par un phénomène de monumentalisation qui vise autant à contenir les animaux qu'à limiter l'accès tout en manifestant le pouvoir du seigneur foncier. L'intérieur des espaces boisés contient pour sa part toute une série de sites d'occupation reliée aux activités pastorales et cynégétiques (loge de chasse, enclos, mottes, pièges). Toutefois, ces divers vestiges restent encore difficilement identifiables et leur datation pose problème. L'apport des textes constitue un précieux secours chronologique, alors que les sources iconographiques permettent une analyse des structures et de leur fonction. Cas à part, il faut ajouter les sources archéozoologiques qui contribuent à décrire avec de multiples précisions le cortège des animaux consommés. La comparaison avec les textes, parfois ardue il est vrai, dynamise l'approche des relations entre l'homme et l'animal grâce à d'importantes données quantitatives et par la description de la fin de la vie de la faune en question. Notons que cette image ostéologique est aussi complétée avec bonheur par l'iconographie.

Pour ce qui est des sources iconographiques, ce sont surtout les enluminures et les tapisseries qui décrivent des aménagements de paysage ou représentent les activités humaines en forêt. Bien que la tapisserie fut une spécialisation de la Flandre et de l'Artois, ce type de support a été peu sollicité en raison d'abord de ses rares éléments conservés en France septentrionale. D'autre part, le manque de synthèses sur le paysage en général restreint d'autant l'efficacité de la recherche. J'utilise tout de même une tapisserie conservée à Paris dont les personnages représentés se servent d'un cadre cynégétique pour leur rencontre. Hormis cet exemple qui se rattache au phénomène des jardins d'amour du XVe siècle, je me suis surtout attaché à l'analyse des enluminures des traités de vénerie. Ce type de source possède l'avantage insigne d'être directement relié au sujet qu'il représente d'après les données écrites du manuscrit. Bien sûr des modèles de croquis (régionaux ?) circulent, mais l'on reste résolument dans le domaine de l'illustration technique et zootechnique. Pour ces raisons, j'ai dressé des bestiaires pastoraux et cynégétiques à partir des traités ainsi que des typologies de pièges. De surcroît, je me suis intéressé au potentiel archéologique des structures et des techniques représentées sans quoi l'analyse de l'image serait en partie inopérante dans le cadre d'une démarche sur le paysage. Mais d'autres images servent également, comme les cartes et plans qui permettent d'étudier l'espace au cours du temps. Malheureusement, ces sources graphiques datent principalement des XVIIe et XVIIIe siècles pour la région d'étude. Tardives, elles ne décrivent pas un état synchrone des espaces boisés d'autant que la représentation cartographique repose sur des mesures de limites externes uniquement. Malgré ces réelles déformations, un contour général est parfois utilisable. Il permet en outre de contribuer à sa localisation approximative en relation avec des microtoponymes attestés par des textes datés. De la sorte, l'évolution de l'emprise forestière apparaît dans certains cas bien documentés.

Bien que chacune de ces trois catégories possède une nature différente qui induit un traitement distinct, toutes traitent des espaces forestiers en général ou en particulier en relation avec leurs fonctions pastorale et cynégétique. La possibilité de raccrocher à un espace donné l'information véhiculée est certainement, dans cette optique, la différence la plus importante entre ces documents. L'absence d'une telle possibilité justifie ainsi un classement à part des données qui sont considérées comme étant uniquement d'ordre contextuel – ce qui est le cas des enluminures et de certains textes narratifs ou législatifs.

C'est ainsi qu'à travers la partie française des anciens Pays-Bas, un certain nombre de zones d'étude ont été sélectionnées en fonction de la richesse des sources écrites concernant l'action de l'homme en forêt selon la composante animale telle qu'elle vient d'être définie (fig. 1)[5]. Leurs

---

[5] La figure 1 représente les principaux espaces forestiers de la frange frontalière du nord de la France. Les bosquets et les boqueteaux n'y sont pas illustrés pour des raisons de lisibilité. Cinq zones de concentrations de déboisements, qui existent pour l'essentiel après l'an Mil, sont discernables. La reconstruction/reconstitution paysagère du secteur de Mofflaines résulte de mes travaux uniquement, celle d'Hesdin reprend en partie les travaux de J. Lion, celle de Somain en partie ceux de R. Machut, celle de Mormal en partie

descriptions proviennent des abbayes de Cysoing, de Flines, de Liessies, de Marchiennes, de Saint-Vaast d'Arras, des chanoines d'Arras ainsi que du prieuré Saint-Georges d'Hesdin pour les réguliers ; des évêques d'Arras pour les séculiers et des comtes d'Artois, de Boulogne, de Flandre et de Hainaut puis des ducs de Bourgogne et des empereurs du Saint-Empire romain de nation allemande majoritairement pour les laïques. Bien qu'il faille rajouter de nombreux petits seigneurs, quelques clercs, des artisans et des hôtes afin de compléter ce tableau en plus des communautés villageoises, ils ne furent pas, sauf exceptions, les rédacteurs des actes.

En suivant cette démarche, il en résulte que la reconstruction des paysages forestiers est tentée sous certains de ses aspects grâce au commentaire de document, à la microtoponymie et à la cartographie régressive, en plus du terrain.

Deux types de prospection, avec leurs vitesse et échelle d'observation propres, conjuguent leurs résultats. Les prospections aériennes permettent une vision efficiente du palimpseste paysager, alors que les prospections terrestres, dites de surface, donnent un aperçu direct et à l'échelle humaine. Il faut cependant préciser que les prospections aériennes – dans le cadre particulier de l'archéologie forestière – ne donnent leur plein rendement que lorsque les forêts n'existent plus... ou qu'elles présentent des éclaircies par le semis des arbres, par les clairières ou par les variations saisonnières ou encore en étudiant la variation de hauteur des houppiers.

Pour chaque zone boisée, plusieurs campagnes de prospection de surface sont nécessaires. En effet, seule la répétition des passages durant les différents biorythmes saisonniers permet d'appréhender la réalité vivante actuelle dans sa complexité. Les horaires de fréquentation sont également variés. Chaque sortie de terrain, effectuée à deux ou à trois, apportait son lot d'informations consignées dans un calepin de prospection. L'enregistrement photographique est utilisé conjointement aux

---

ceux de J.-J. Dubois et celle d'Avesnes reprend intégralement les travaux de ce dernier auteur.

relevés archéologiques et botaniques ainsi qu'aux reports sur cartes (topographiques ou cadastrales).

Une telle double démarche porte ses fruits dans le décryptage d'attitudes du XIe au XVIe siècle face au réceptacle animal qu'est la forêt ainsi que pour le décodage de ses représentations figurées. Dans plus d'un cas, une cartographie peut être également proposée. Elle permet, dans un second temps, de procéder à des analyses de répartition spatiale des paysages forestiers. C'est ainsi qu'émergent des faciès locaux et des territoires d'élevage et de chasse grâce à l'étude régressive des évolutions anthropiques. Mais tout d'abord, avant même d'étudier les thèmes féconds de l'élevage et de la chasse, ne devons-nous pas réfléchir au milieu forestier et poser la question de savoir en quoi ce dernier est un biotope de faune construit par l'homme ?

PREMIÈRE PARTIE

BIOTOPE FORESTIER ET PÂTURAGE

Chapitre I.

Existe-t-il, pour l'animal, un biotope proprement forestier ?

Autant la recherche de ces dernières années a montré qu'il existe une dynamique des paysages, autant il faut poser le problème de la variabilité des milieux de vie pour les animaux en relation avec l'homme. Suivant cette optique, il faut s'intéresser à la manière dont les sources historiques et archéologiques d'époque médiévale évoquent le milieu forestier en tant que biotope pour l'animal. La question pourrait surprendre dans un premier temps, mais elle doit être envisagée afin d'appréhender comment les hommes du Moyen Âge ont lié les animaux avec les forêts. En d'autres termes, il faut savoir si les espèces animales présentes en milieu forestier fluctuent dans une perspective historique sous la conduite de l'homme. Pour ce faire, les types de sources, leurs caractéristiques et leur contenu sont passés en revue afin de faire ressortir les originalités et les permanences d'un pan de l'environnement médiéval d'après l'an Mil.

Le biotope forestier dans l'œil des paysans, des seigneurs et des traités

Le biotope forestier correspond à l'« ensemble des facteurs physiques et chimiques du milieu de vie d'une espèce (en l'occurrence animale) : essentiellement sol et climat » ici, dans le cadre d'une formation végétale arborescente. Il faut retracer les grandes lignes des différents modes de gestion des biocénoses qui eurent cours dans la seconde moitié du Moyen Âge au sein des milieux forestiers. Afin d'avoir une vue globale de la forêt en fonction des animaux qui y vivent, trois optiques convergentes sont sollicitées : celle des lettrés, celle de la seigneurie, puis celle des ruraux non nobles.

Sous le terme de traités sont inclus des rédacteurs d'ouvrages de chasse et d'économie rurale, tels le *Livre des commodités rurales* du bolonais Pierre de Crescens, les *Livres du roy Modus et de la royne Ratio* du normand Henri de Ferrières et le *Livre de la chasse* du comte de Foix Gaston Fébus. Tous datent du XIVe siècle, soit vers 1304 pour le premier, entre 1354 et 1377 pour le deuxième et de 1389 pour le dernier. Géographiquement, la dispersion prévaut pour les lieux d'origine. En revanche, la circulation dans la moitié nord de la France où des types de chasse similaires existent unit ces sources. Il faut aussi ajouter des ouvrages consacrés exclusivement à la chasse au vol pratiquée en forêt ou non : le *Dancus rex*, le *Guillelmus falconarius* et le *Gerardus falconarius*, qui s'échelonnent dans la première moitié du XIIe siècle pour les deux premiers et au cours du XIIIe siècle pour le troisième. Ont été exclus les auteurs de littérature ou de théologie, donc les références animales sous forme de métaphores et de monstres, en plus des travaux de compilation des encyclopédistes. L'animal sous l'angle de l'imaginaire ou l'animal non relié à son milieu de vie sont donc laissés de côté.

Le point commun entre ces ouvrages relevant d'un même type réside dans l'unité du sujet, alors que son intérêt provient de sa diversité de traitement. Si les traités de chasse et d'économie rurale établissent une distinction de nature entre les forêts-plantations et les forêts non anthropogéniques, seul Fébus note la fréquentation des deux par des espèces animales identiques. Crescens met l'accent sur la morphologie externe des espaces boisés ou semi-boisés à fonction cynégétique, alors que Fébus et de Ferrières insistent davantage sur leur composition interne. L'économiste rural parle donc des fossés, des haies bocagères et des murs maçonnés, alors que les chasseurs insistent sur les haies cynégétiques vives ou mortes, les fosses et les autres pièges employés en fonction des animaux. Le milieu de vie animal que représente la forêt avec ses modifications par l'homme apparaît clairement.

Le monde seigneurial a induit plusieurs types de relations avec les populations animales forestières. Si certains comportements sont propres à l'aristocratie, d'autres au contraire s'y sont agrégés. Une part de la faune mammalienne et aviaire devient ainsi propriété exclusive seigneuriale, comme son exploitation (élevage, transfert d'animaux, sélection), en même temps que des espaces forestiers sont affectés à des animaux en particulier (sylvopastoralisme, chasse, garennes). En outre, les bêtes les plus prisées étaient investies d'une symbolique dont l'écho se retrouve dans la culture seigneuriale à travers les relations féodo-vassaliques, l'anthroponymie, l'imagerie et l'écrit.

Des exemples d'une intégration au monde seigneurial des espaces forestiers ne manquent pas. Il est possible de classer ce phénomène en trois catégories générales selon la nature des relations homme/animal, c'est-à-dire selon les critères actuels de domesticité ou non et de familiarité d'après V. Pelosse et F. Audoin-Rouzeau[6]. De cette manière, on parle de chasse pour les espèces animales ne vivant pas auprès de l'homme, de leur

[6] Dans Audoin-Rouzeau F., « Bêtes médiévales et familiarité. Animaux familiers de l'esprit, animaux familiers de la vie », *Anthropozoologica*, 20, 1994, pp. 11-40 et Pelosse V. (dir.), Sauvage et domestique, *Études rurales*, Paris, ÉHÉSS, 129-130, 1993.

plein gré ou depuis peu, d'élevage pour les animaux domestiques et pour les autres, d'animaux de compagnie.

Un exemple l'atteste : celui des oiseaux de proie forestiers, des rapaces diurnes extraits de leur milieu de vie et qui se familiarisent en compagnie de l'homme. La mainmise seigneuriale sur ces espèces prend trois formes distinctes et complémentaires :

1. Aspect économique. Afin de chasser au vol, les seigneurs paient un prix élevé pour les oiseaux de proie qui sont capturés dans leurs domaines puis élevés pour les jeunes par un spécialiste de la chasse au vol. On paie un prix supérieur pour certaines espèces, pour les sujets robustes et les femelles ainsi que pour en avoir en grand nombre, signe manifeste d'un grand propriétaire foncier. En Hainaut, les comtes s'approvisionnent durant le XVe siècle dans leur forêt de Mormal (comptabilité des bois du Hainaut). En Artois aux XIVe-XVe siècles, les comtes d'Artois et de Flandre puis les ducs de Bourgogne ont recours aux espaces boisés du territoire d'élevage et de chasse d'Hesdin ainsi qu'à la garenne des bois de Mofflaines, sans parler d'achats extérieurs.
2. Aspect juridique. Si la cherté des prix des oiseaux de proie peut décourager plus d'un acheteur, c'est surtout l'interdiction frappant tous les non-nobles et tous ceux qui ne possèdent pas d'espaces de chasse dans la moitié nord de la France qui empêche les paysans de chasser au vol. En revanche, la capture et la vente de rapaces sont pratiquées par les ruraux.
3. Aspect des relations féodo-vassaliques. Valeur économique forte, jouissant d'un statut juridique particulier, certains oiseaux de proie ont en plus une fonction symbolique dans les relations entre seigneurs. C'est le cas de l'épervier ou de l'autour lors des prestations d'hommage lige d'après P. Tucoo-Chala et J.-O. Benoist. Ce qui se vérifie aussi entre le roi de France Philippe IV le Bel et son cousin Robert, comte d'Artois, dans un acte écrit daté de juin 1293, où l'on peut lire : *« Roberto, comiti atrebatensis et huis heredibus,*

comiti atrebatensis, donavimus ***spreverieum feodalem*** *de quo homagium ligium nobis fecit »*[7]. L'épervier, dans les toutes dernières années du XIIIe siècle, est devenu un gage de fidélité mais également de paix entre princes, au point que la normalité de cette relation est confirmée par l'expression d'épervier féodal (*spreverieum feodalem*). On comprend alors les illustrations du XIIe siècle de hauts seigneurs qui se déplacent accompagnés de leurs oiseaux de proie sur la *Broderie de Bayeux*.

Aboutissement exemplaire et illustre d'un phénomène d'accaparement seigneurial de la faune, dont les caractères sont certes variables mais se conjuguent invariablement sur les plans économique, juridique et très souvent des relations féodo-vassaliques.

Pour la paysannerie, la majorité de la population, les animaux des espaces forestiers se perçoivent tout à la fois de manière tronquée et nimbée. Tronquée puisqu'une part des espaces boisés est interdite d'usage aux paysans ainsi que la chasse de plusieurs espèces animales qui y habitent en tout ou en partie. C'est le cas du règlement daté du printemps 1528, qui s'applique à tous les « bois, forests et gharennes » du Hainaut sur lesquels le grand bailli des bois du Hainaut a juridiction (Arch. dép. Nord, B911, n° 17007). La perception est également nimbée puisque ces lieux deviennent partiellement inconnus en plus d'être peuplés d'animaux parfois nouveaux ou rares, ou tout simplement en grand nombre.

Une part des ruraux perd ainsi contact avec la réalité de la faune que promeut le monde seigneurial dans les espaces boisés. Ce que confirment les travaux de J.-H. Yvinec pour le haut Moyen Âge qui constate une individualisation partielle des milieux consommateurs au niveau des ensembles archéo-zoologiques. L'imaginaire prend alors le relais, tout comme les revendications. Celles-ci concernent les nombreuses limitations

[7] Arch. dép. Nord, B918, n°3482. « Robert, comte d'Artois et ses héritiers, également comtes d'Artois, à qui nous avons donné un épervier féodal et duquel il nous prêta hommage lige ».

d'usages, jugées souvent trop contraignantes par les villageois voisins des sylves seigneuriales. Car sur le plan animal, les forêts demeurent avant tout un lieu de pâturage – dont l'évaluation quantitative reste cependant difficile à déterminer – pour les animaux domestiques du village, tels les équins, les bovins, parfois les ovi-caprins mais surtout les suinés. La connaissance de la faune fréquentant les milieux forestiers reste donc pour les paysans centrée sur les animaux domestiques, bien avant les pratiques licites et illicites de la chasse.

Les traités, l'institution seigneuriale et la paysannerie mettent en avant une connaissance plurielle et réelle des faunes forestières. Elles apparaissent sous les traits d'une pratique quotidienne et d'une anthropisation différentielle selon les groupes sociojuridiques de ces temps. Les ponctions et les transferts d'animaux sont monnaie courante pour une diversité faunique plus vaste que de nos jours en contexte forestier. Il existe donc un biotope forestier en partie construit suite à des modifications apportées aux niches écologiques des espèces animales à majorité locales.

Convergence et clarté des sources historiques

Trois sous-groupes différents de sources historiques ont été sollicités : les cynégétiques[8], les comptables et les juridiques. Chacun possède ses singularités de forme, d'information et de traitement ainsi que sa chronologie. Les recoupements informatifs, spatiaux et temporels sont cependant nombreux.

Les sources comptables dépouillées proviennent intégralement du monde de la seigneurie, tant laïque qu'ecclésiastique. L'essentiel des actes est issu des comtes d'Artois pour une partie de l'actuel département du Pas-de-Calais, et pour celui du Nord, la majeure partie est le fait de l'abbaye de

[8] Dont l'imagerie est discutée avec les sources.

Liessies. Une tactique d'évaluation sous forme de sondages fut choisie pour le Hainaut, vu l'important fond d'archives conservé. Chronologiquement, la comptabilité artésienne conservée émerge dans le dernier quart du XIIe siècle grâce aux quatre « Gros Briefs » de 1187, de 1239, de 1255 et de 1295, couvre l'ensemble du XIIIe et du XIVe et s'étiole pendant quelques documents au cours du XVe. La documentation hainuyère englobe pratiquement tout le XVe siècle alors que celle de l'abbaye de Liessies avale principalement les XVe, XVIe tout en débordant sur les XVIIe et XVIIIe siècles.

Les archives comptables permettent de se faire une idée des activités de chasse mais aussi d'élevage en forêt. Le portrait des relations homme/animal dans le biotope forestier devient plus complet. D'autant que les sources comptables nomment les sylves en fonction de leur gestion, ce qui permet l'identification, l'énumération et la localisation ouvrant ainsi la porte à l'analyse spatiale. On peut ainsi estimer que les religieux de Liessies et ceux de Marchiennes gèrent une petite dizaine de forêts. Les comtes de Hainaut plus d'une trentaine, dont une part des massifs de Mormal et de Vicoigne, tandis que les comtes d'Artois s'occupent sensiblement d'un même nombre, quoique de moindre importance en superficie.

De leur côté, les sources juridiques allient les informations d'ordre théorique, de type normatif, aux cas pratiques, de la vie courante. Issues majoritairement des détenteurs du pouvoir sur les espaces boisés et les espèces animales qu'on y trouve, elles parlent cependant fréquemment de la paysannerie sous son mauvais jour. Les archives conservent des documents des rois de France, des comtes d'Artois, de Flandre et de Hainaut, mais aussi de seigneurs laïques de rang moins élevé et d'ecclésiastiques. Les évêques d'Arras ainsi que les abbayes et prieurés d'Hesdin, du Cateau, de Cysoing, de Flines, d'Hasnon, de Liessies, de Loos, de Marchiennes, de Valenciennes et de Vaucelles en font partie. Ces documents, épisodiques, émaillent les XIIIe, XIVe, XVe et XVIe siècles.

L'ensemble des sources écrites permet de scruter autant les conceptions normatives de la faune forestière que les cas pratiques ayant eu cours dans une partie du nord de la France de la seconde moitié du Moyen Âge. Il se dégage ainsi une vision tressaillante de la multiplicité des rapports de l'homme à l'animal en forêt.

Les traités cynégétiques, en particulier ceux de Fébus et de Ferrières, apparaissent au regard du chartrier d'Artois (Série A, Arch. dép. Pas-de-Calais) d'une grande précision informative, autant sur les méthodes de chasse qu'à propos du comportement animal. Un exemple l'atteste avec éloquence. Fébus décrit dans le premier chapitre de son livre un comportement courant des cervidés lorsqu'ils sont chassés à courre. « Et, quant il [le cerf] est chaut et las, il se vet rendre et refreschir es grosses rivières et se fera porter aucune fois à l'iaue demie lieue ou plus sans venir à l'une rive ne à l'autre. Et ce fet il pour deux raisons, l'une pour soy refroidir et refreschir dou grant chaut qu'il a, l'autre pour ce que les chiens ne veneours ne puissent aller après lui ne assentir les chiens en l'eaue, comme ilz ont fet par terre. Et, si en tout le païs n'a grosse rivière, il vet as petites... Et, quant il ne peut trouver rivières, il vet aux estancs ou autre marés ou marcheis ». C'est ce comportement que l'on retrouve transcrit dans un style épuré qui sied à la comptabilité. « Le tiers jour de janvier à Hédinc : à un homme qui trait une biche del yaue, que monseigneur avoit chacié. Les quiex monseigneur li donna 32 deniers parisis » (Inventaire-sommaire Arch. dép. Pas-de-Calais, A178, datation : 1302). Succinct, mais riche d'informations complémentaires d'ordre pratique comme le jour et le prix de la tâche, l'extrait de compte complète et est complété par le chapitre consacré à la chasse du cerf du traité de Fébus. Le veneur s'intéresse à la description du comportement de l'animal et énumère les éléments de paysages fréquentés, toutes informations qui disparaissent dans le document comptable, lequel met l'accent sur les faits humains et leur coût financier. Il y a là deux logiques distinctes sous-tendant deux types de sources historiques qu'il est profitable d'utiliser afin d'étudier les biocénoses forestières. C'est probablement pour cette raison que des générations d'historiens ont oblitéré le parallèle, c'est-à-dire pour des raisons de méthode essentiellement.

Les actes normatifs apportent de leur côté un portrait nettement plus bipolaire. Si certains figent les relations homme/animal en milieu forestier – c'est le cas des divers types de règlements –, les autres dénotent au contraire un aspect mouvant ; la fréquence des amendes va dans ce sens. Cet état de fait est confirmé par les différentes comptabilités seigneuriales qui font une place aux revenus perçus grâce aux multiples contrevenants. Les archives abbatiales de Liessies, en Avesnois, sont particulièrement explicites à propos des pâturages illégaux opérés dans leurs forêts. C'est là un cas de figure dont la fréquence, où que l'on soit d'ailleurs, confine au banal mais trace en même temps un portrait d'ensemble des pratiques interdites de pâturage forestier.

On se rend rapidement compte, en consultant les sources écrites, que les milieux forestiers renferment une diversité faunique certaine. Plusieurs questions viennent alors à l'esprit. Les écosystèmes forestiers ont-ils été protégés en raison de leur faune ? Dans quels sens a-t-on modifié les biocénoses sylvestres ? Quelle est la part de la pression démographique et des mentalités dans ces choix ? Ces trois interrogations tournent toutes autour de la place de l'animal en milieu forestier au regard de l'homme, selon les témoignages de son savoir, de ses goûts, mais aussi de ses ignorances.

Si certaines espèces animales sont accaparées, leurs milieux correspondants le sont également. C'est le cas des garennes à lapins, à cygnes ou à faisans, comme des héronnières. C'est aussi le cas des espaces boisés pour le cerf, le daim et le sanglier par exemple. Ce phénomène est appelé par G. Bertrand « la protection aristocratique de la macrofaune », à laquelle il faut ajouter la microfaune. Plusieurs documents attestent d'espaces boisés protégés, hébergeant des espèces animales défendues et dont la propriété revenait aux maisons d'Artois, d'Avesnes, de Flandre et de Hainaut. Il y eut protection et déplacements par l'homme mais pas d'extinction. Peut-être en partie parce que les amendes pour braconnage étaient élevées, dans les diverses régions de France. Si des chasses illégales s'effectuent, il n'y eut pas de « forests, haies et buissons » qui auraient été « comme toutes despeuplées, vuidées et desgarnies des dictes bestes [cerfs, biches et sangliers en l'occurrence] » pour reprendre les termes et l'emphase stylistique de ce passage qualifiant la forêt royale de Crécy-en-Brie (Picardie) d'après un document daté du 7 septembre 1393 (Arch. dép. Nord, B906 n°12732).

Une certaine protection des écosystèmes en France septentrionale pourrait donc être interprétée d'après l'absence de documents incriminants. En effet, le succès de la faune sauvage vivant dans des ensembles forestiers pour la chasse ou l'élevage décrit avec clarté les facultés d'adaptation des animaux. C'est par le biais de l'introduction de mammifères, principalement, plutôt que par la création *ex nihilo* de milieux forestiers que se joue la question du biotope pour la chasse comme pour l'élevage.

L'utile complément des données archéologiques

Les sources écrites permettent de dessiner un portrait vivant et évolutif des protagonistes dans des milieux boisés en mutation grâce à la pluralité des relations entre l'homme et l'animal. Type de source incontournable, l'écrit n'est cependant pas la seule à être indispensable dans le cadre de recherches environnementales. Les sources archéologiques comprennent trois types de données avec le terrain, les ossements animaux et les images, qui furent sollicitées peu ou prou. Les données de terrain décrivent l'état actuel des paysages forestiers. Acquises par voie prospective (terrestre ou aérienne), elles sont les plus difficiles d'accès et demandent le plus de temps de lecture au chercheur. L'archéozoologie apporte ses lots d'ossements animaux qui ont été étudiés à travers des monographies ou des synthèses exclusivement. Les sources imagées se scindent en deux tronçons : les illustrations, majoritairement issues des traités mais aussi d'autres livres enluminés, de tapisseries ou de broderies et les cartes qui, bien que nettement postérieures, enregistrent un état des paysages boisés. Le premier point à discuter concerne l'aspect « décousu » de l'ensemble des données que constituent les sources archéologiques.

Chacun des types de sources utilisées contient ses propres limites heuristiques qu'il convient de rappeler brièvement. Ces limites ont été prises en compte dans l'élaboration de la problématique de recherche.

Le plus grand problème relié aux travaux prospectifs est certainement d'ordre chronologique. Les paysages que l'on a devant les yeux sont un état actuel dont, dans la plupart des cas, la réalité temporelle qui se trouve sous les pieds, nous échappe faute de sondage ou de stratification apparente et parlante. Qui plus est, dans nombre de cas, les structures de l'archéologie forestière sont difficiles à dater vu la rareté des témoins culturels qui lui est reliée. Toutefois, c'est bien la part de l'héritage médiéval dans le paysage actuel qu'il faut discerner.

Les travaux archéozoologiques ont augmenté en nombre ces dernières années en France septentrionale d'après les corpus de données de F. Audoin-Rouzeau et de B. Clavel. Ils ont porté, surtout, sur des sites urbains ou parfois ruraux mais non forestiers ou alors indirectement reliés aux milieux forestiers. Les limites résident dans le caractère indirect de l'information : on ne peut en effet certifier pour nombre d'animaux leur milieu de provenance. Dans l'état actuel des connaissances, on ne pourra affirmer que tels ossements de lapins proviennent de garennes boisées et encore moins tenter une localisation. Par ailleurs, selon la règle de continuité, une espèce actuellement forestière est considérée comme étant une espèce forestière durant l'époque médiévale. *A fortiori* si des documents écrits peuvent l'attester. Les sources écrites décrivent les milieux producteurs et les éventuels contacts avec les animaux alors que les sources archéozoologiques procèdent des milieux consommateurs de la faune. Il existe donc un décalage évident entre ces sources, ce qui fait émerger l'incontournable nécessité de les croiser dans une optique anthropozoologique selon F. Duceppe-Lamarre, S. Lepetz et J.-H. Yvinec.

On le sait, un pan entier du langage de l'image médiévale relève de la pensée symbolique. Il échappe donc en partie à la logique de la pensée rationnelle contemporaine. La métaphore a préséance sur la description, surtout dans l'imagerie relevant du sacré. C'est par ce processus que bon nombre d'animaux et de lieux sont chargés de sens et deviennent ainsi, soit des monstres, soit des espaces du mythe. D'où la méfiance de certains médiévistes, comme R. Delort, ce qui ne les empêche cependant pas d'y recourir mais avec précaution. Il faut donc ou chercher des images profanes « neutres » – voie suivie – ou alors tenter de tirer des enseignements probants de la pensée symbolique médiévale, ce qui demeure toujours délicat.

Les images profanes neutres, c'est-à-dire des illustrations à valeur plus proprement descriptive que métaphorique, abondent dans les traités d'économie rurale et de chasse tant au vol qu'à courre. En effet, les images employées sont reliées directement au texte afin de lui servir de support ou d'aide-mémoire visuel. Le traité de Gaston Fébus va même plus loin puisque, comme l'a noté P. Tucoo-Chala, l'auteur établit plusieurs renvois aux illustrations et écourte volontairement son texte en prenant appui sur les enluminures. C'est ainsi que Fébus « ne s'attarde pas à la description extérieure des animaux car les miniatures sont là pour remplir ce rôle. Dès le début, il [Fébus] a prévu une illustration avec dessins ou miniatures et y fait allusion à plusieurs reprises ». La richesse documentaire est donc également le fait de l'image, d'où son intérêt pour l'archéologie du savoir. Il faut tempérer toutefois ce bel optimisme, en rappelant qu'il existait des séries de modèles qui étaient recopiés d'un ouvrage à un autre et finissaient par perdre, à l'usage, de la précision. Les imprécisions étaient soit de nature anatomique soit perturbatrices afin de définir l'aire de diffusion de l'espèce animale dans le cas de modèles iconographiques qui voyagent.

Les archéologues des périodes historiques, contrairement aux préhistoriens, se sont penchés seulement récemment sur l'étude des milieux dits naturels ou sur les unités de paysage. Certaines lacunes documentaires peuvent dès lors être comblées par cette récente ouverture épistémologique. L'action de l'homme sur le milieu forestier en général et ses modalités d'applications deviennent alors un champ d'étude archéologique qui s'est affirmé notamment lors des colloques *Archéologie du paysage* et *Du pollen au cadastre* en France[9]. La convergence de l'appropriation seigneuriale de l'espace et de la faune, phénomène historique et archéologique, pouvait sortir de la pénombre[10]. L'implantation et la constitution de zones d'élevage en semi-liberté dans des espaces boisés aménagés possèdent des retombées environnementales et économiques, tout autant que socio-juridiques et culturelles. L'émergence de l'archéologie est donc justifiée dans ses présupposés et ses interventions.

L'archéologie de la forêt, dans une perspective qui traite de la faune, cherche donc à reconstruire les écosystèmes forestiers, en l'occurrence d'époque médiévale. Pour ce faire, elle étudie des cas par leurs composantes et dans leur fonctionnement, mais aussi dans leurs répercussions environnementales. C'est donc essentiellement une démarche empirique et inductive qui aboutit à constituer un corpus de données étoffé.

Par ailleurs, en se plaçant toujours dans la même perspective, l'archéologie de la forêt tente également de reconstituer les écosystèmes forestiers médiévaux. Cette fois-ci, elle établit des liens entre des faits et les agence de manière logique selon le degré de plausibilité le plus élevé : elle aboutit à des modèles théoriques. On est alors en présence d'une démarche de nature hypothétique et déductive. Une telle procédure tend à classer les données selon différentes échelles d'observations. L'intérêt tardif de l'archéologie, sa progressive constitution d'une approche conjointe des sources, un secteur en voie de reconnaissance et mal financé : toutes caractéristiques de l'émergence de cette discipline dans un champ d'exploration nouveau. En partie

---

9 Le premier eut lieu à l'École normale supérieure à Paris en 1977, le second à l'Université de Lille en 1985.

10 On peut citer l'Atelier de l'Institut historique allemand de Paris du 12 juin 2006 intitulé Environnement et pouvoir : une démarche historique organisé par François Duceppe-Lamarre (IHAP) et Jens Ivo Engels (Université de Fribourg).

nouveau en effet, et certainement renouvelé par la mise en relation des apports des données que sont l'iconographie, les ossements et les paysages forestiers dans une démarche géo-historique des interactions nature/société.

Chapitre II.

Le pâturage forestier

Une « pâture boisée » ?

En plus de la faune sauvage qui les peuple, les espaces forestiers reçoivent la visite de la faune domestiquée médiévale. Seigneurs et paysans, non sans conflits toutefois, pratiquent le pastoralisme forestier, comme dans les autres régions françaises de cette époque ou dans les pays voisins. Cependant, tous les animaux ne sont pas les bienvenus et les cheptels autorisés doivent suivre des rythmes et des pratiques coutumières.

Si l'on sait qui pratique le pâturage forestier, il faut surtout poser la question où et quand ? Je commencerai pour des raisons de clarté par voir le rôle et l'importance respectives des protagonistes, les seigneurs laïques et ecclésiastiques, puis la paysannerie. Par la suite, il faudra s'attarder sur les conflits et sur les litiges, puissants révélateurs du fonctionnement et de la mécanique juridique entre les parties en présence.

Dès le premier coup d'œil, transparaît la prédominance seigneuriale étant donné que ce milieu est à l'origine des sources écrites. Il est certain que les seigneurs possèdent plus d'espaces boisés, tant en nombre qu'en superficie, par rapport à la paysannerie. Ce qui confère aux premiers une plus grande liberté de choix pour leur gestion. Par ailleurs, et les travaux de G. Sivéry l'ont démontré pour le Hainaut et la Thiérache, il est traditionnellement donné trop d'importance à la seigneurie par rapport aux communautés villageoises. C'est un travers manifeste qu'induisent les sources écrites, la part de la tradition orale restant le plus souvent obscure... D'une manière générale cependant, les textes ne sont pas bavards sur le sujet. Souvent les textes (cas des évêques d'Arras) confirment des possessions de droits, d'usages ou de lieux, sans préciser le milieu où s'exercent ces prérogatives. Il faut plutôt s'orienter vers les documents écrits juridiques (contrats, règlements, chartes de franchises), les comptes et le bataillon des sources juridiques et financières gérant les délits et leurs frais afférents.

Au cours des dépouillements, peu de mentions de pâturage forestier seigneurial sont apparues. Cela, même dans les ensembles les plus étoffés, comme l'*histoire-polyptyque de Marchiennes*, le *Cartulaire de Cysoing* ou le *Cartulaire-chronique du prieuré Saint-Georges d'Hesdin*. Pour ce dernier ensemble, R. Fossier explique le peu de mentions de deux manières : « l'élevage demeure une affaire personnelle », mais aussi à cause de « la pratique d'une stabulation dont on sait qu'elle indique un progrès certain dans l'histoire de l'élevage ». Le médiéviste rajoute que les mentions de prés à usage pastoral sont fréquentes dans les actes : elles vont donc dans ce sens. Un exemple de la première moitié du XIIe siècle pour cette région peut être donné avec le terroir d'Hautmainil (Pas-de-Calais). La communauté du prieuré St-Georges d'Hesdin s'entend avec le sire chevalier Hugo d'Arsincourt au sujet de terres et de forêts, dont « *pascuasque in omnibus locis suis tam in nemoribus quam et in terris* ». Le pâturage se pratique dans des espaces boisés (*nemoribus*) et dans d'autres éléments leur appartenant dans l'agrosystème local (les *terris* du passage cité).

Il semble vraisemblable que le seigneur foncier d'un espace boisé y pratiquait le pâturage sans laisser de traces écrites. Le contraire serait étonnant. Les ententes entre seigneurs laïques et ecclésiastiques confirment cette idée, puisque dans ce cas les contractants doivent préciser ce genre d'usage forestier. Des traces dans le premier quart du XIIe siècle existent dans le comté d'Avesnes pour les bois de Cartignies, de Féron, de Fontenelles et de Fourmies, copropriété des seigneurs d'Avesnes et de l'abbaye de Liessies (annexe I). Les siècles suivants ne voient guère de changement à cette manière de faire. Dans le premier quart du XIIIe siècle, on peut également citer un cas similaire entre l'abbaye de Cysoing et son avoué. À partir du XIVe siècle en revanche, la nature des sources change. Ce sont davantage les comptabilités seigneuriales qui attestent avec une éloquence continue les pratiques pastorales forestières. Le montant et la durée des pacages d'animaux sont notés, ce qui permet dans certains cas d'entrer dans l'histoire sérielle. Les archives du Nord conservent à cet égard une riche comptabilité des bois seigneuriaux de l'abbaye de Liessies pour les XVe et XVIe siècles, mais c'est un cas unique correspondant à une région très richement boisée encore de nos jours.

Une carte représente la répartition de l'élevage forestier seigneurial d'après les dépouillements sectoriels opérés (fig. 2). L'intérêt de cette carte réside dans la comparaison des ensembles paysagers. On y voit d'une part que les vastes espaces forestiers servent de pâturages seigneuriaux, comme les massifs de l'Avesnois, de Mormal ou d'Hesdin. Cela n'est guère étonnant puisqu'ils correspondent aux propriétés des grandes abbayes ou de seigneurs de haut lignage. En revanche, on peut être intrigué par la présence des diverses formes de pâturage sylvestre dans des zones où abondent les prés et leurs mentions dans les textes. C'est le cas des environs du bourg fortifié d'Hesdin (l'actuel Vieil-Hesdin, Pas-de-Calais) et des terroirs de Cysoing, de Marchiennes et de Somain (Nord). Hesdin bénéficie de sols de la plaine alluviale de la Canche pour le pâturage ainsi que Marchiennes avec la Scarpe. En outre, Marchiennes profite d'abondants pâturages marécageux, ce qui est également le cas pour Cysoing et Somain. Vu la part substantielle que semblent représenter sylves, prairies humides et râches (marais) dans les finages de ces communes, la part de l'économie rurale qui repose sur l'élevage se démarque nettement par son importance. Trois unités paysagères sont ainsi sollicitées afin de répondre aux besoins des troupeaux seigneuriaux et paysans. Est-ce un phénomène d'expansion de l'élevage pour ces secteurs au cours des XIIe-XIIIe siècles ? R. Fossier le pense et induit un progrès de la stabulation, au moins pour le secteur d'Hesdin durant le XIIe siècle. Le sylvo-pastoralisme intervient-il alors afin de combler le manque des prés pour satisfaire à l'accroissement du cheptel ? Ou est-ce l'inverse ? La création des prairies dans les bois par effet de clairière répond-elle à la demande croissante de pâturage et ainsi sectorialise-t-on les animaux domestiques ? À moins que le pâturage forestier ne réponde à des goûts culinaires précis et ne concernant que certaines espèces animales ? Autant de questions – dont certaines sont plus vraisemblables que d'autres – autant d'études précises à entreprendre.

Quels paysans envoient paître leur bétail dans les bois et où ? La réponse varie selon les cas en fonction du statut socio-économique et du lieu de résidence, mais aussi chronologiquement. Type d'évolution caractéristique des « terroirs pleins », l'abbaye de Marchiennes codifie le pâturage forestier entre le milieu du XIe siècle et le premier quart du suivant. Les paysans qui possèdent des animaux de trait y ont droit gratuitement s'ils tiennent leur exploitation en précaire ou pour des corvées de transport. Les troupeaux étrangers doivent quant à eux payer un montant au gardien de la forêt, le cellérier, qui fixe également la durée du séjour des animaux d'après B. Delmaire. On le voit, l'accessibilité était limitée et contrôlée, parce que parfaitement intégrée à l'économie seigneuriale des ecclésiastiques réguliers locaux (fig. 3). La communauté religieuse pouvait ainsi gérer les flux du cheptel villageois en relation avec son appréciation de la superficie forestière. Mais où se situe-t-on, dans un tel cas, par rapport aux communaux ? En amont de leur naissance ou non ?

Une catégorie particulière de paysans a pu ressortir des textes : les hôtes. Ruraux habitant les forêts, isolés ou non, ils jouissent d'avantages et d'inconvénients provenant du milieu de leur implantation. En général ils sont autorisés à défricher et à faire paître leurs animaux domestiques, faute de terres cultivables et de pâtures non vêtues. Les hôtes-défricheurs ne sont présents que dans la partie septentrionale de la forêt de Marchiennes aux XIe-XIIe siècles d'après les textes, mais l'*histoire-polyptyque de l'abbaye de Marchiennes* ne fait aucune mention de pâturage dans ces lieux. Probablement un choix du scribe, mais pour quelle raison ? Parce que les hôtes sont de très modeste condition et qu'ils n'ont donc, s'ils en ont, que très peu de têtes de bétail. Plausible. R. Fossier penche lui aussi pour une « position des plus modestes » des hôtes durant le XIIe siècle dans la vallée de la Canche. Donc peu de bétail, et lorsqu'il existe, le pâturage forestier lui est normalement octroyé sauf indication contraire, comme pour l'avouerie de Somain dans le premier quart du XIIIe siècle. On y apprend, dans une transaction passée entre l'abbaye de Cysoing et Pierre de Douai touchant les droits qu'y possédait ce dernier, à l'article 17 : « que se daventure, je ou mon hoir, en le dessus dicte terre y instituons des hôtes avoecq ceulz qui ja y sont institués, ne aront **nul usage du tout, nul droit, ou leurs bêtes en herbes, en vert, ne en secques rainsiaux dudit bois** ». Le sylvopastoralisme serait donc interdit aux hôtes après avril 1219 dans le bois Brullel, contrairement à d'autres hôtes qui furent précédemment installés. Cet exemple illustre donc le caractère récurrent, mais non intangible, de la pratique de l'octroi du pâturage forestier à une catégorie de pauvres ruraux, les hôtes, et au maigre cheptel qui pouvait les accompagner.

La présence d'usagers n'ayant pas les mêmes droits forestiers pouvait générer des conflits. D'ailleurs, la majeure part des litiges et des délits de pâturages illégaux que consignent les actes eurent lieu entre paysans et seigneurs. C'est pourquoi j'utilise l'expression de « conflits verticaux » et qu'il leur est consacré une place à part. Par ailleurs, il existe une nette disproportion dans l'échantillon en faveur des documents les plus tardifs, en l'occurrence ceux du XVIe siècle. Leur nature diffère également : les actes du XIIIe siècle, par exemple, transcrivent des contestations de droit entre les parties, alors que ceux du XVIe siècle se contentent de dresser des listes d'amendes. Regardons ensemble les sources concernant l'abbaye de Cysoing avec celles de Saint-Pierre d'Hasnon et de Liessies de façon diachronique et spatiale. Les communautés d'habitants de Louvil et de Cysoing contestent différents usages forestiers à l'abbaye Saint-Calixte de Cysoing. Cette dernière se plaint de son côté que les habitants « **wastoient à tort nos bos del Mal Ansnoit, del Salengroit et del Let**, en sartant, copant et **paiscant** et de nos fosses ki sont fait en no propre tiere qu'il peskent et enpirent en merant lor lin en roe et en remplant de wasoul et de raime ». Le litige est de taille et dure de novembre 1244 à janvier 1250 d'après les quatre actes conservés[11]. Que se passe-t-il donc ? Il faut replacer le conflit du sylvopastoralisme dans une perspective plus large. Au cours des XIIe-XIIIe siècles, l'abbaye de Cysoing restreint les droits d'usage et leur exercice dans les espaces boisés de sa seigneurie. En même temps, elle acquiert différents espaces forestiers (bois et haie) et réforme ses procédés sylvicoles (en particulier les rythmes d'exploitation). C'est un changement important de type de gestion forestière auquel on assiste à cette époque. Les contestations villageoises font peut-être écho à la création des communaux et du cantonnement des droits d'usages paysans qui en sont le corollaire, le pâturage forestier étant un des éléments dans la balance.

Trois siècles plus tard, que se passe-t-il dans le Hainaut belge avec l'abbaye Saint-Pierre d'Hasnon et dans la région d'Avesnes avec celle de Liessies ? Il n'y a plus de contestation villageoise : les communaux existent sans doute depuis trop longtemps. Cependant, les pratiques illégales de pâturages sont monnaie courante par des individus dans les diverses tailles forestières des abbayes. Fait révélateur, on recopie au milieu du XVIe siècle un acte datant du milieu du XIIIe et instituant les limitations et le cantonnement de l'exercice du droit pastoral forestier des paysans dans le bois de Broqueroie (Belgique). Existe-t-il un acquiescement de façade de la part des communautés paysannes face à ce qui peut être considéré

[11] Arch. dép. Nord, 38H15 pièces 57, 59, 60 et 61.

comme étant la rognure de leurs droits d'usage en milieux forestiers ? Une paix relative se serait muée en une pratique quotidienne et individuelle ne respectant pas l'interdit, pendant des siècles ? On pourrait le penser d'après les fragments documentaires qui sont conservés dans les archives. Entre les documents datés de 1552 et du 7 juin 1583[12], les sergents des bois de l'abbaye de Liessies ont consigné par écrit plus de 25 cas de pratiques pastorales illégales sur 9 actes correspondant à seulement 7 années. Pour ces seules 7 années : 8 équins et 238 bovins furent recensés. Mais la documentation conservée reste certainement en dessous de la réalité, sans parler des cas qui ne furent jamais perçus et aperçus par les officiers forestiers[13]. On peut s'en convaincre en jetant un œil sur les chartes de l'abbaye Saint-Pierre d'Hasnon dans les années 1550. Pour sa forêt de Broqueroie, dans le Hainaut belge, 7 actes se répartissent sur 3 années de surveillance forestière (ADN, 5H25 pièces 250 à 260). Là encore les pratiques illégales prévalent : plus de 31 bovins, 46 équins et 75 porcins. Si l'on tente une plate comparaison quantitative du cheptel illégal, l'abbaye de Liessies rassemble en moyenne plus de 35 têtes de bétail par an alors que Hasnon culmine à plus de 51. La réalité de ce sylvopastoralisme hors-la-loi se révèle être une pratique assurément récurrente, telle qu'on peut en déduire par les sources écrites des abbayes.

Tous les espaces boisés ne furent pas soumis au pâturage du bétail : les garennes, les parcs à gibier et les haies défensives en étaient par exemple exclus. Ce qui pose la distinction entre forêt banale et forêt communale. En revanche, seigneurs et paysans utilisaient la plupart des massifs forestiers à des fins pastorales. À cet égard, s'il est possible de suivre l'évolution des droits d'usage pour certaines forêts, les pratiques illégales nous échappent dans une proportion qu'il est encore bien difficile de pouvoir estimer numériquement.

---

[12] Arch. dép. Nord, 9H630. Cote composée de 16 actes non numérotés.
[13] Que dire des cas non consignés, en accord avec les sergents des bois (règlements amiables ou non...).

Des cheptels dont la variété va en s'amenuisant

Du XIIIe au XVIe siècle s'opère un recul ainsi qu'un cantonnement de la pratique pastorale paysanne en milieu forestier dans la partie française du Hainaut et dans le comté d'Avesnes. Il s'ensuit, par voie de conséquence, une multiplication de ce qui apparaît dans les textes comme des délits et qui conduit à tempérer, au moins partiellement, le recul du sylvopastoralisme paysan. Par là même, il conviendrait de s'interroger sur la représentativité réelle des faits sociaux à travers les actes qui les véhiculent. Dans ce cas précis, il subsiste une impression tenace d'être en dessous de la réalité historique des faits, ce qui se vérifie pour nombre d'autres régions. Fort heureusement, les documents recèlent certaines informations qui permettent de décrire les familles d'animaux domestiques appartenant tant aux paysans qu'aux seigneurs. En outre, les types d'élevage et leur répartition saisonnière peuvent également être abordés.

La volonté seigneuriale de diminuer la pratique du pastoralisme forestier opère un recul de la diversité des animaux domestiques entre le XIe et le XVIe siècle, au détriment des ovicaprins et des hyménoptères. L'implantation d'abeilles – en plus des essaims sauvages – dans les forêts pour y butiner peut être considérée comme un type de pâturage particulier. Toutefois, si l'on constate un rétrécissement du spectre d'ensemble des espèces animales dans la longue durée, on relève *a contrario* une augmentation des croisements entre espèces[14]. Rappelons cependant que la terminologie des textes ne permet pas de discerner dans tous les cas les espèces animales concernées, les écrits faisant très souvent mention de pâturage dans un sens large, sans démarcation évidente avec la paisson comme en Franche-Comté d'après P. Gresser.

[14] Des croisements qui restent limités en nombre et circonscrits dans l'espace.

Un porc omniprésent

L'importance du porc dans la culture médiévale occidentale est largement connue. Comme sa prédominance alimentaire dans le groupe seigneurial ou ecclésiastique depuis les travaux de F. Audoin-Rouzeau. En revanche, il est ardu de retrouver sa présence en forêt pour les XIe, XIIe et XIIIe siècles en partie à cause de l'imprécision du vocabulaire employé dans les sources. Un paradoxe qui n'existe pas dans les régions voisines de la Champagne, de la Picardie et de la Normandie. On retrouve cependant des indications précieuses, quoique de valeur inégale, dans la comptabilité des comtes de Flandre pour les XIIe et XIIIe siècles. Le *Gros Brief* de 1187, qui a été étudié par M. Gysseling et A. Verhulst, permet d'affirmer que la paisson était pratiquée dans le secteur de Lille et de la supputer dans les sylves environnant Aire, Douai, Hesdin et Lens. Le cas change résolument avec l'émergence des sources comptables des bailliages dans les dernières années du XIIIe siècle, plus généralement avec le début du XIVe siècle. On retrouve des mentions de troupeaux de suinés paissant dans les forêts seigneuriales d'Artois et de Hainaut qui leur sont louées. Le phénomène, pour important qu'il soit, ne touche pas tous les types d'espaces boisés. L'accent porté sur la chasse y est pour beaucoup puisque les garennes à lapins et les parcs à gibier ne font pas partie des zones de pasnage, contrairement aux grands massifs forestiers. Le massif de Mormal, selon H. Bécourt, nourrissait pendant les XIVe et XVe siècles 200 porcs appartenant aux comtesses douairières de Hainaut, en plus des 1 500 à 2 000 bêtes des privilégiés et des usagers ordinaires pour la paisson et de 600 autres pour l'arrière-paisson. Portrait qui se rapproche, toute proportion gardée, de ceux des massifs forestiers des régions voisines (Crécy, Compiègne...) et de l'image d'Épinal – non totalement erronée – qui veut que chaque sylve ait reçu la foule des cochons villageois et seigneuriaux des environs. Chronologiquement, on peut se demander, à la suite des travaux de G. Brunel sur la forêt de Retz, s'il n'y a pas une rareté des porcins dans les sylves avant 1200, puis une augmentation à partir du XIVe siècle pour la région d'étude, alors que cette augmentation est sensible dès le XIIIe siècle pour la forêt de Retz.

En Avesnois, la situation est avantageusement décrite par les sources écrites des XVe et XVIe siècles, du moins en ce qui concerne les bois appartenant à l'abbaye de Liessies. Là, les espaces forestiers sont rentabilisés essentiellement par l'exploitation du bois matériau et par les paissons. Le pâturage des porcs a lieu de manière générale dans les haies de Cartignies, Châtellain, Équiverlesse et de Fourmies ainsi que dans le bosquet de Beauchamp, mais pas dans les forêts de Liessies ou de Fontenelle. Ce schéma se révèle cependant évolutif dans ses applications. Dans les premières années du XVe, seules les haies de Cartignies, Châtellain et Équiverlesse servent aux paissons alors que s'ajoutent la haie de Fourmies et le bosquet de Beauchamp et que disparaît la haie Équiverlesse des comptes des années soixante et soixante-dix dudit siècle. Les dépouillements partiels effectués pour ces années révèlent des paissons remarquables dont la périodicité suit un rythme de trois à cinq années. Ces périodicités se devinent sur les histogrammes et graphiques présentés (fig. 4). Les données ne sont cependant pas assez étalées dans le temps pour comprendre à moyen et long terme ce phénomène. Afin de fournir un tel rythme, les zones boisées servant de lieu de paisson devaient être nécessairement composées d'une futaie de chênes ou de hêtres d'âge adulte. Les revenus de paisson s'élevaient alors d'environ 15 % du total des revenus pour les années régulières à 65 % pour les remarquables, avec parfois des pointes exceptionnelles à 93 % (ADN, 9H1477 et 9H1479 ; 9H1475 et 9H1525). Des revenus non négligeables qui étaient sujets à disparaître entièrement lors, par exemple, des épisodes guerriers des années 1540[15]. On assiste alors à une déstructuration quasi intégrale, quoique limitée dans le temps, de la belle mécanique de l'économie rurale de l'abbaye de Liessies.

Il en ressort toutefois une tendance à la spécialisation de certains espaces forestiers en raison de la paisson porcine qui tranche avec ce qui a été vu précédemment. Un portrait qui se

[15] Arch. dép. Nord, 9H1500 à 9H1502 et 9H1557 et 9H1558.

comprend d'autant plus que la part boisée dans le paysage est plus importante dans cette région et que le penchant de l'aristocratie laïque en faveur d'une gestion cynégétique reste davantage discret. L'étude approfondie de cet ensemble forestier bien documenté permettrait assurément la compréhension intime de ses formes de gestion qui, pour l'instant, fait défaut à cette région de la Fagne péri-ardennaise. On retient donc une présence porcine qui, bien que marquée, semble demeurer moins forte dans les forêts d'Artois et de Flandre comparativement à celles d'Avesnois.

D'utiles bovins et équins

Avec la catégorie des bovins et des équins on touche, à la différence des cochons, à la force de travail en plus de la fonction alimentaire. Cette première remarque n'est pas anodine puisqu'elle justifie l'apparition de ces animaux et parfois également de leur pâturage dans les textes. C'est ainsi que l'on voit apparaître les bovins avant le premier quart du XIIe siècle dans la forêt de Marchiennes, d'après l'histoire-polyptyque de l'abbaye du même nom. On y lit au chapitre 18 que les *« boves sine pretio habent pascua quoniam precarias angariasque faciunt de plaustris »*. Il faut comprendre par là que les animaux de trait, (*quoniam precarias angariasque faciunt de plaustris*), soit nommément les bovins, (les *boves* du passage) dans le cadre de l'exploitation seigneuriale de la forêt, peuvent jouir de pâturages gratuits (*sine pretio habent pascua)* et non plus payants. Les chevaux et les ânes appartiennent au même cas, quoique leur présence fut plus diffuse voire plus tardive chez les paysans de ces régions qui leur préféraient les attelages de bœufs. Il n'a été relevé qu'un seul cas où sont nommément cités des ânes, accompagnés de vaches et de moutons qui profitaient du pâturage d'une garenne en Flandre maritime sous la juridiction du garennier de West-Dunes au début du XVe siècle (Arch. dép. Nord, B17612, datation : 1410). À cette première catégorie d'hommes pratiquant le pâturage forestier de leurs bêtes, s'ajoute celle des hôtes qui possède, s'ils en ont les moyens, des bovins et celle des chevaliers, pour leurs chevaux en plus des bovins.

Des massifs comme celui de Mormal deviennent de véritables pâtures boisées. Pendant les XIVe et XVe siècles, le pâturage forestier croît tant pour les bovins que pour les équins. Selon l'historien local H. Bécourt, les comtesses douairières de Hainaut y envoyaient paître 500 de ces animaux, alors que les officiers, le personnel comtal et les usagers fournissaient de 1 200 à 3 000 bêtes à cornes. Outre ce pâturage « utilitaire » de grande ampleur, les chevaux pouvaient jouir d'un droit de pâture dans les parcs à gibier, contrairement aux bovins. Des haras étaient effectivement implantés dans certains parcs du duc de Bourgogne, comme à Hesdin dans le premier tiers du XVe siècle (Arch. dép. Pas-de-Calais, A813). Pâturage de prestige, répondant à des besoins précis essentiellement militaires, de liaison et cynégétique, le prince chercha à l'isoler dans l'espace.

La situation est différente avec le cas de la forêt de Nieppe. M. Sommé, qui a publié l'ordonnance de 1393 de Yolande de Flandre sur cette forêt, nous apprend que le pâturage y est interdit même pour les animaux des officiers forestiers et à plus forte raison pour les paysans des environs. Cette ordonnance fut-elle appliquée ? De toute manière, la situation change dans les siècles qui suivent, avec une volonté d'encadrement et de perception de revenus liée au pâturage forestier pour les paysans et pour les grands seigneurs. Par ailleurs, les petits nobles et les détenteurs d'offices pouvaient continuer d'envoyer paître leurs bovins et leurs chevaux dans les bois sans restriction de temps, hormis pour leur nombre. Les paysans possédant du bétail doivent, selon les formules retenues, soit se conformer au calendrier, soit payer un montant annuel par tête (ADN, 5H25 pièce 249 et B912 pièce 17002). C'est en substance ce que stipule le règlement du bois de Nieppe, acte daté du 22 mars 1519, qui fut donné par la chancellerie de l'empereur Charles Quint. Quoique tardif, ce document est très complet sur la gestion et les maux forestiers d'origine humaine qu'il entend corriger. On y note qu'il est permis, dans les « anchiens sard et taillis » d'envoyer pâturer les vaches au coût de 8 sous et les chevaux et veaux à un moindre coût, 6 sous, par an et par tête. Il est ensuite rappelé que des permissions de pâturage sont octroyées à de nombreux nobles, ce que confirme un des articles précisant que les soldats et les officiers uniquement ont droit chacun à deux vaches et un veau leur appartenant obligatoirement. Les nouveautés de ce « code forestier » résident d'une part dans l'augmentation des montants des amendes du pâturage illégal, et d'autre part dans le fait de faire payer les pratiques pastorales des bovins et équins[16]. Si l'on change de type de sources, il faut toutefois rappeler que les premiers documents comptables conservés de la forêt de Nieppe, datant des premières années du siècle précédent, démontrent qu'on faisait déjà payer ce tarif pour les mêmes animaux, soit « pour chascun cheval ou jument 6 sous, une vache 8 sous et cascun viaux ou faucille 6 sous » (Arch. dép. Nord, B7812, datation : 7 novembre 1401).

Ces quelques exemples, épars dans le temps et les comtés de France septentrionale, ont le mérite d'illustrer la diversité des situations avec leurs évolutions pour la période tardo-médiévale, de la pratique pastorale forestière des bovins et des équins. Ils étaient, dans certains cas exceptionnels, l'objet de soins particuliers. G. Sivéry raconte celui du comte de Flandre, Thomas de Savoie, dans la première moitié du XIIIe siècle dans son livre *Terroirs et communautés rurales dans l'Europe occidentale au Moyen Âge*. L'historien écrit que « vers 1240, le comte de Flandre Thomas de Savoie fait venir de Savoie une nouvelle souche bovine qui est soigneusement isolée des autres races, importées dans le cours du XIIIe siècle, celle d'Angleterre et celle de Metz, premiers témoignages de la sélection des bovins ». Les bovins paissent dans le massif forestier de Mormal et profitent des clairières sous la surveillance des bouviers comtaux. Voilà un témoignage saisissant et précoce dans le nord de la France que constitue cette tentative de diversification du cheptel bovin opérée dans la zone protégée du massif forestier de Mormal. Elle reste cependant une démarche peu commune, dont les résultats demeurent malheureusement inconnus tout en précédant les croisements par l'homme de faune sauvage.

[16] Surtout si l'on compare avec l'ordonnance précédente récemment publiée par M. Sommé.

Des chèvres et des moutons plutôt discrets

Avec le groupe des ovi-caprins, c'est le retour à la catégorie des animaux domestiques élevés pour des raisons principalement alimentaires ou vestimentaires. Leur présence dans les textes reste très rare et tient davantage de l'exception pour les pratiques sylvopastorales. De là on en conclut à leur rareté historique dans les forêts. Il est vrai que ce groupe d'animaux est particulièrement dommageable aux milieux forestiers. L'absence de mentions textuelles est confortée par l'abondance des zones de prairies humides servant au pacage des animaux, en plus des mentions de bergerie et des progrès de la stabulation : il ne devait pas y avoir foule de troupeaux d'ovins et de caprins dans les forêts entre l'an Mil et la Renaissance en France septentrionale. Le trait vaut également pour le sud de la France où les chèvres et les moutons paissent davantage dans les terres en jachère, dans les friches ou encore en bordure de la forêt selon R. Bechmann.

Il faut cependant nuancer ce portrait d'ensemble par deux remarques. La première concerne une catégorie d'utilisateurs forestiers, et l'autre des repères chronologiques et spatiaux. Encore une fois, vu la faiblesse de leur patrimoine, les hôtes devaient ressortir du cadre général et pouvoir faire paître leur bétail en forêt, lorsqu'ils en avaient. On peut très bien imaginer deux ou trois chèvres paissant autour de leur demeure forestière. Cheptel négligeable dans son ensemble, les seigneurs ferment alors les yeux en ce qui concerne les redevances, le cantonnement ou les interdits sur cette catégorie sociojuridique des plus humbles.

La seconde remarque nuance également le portrait postulant l'absence des ovi-caprins en milieu forestier. Le document de l'*histoire-polyptyque de l'abbaye de Marchiennes* en apporte deux éléments de preuve *a contrario* pour le premier quart du XIIe siècle, auxquels il convient d'ajouter un acte du début du XVe siècle concernant les garennes de West-Dunes en Flandre près de la ville de Berghes. Reportons-nous aux chapitres 18 et 22 de l'édition critique de B. Delmaire. On y lit : *« ad horum similitudinem videtur etiam pertinere* ***caprarum grex*** *que ascendunt de Brelonnio* ***et minora bruta animalia*** *».*

Passage qui atteste la présence de caprins (*caprarum grex*) et peut-être d'ovins ou de jeunes animaux de ces deux familles, avec l'expression de *minora bruta animalia*. L'identification animale est claire, contrairement au chapitre 22 qui dresse un portrait du petit *vicus* d'Alnes, qui sert d'entrepôt de bois de l'autre côté de la Scarpe par rapport au site de Marchiennes : *« trans fluvium est viculus Alnus nuncupatus,* ***ad alendos greges cujuscumque generis aptissimus****, de lignis et materie nundinarum portus indeficiens »*. Veut-on parler de pâturage dans des prés humides ou dans les bois dont on vante dans un même élan l'abondance des ressources ligneuses ? On serait tenté par la seconde hypothèse mais l'absence d'études régressives incite à la circonspection. En revanche, puisque le passage parle de *« greges cujuscumque generis »* on peut bel et bien y voir des troupeaux de moutons, de chèvres, comme de vaches, de bœufs ou de chevaux. Près de deux siècles plus tard, en Flandre maritime cette fois, un acte adressé au garennier des West-Dunes atteste la pratique du pâturage dans les dunes locales. Là, la surpopulation de lapins ne permet plus d'envoyer paître les « vaces, mouttons ou anes » comme d'habitude (Arch. dép. Nord, B17612, datation : 1410). Mais ici, il n'y a pas d'adéquation totale entre garenne maritime et formations arbustives littorales. Le sylvopastoralisme ovi-caprin de l'abbaye de Marchiennes reste donc isolé comme exemple, tant dans le temps que dans l'espace.

Qu'en fut-il dans les autres comtés ? Il serait interdit en Flandre pour le massif comtal de Nieppe au moins pour les XVe et XVIe siècles d'après un compte incomplet dont la réglementation est reprise par le « nouveau code forestier » de Charles Quint (ADN, B7812 et B912 pièce 17002). Cet interdit a également existé à la même époque en Hainaut, dans l'actuelle Belgique, avec la forêt de Broqueroie, possession majoritaire de l'abbaye bénédictine Saint-Pierre d'Hasnon. L'acte en question règle un litige entre ladite abbaye et les habitants des villages environnants (les Onze-Villes) concernant le pâturage forestier (ADN, 5H25 pièce 249). On traite d'abord des chevaux, pouliches et poulains, puis des vaches et veaux à propos des dates auxquelles ils peuvent être envoyés en forêt.

En revanche, « ne kièvres, ne kavrois, ne brebis, ne montons, ne agnia, ne autre bieste ke cestoi devant dites n'ont droit en ces bois à nul fain ». Le sylvopastoralisme des ovi-caprins est donc là aussi interdit vers le milieu du XVIe siècle, peut-être même avant puisque le document étudié est en fait une copie pour le comte de Lallaing reprenant un acte de la comtesse de Flandre et de Hainaut qui était daté du milieu du XIIIe siècle.

Moins qu'un déclin, le constat d'un renouvellement de l'interdiction de la présence des ovins et des caprins dans les sylves qui le permettaient encore dans les derniers siècles du Moyen Âge se vérifie. La marginalité de cette pratique et son interdiction puisent leur logique dans un souci de préservation de la flore forestière. Les cas avérés de ce type sylvopastoral ressortent donc de l'exception et s'intègrent dans des zones où la présence de l'arbre abonde et sont sans compétition avec d'autres formes d'élevage. On retrouve là l'environnement de la seigneurie de Marchiennes dont les flux d'animaux paissant dans les forêts étaient, dès le premier quart du XIIe siècle, réglés comme peut l'être la circulation automobile, pour prendre un type d'exemple contemporain similaire.

L'abeille, la reine des insectes

Seul insecte qui est élevé au Moyen Âge, l'abeille se fait discrète dans la documentation dépouillée. On la retrouve, dans les textes, de manière directe avec les expressions de « *volatile apium* », de « *vas apum* » ou de « *vasorum apum* » ou de manière indirecte par ses produits, tous deux très recherchés, la cire et le miel. L'abeille se trouve présente en Flandre et en Artois par le *Gros Brief* et le *Cartulaire-chronique du prieuré Saint-Georges d'Hesdin*, dans le comté d'Avesnes par l'archive 9H635 pièce 1191 et en Hainaut par le *Cartulaire de l'abbaye de Flines*. Hormis ce dernier document, les autres sources proviennent exclusivement du XIIe siècle. En les regardant attentivement, la majorité des mentions peuvent être reliées à des espaces boisés, soit 71 % (5/7). Dans un cas, on assiste au partage des droits et privilèges entre l'abbé de Liessies et le comte d'Avesnes au sujet des forêts de Féron, de Fourmies, de Fontenelles et de Cartignies. L'acte précise en effet que les ruches d'abeilles forestières, « *vas apum in silva* », appartiennent aux religieux, alors que les chasses relèvent de la compétence seigneuriale laïque (annexe I). On serait donc en face, encore à cette époque, d'une apiculture forestière, traditionnelle, qui précède une apiculture plus organisée et qui fonctionne autrement que par les trouvailles sporadiques d'essaims sauvages.

La situation évolue à partir du XIIIe siècle : les revenus forestiers n'incluent plus dans leurs rubriques les produits apicoles. Que se passe-t-il ? Probablement un double ou triple changement. D'abord, la nature des sources change. Les abeilles disparaissent des sources comptables de la maison d'Artois et émergent dans les sources juridiques et économiques, tout en se maintenant dans les privilèges seigneuriaux ecclésiastiques. Il semble qu'on assiste à un changement partiel de propriété, voire à une mobilité commerciale du secteur apicole. Ensuite, l'iconographie pointe le bout de son nez, en particulier pour les XIVe et XVe siècles. Il a été démontré par P. Mane ces dernières années que deux types iconographiques de ruches circulent à ce moment dans la France du Nord et en Flandre : les ruches de paille et les paniers constitués d'éclisses. Leur analyse technique et archéologique reste cependant à être réalisée. Or, avec ces types de ruches, on quitte définitivement les essaims forestiers et les troncs évidés pour s'installer dans les prés, les vergers ou les lisières forestières. On entre, avec le Moyen Âge tardif, dans l'apiculture organisée pour des raisons économiques selon R. Bechmann et R. Delort. Le transfert d'unité paysagère peut s'expliquer soit pour des raisons purement pratiques, ou de propriété, soit pour des raisons environnementales. Des choix sylvicoles ont peut-être invalidé certaines essences mellifiques (le tilleul par exemple) au profit d'essences nobles (hêtre et chêne en particulier). Certains espaces forestiers seigneuriaux ont ainsi pu évoluer vers des sylvofaciès ne répondant plus aux nouvelles exigences apicoles de la fin du Moyen Âge.

Avec ce chapitre l'intérêt s'est porté sur le groupe porc-bœuf-cheval-mouton sous l'angle des pratiques pastorales en milieu forestier. Si par le nombre de restes osseux les suinés, bovins et ovi-caprins se démarquent des équins, les évaluations numériques des textes ne mettent en avant que les suinés et les bovins. En revanche, par rapport à leur statut social (juridictions favorables, constitution de haras), ce sont encore une fois les porcins qui sont favorisés, accompagnés cette fois des équins. La défaveur du pâturage sylvestre des ovi-caprins est un cas de figure qu'avait déjà remarqué M. Devèze pour d'autres régions de France, contrairement aux pratiques espagnoles selon les travaux d'E. Bauer. Des études sur les territoires d'élevage manquent cependant pour comprendre l'organisation spatiale concrète des campagnes médiévales. Quant à l'étude de l'unique groupe d'insectes avec lequel l'homme ait sympathisé, les abeilles, elle va dans le sens d'une évolution des faciès forestiers seigneuriaux laïques à l'encontre des besoins apicoles au cours des XIVe et XVe siècles. Pour ce dernier sujet, il apparaît que des sondages et décomptes d'« archéoentomologie » couplés avec des analyses de « mélissopalynologie » selon R. Delort constitueraient la voie royale d'avancement du sujet.

Chapitre III.

Un système forestier médiéval ?

La récurrence de la pratique de l'élevage en forêt ne fut pas neutre sur cette formation végétale. Les contemporains le comprennent dans une certaine mesure, même si dans plus d'un cas leurs pratiques les prennent en défaut. Voyons comment ces hommes réagissent et planifient les conséquences des pratiques pastorales dans une perspective environnementale. Attardons-nous ensemble d'abord sur les modifications portant sur l'écosystème forestier, puis sur les vestiges archéologiques de cette action.

Le portrait des sources écrites

Herbes, arbustes et arbres

Tout au long des différents types d'archives rencontrés, la strate herbacée basse reste la plus fréquemment évoquée vis-à-vis de la strate herbacée haute et de la strate arbustive (fig. 5). Ces deux strates sont rarement ou exceptionnellement mentionnées dans leurs composantes respectives malgré le caractère général de leur présence. Prenons le cas du niveau herbacé haut.

Il ne se rencontre qu'une seule fois, et encore de manière indirecte, dans la charte de coutumes forestières du premier quart du XIIe siècle de Marchiennes. C'est par le détour de l'artisanat des faiseurs de cendre, à partir de la fougère, que ce niveau de végétation forestière fait une irruption exceptionnelle dans l'écrit. Pourtant, la fougère possède une aire de répartition bien plus vaste que le seul massif de Marchiennes ! En Normandie et en Champagne par exemple, sa présence est attestée par le biais de son exploitation par la proto-industrie verrière. Sur la marche Anjou-Bretagne, quelques cas manifestent une lutte des ermites contre cette plante lors de défrichements forestiers d'après J.-C. Meuret. Hormis le cas des verreries, il est aisé de constater qu'il existe un problème de sources sur la place de la fougère et plus généralement un hiatus documentaire concernant cette strate de la végétation forestière. C'est donc davantage à l'archéologie qu'aux textes d'investir la question du fourrage pour le bétail.

Malheureusement, ce hiatus documentaire n'est pas propre à cette strate uniquement : il est en effet partagé par la strate arbustive. Les informations concrètes sont tardives et proviennent d'un cas de figure très bien documenté, la comptabilité seigneuriale du bailliage d'Hesdin. Majoritairement du XIVe siècle, le corpus fait apparaître quelques considérations portant sur les buissons et les épineux. Ainsi lit-on dans la rubrique des exploits forestiers[17] : « pour un buisson desp(i)nes caupé : 10 sous » (Arch. dép. Pas-de-Calais, A221[4]). Ou encore, quelques années plus tard, dans la rubrique cumulant les dépenses pour les bois : « Item pour faire épiner en pluseurs lieus les rines de le forêt pour le samiet des connins : 25 sous » (Arch. dép. Pas-de-Calais, A371[2]). Bien que maigre, la récolte n'est pas du tout insignifiante ou anecdotique. Dans un tel ensemble paysager, où chaque élément s'agence en fonction des désirs du prince, la strate arbustive prend toute sa place. Elle possède un rôle cynégétique, servant tout à la fois de couvert pour les lapins et de stratégie pour les chasseurs afin de les débusquer lors des périodes de chasse. Autrement, cette

[17] Exploits au sens de coût d'exploitation.

composante forestière passe souvent inaperçue, ce qui explique le silence très partagé de la documentation écrite à son égard.

Avec une gestion de l'environnement forestier très différente de celle d'Hesdin en Artois, le massif flamand de Nieppe apporte sa propre tonalité. Dès le XIVe siècle semble-t-il, la récolte du mortbois ne fait plus partie des usages des riverains (Arch. dép. Nord, B903 pièce 4774^{-1}). Le document définit le mortbois comme des raimes, épines ou bois de 10 pieds de long. C'est une description sommaire de l'entrelacement de la strate arbustive et de la strate arborescente inférieure par la chancellerie comtale qui vise moins la définition naturaliste de la structure forestière que la protection de la diversité réelle des ressources ligneuses (fig. 5). Il suffit de visualiser le superbe isolement de la forêt de Nieppe dans le paysage flamand, près de la ville d'Aire dans la vallée de la Lys, pour comprendre la rareté de cette matière première et sa prise en compte par le législateur. Pourquoi ne pas conclure sur ce thème sous la forme d'un adage : point de rôle sociojuridique ou économique, point de prise en considération[18] ? Il conviendrait à cet égard d'aller plus loin en vérifiant de manière critique ce que dit l'imagerie médiévale de la structure forestière, toutes strates confondues, et de tenter de définir la notion de « mortbois » à travers un corpus plus étoffé, et donc moins impressionniste.

Qu'en est-il de la strate la plus basse, composée principalement d'herbacées ? C'est certainement la plus populaire des textes, et de loin. Il suffit de se référer aux nombreuses mentions, au XIIe siècle, de pâturages forestiers principalement pour les bovins et les équins mais aussi, parfois, pour les ovins. Ces animaux domestiques venaient profiter des herbages sylvestres bien que l'on sache peu de chose de leur alimentation quotidienne. Au moins à partir du XIIIe siècle, pour certains espaces boisés gérés par secteurs de coupe, s'instaure la notion de défens, c'est-à-dire qu'en dessous d'un âge minimal des arbres, le pâturage est interdit. Alors peut-on percevoir une tentative de

[18] Ce qui va dans le sens des travaux de M. Sommé sur la forêt de Nieppe (cf. bibliographie).

régulation du régime alimentaire des troupeaux, qui sont cantonnés à l'herbe et non aux tendres pousses des jeunes arbres. C'est le cas du massif de Broqueroie en Hainaut au cours du XVIe siècle, géré par l'abbaye bénédictine d'Hasnon, et des bois administrés aux XVe et XVIe siècles par les abbayes de Flines et de Marchiennes. Il existe de surcroît dans les autres régions la notion de petite et de grande amende. C'est-à-dire que le pâturage illégal était plus sévèrement réprimé dans des secteurs forestiers de jeune taillis par rapport à un taillis d'âge mûr. Il convient de rappeler que les notions d'âge de coupe des taillis varient selon les régions et les époques alors que le taillis correspond à un peuplement forestier dont les rejets sont le résultat de la coupe d'arbre ou de cépées.

Si l'on quitte les sources juridiques pour les sources économiques, on se rend compte que cette strate de végétation s'intègre dans la gestion générale de la forêt. À Hesdin, durant les XIVe et XVe siècles, on paye une redevance en argent pour faire brouter l'herbe des secteurs forestiers ainsi loués. D'un montant d'une dizaine de livres dans le premier quart du XIVe siècle, cette redevance est plus importante que celle provenant de la paisson. Le droit d'herbage se pratiquait à Hesdin dans les bois du Forestel, du Comte et de Lestoquoy en plus du massif d'Hesdin ainsi que dans d'autres bailliages comme celui d'Houdain pour le bois du Waut à la même époque. De plus, se récoltent dans le premier tiers du XVe siècle les foins des prés et du grand vivier du parc à gibier d'Hesdin que l'on mettait ensuite en vente (Arch. dép. Pas-de-Calais, A813).

Parmi toutes les composantes de la végétation forestière, les arbres occupent une place prépondérante autant sur le terrain que dans l'imagination collective. Cette préséance est d'autant plus forte au Moyen Âge, époque de civilisation du bois de l'Occident. L'usage quotidien de ce matériau représente d'abord une donnée de la réalité économique ambiante. Le bois, matériau vivant, trouve de plus une résonance dans l'imaginaire individuel et social. D'après l'historien des mentalités, M. Pastoureau, la hiérarchie des matières premières accorde la prééminence au bois jusqu'au XIVe siècle avant de passer le relais aux tissus. Un tel état d'esprit peut aider à comprendre les

« arbres de justice » médiévaux, dont le choix de l'essence n'est évidemment pas le fruit du hasard. Au XIIIe siècle, le roi de France Louis IX choisit le chêne. À la même époque, en Douaisis, le frêne est préféré par le seigneur de Landas. Qu'en est-il sur le terrain d'après les documents écrits ?

Il n'est pas inutile de rappeler en commençant que c'est suivant une logique de gestion, voire de préservation, que des espèces d'arbres sont mentionnées dans les textes. Autrement elles en seraient absentes. Il est aisé de comprendre que nombre d'espèces ne sont jamais citées, pas toujours pour leur rareté mais bien plutôt pour leur rôle négligeable dans les diverses relations qu'entretient l'homme de ce temps avec elles. Les sources écrites ne sont donc pas un miroir environnemental fidèle. Maintenant, dans le groupe des arbres nommés, il y a lieu d'établir une distinction et de constituer deux sous-groupes. Un premier correspond aux essences les plus fréquemment relevées, soit les essences majeures. Un deuxième inclut celles dont la représentation demeure plus discrète, dans cette optique elles sont qualifiées d'essences mineures.

Dans le groupe des essences majeures, sans trop de surprises, se retrouvent le chêne, le frêne et le hêtre. Dans celui des mineures, ce qui était également prévisible, l'aulne, le bouleau, le charme, le saule et le tilleul sont présents, accompagnées des fruitiers tels le cerisier, le poirier et le pommier. Aucun conifère n'est représenté, si ce n'est, à Hesdin, des lattes de bois provenant d'un « Danemark ». C'est toutefois une importartion de bois en tant que matériau et non pas la présence de l'arbre dans les milieux forestiers locaux. Il n'y a donc lieu de raisonner que sur une petite douzaine d'essences d'arbres de genres différents selon les textes. Il est donc pour le moins difficile de pouvoir reconstituer les physionomies forestières !

En revanche, il peut être possible de retracer les essences principales de certains massifs forestiers en épluchant des archives comptables détaillées. Celles de la *Comptabilité des bois du Hainaut* en font partie. Voici le portrait que l'on peut en tirer d'après la fréquence des mentions d'essences forestières pour la première décennie du XVe siècle à partir de sondages en archives. Mormal se caractérise par une chênaiehêtraie dont la monotonie est rompue par quelques fruitiers sauvages (pommiers) et par des stations d'aulnes et de saules dans les secteurs les plus humides. Si la biodiversité ne peut être abordée significativement par les sources écrites, en revanche le nombre limité des essences et leur répétition vont dans le sens d'une gestion des peuplements forestiers.

Selon les textes, les herbacées donnent l'impression d'une sollicitation non négligeable et récurrente de la part des hommes du Moyen Âge. Un état de fait documentaire qui tranche avec celui des autres strates non ligneuses et qui amène à poser la question suivante : la gestion médiévale a-t-elle induit une transformation structurelle et une répartition interne de la forêt en faveur de la strate herbacée basse ? Structurelle en favorisant l'herbe au détriment d'autres formes de végétation basse et non ligneuse ; de répartition interne en aménageant des clairières de prés herbeux comme une dentelle de trouées forestières. Des études de cas manquent toujours pour caractériser cette infra-économie de l'herbe. Pour les arbres, le portrait qu'en donnent les sources écrites reste celui de leur exploitation et non pas celui des milieux forestiers. Toutefois, l'évaluation de l'importance des produits forestiers (bois et glandée) pourrait constituer une donnée révélatrice des paysages boisés. Afin d'aborder avec plus de finesse l'environnement, il faut procéder de manière indirecte, en passant par les modifications apportées par l'homme aux écosystèmes d'alors.

La panoplie des modifications apportées aux écosystèmes

Les modifications écosystémiques relèvent de plusieurs types. Elles ont concerné les diverses strates de la couverture végétale, comme elles ont influé, différemment, sur les animaux. Une panoplie de textes rapportent ces types de perturbations environnementales, preuve s'il en est de la conscience des contemporains sur la portée de leurs actes. Une conscience limitée – par rapport aux connaissances actuelles – puisque toute la biochimie des sols leur échappe alors. En contrepartie, les principes de base de la mécanique des sols leur sont connus. On est donc en face d'un état de la connaissance de l'écosystème forestier. Cela est vrai en particulier pour le milieu physique et pour les perturbations induites par la pratique du pastoralisme, plus précisément au regard de la faune des insectes et de celle des oiseaux.

Sur la végétation

Les incidences des troupeaux sur la végétation forestière sont notées par écrit et déterminent la naissance d'un corpus législatif hétérogène, à l'image de la mosaïque des particularismes locaux et régionaux de la France de l'Ancien Régime. Les législations, dont on découvre le peu de suivi de leurs préceptes au quotidien, limitèrent l'accès à certaines catégories d'animaux domestiques afin de protéger la pousse des recrues forestières.

Les catégories d'animaux interdits sont, comme ailleurs en France à la même époque, essentiellement les ovi-caprins. Ce bétail plus que les autres est perçu comme « faisant damage audit bos » pour reprendre les termes d'un chirographe de l'abbaye de Marchiennes au sujet des délits de troupeaux de brebis dans le bois Luyot sur le terroir de la commune de Fenain (dépt. du Nord)[19]. Les documents ne sont cependant guère diserts sur ce petit bétail et ses néfastes à-côtés.

Il existe davantage de textes concernant les déprédations du pâturage sur la formation végétale forestière (fig. 2). Malheureusement, aucun de ces documents ne remonte plus haut que les XVe et XVIe siècles, hormis un cas isolé du milieu du XIIIe siècle. Cette vague documentaire présente en revanche l'intérêt de couvrir un spectre régional assez vaste avec la forêt comtale de Nieppe en Flandre, un bosquet relevant de l'abbaye de Marchiennes en Ostrevent et deux autres forêts également abbatiales – en Hainaut cette fois – l'une, Broqueroie (en

[19] Arch. dép. Nord, 10H51 pièce 832, datation : 25 juin 1449.

Belgique), l'autre, Plannart à Howardries longeant l'actuelle frontière franco-belge[20]. Pour la « forest et bois de Nieppe », le règlement donné par Charles Quint, rappelle qu'il est permis d'envoyer paître bovins et équins dans les « anchiens sard et taillis » uniquement. Une pratique assortie comme il se doit de modalités financières. Un article de ladite réglementation précise qu'un « sard » est considéré comme étant ancien lorsqu'il cumule quatre ans et plus d'existence. Les trois tailles traitées en futaie qui composent ce massif auraient donc été épargnées par l'exercice du pâturage forestier afin de favoriser leur régénération.

Il faut se reporter à la série documentaire concernant la franche forêt de Broqueroie pour entendre un autre son de cloche. Là, les animaux domestiques peuvent aller dans les taillis uniquement lorsque ces derniers ont atteint 6 ans d'âge, soit « l'eaige acoustummé » (Arch. dép. Nord, 5H25 pièces 249 à 260). Autrement, les animaux sont considérés comme « broustans, mangeans et faisant dommaige ondit bois » en particulier aux rejets. Ce que précisent d'ailleurs les documents concernant les bois de Plannart à Howardries sous la juridiction de l'abbaye de Flines, où mention est faite des bestiaux qui « broussent et coppent tous les josnes gects ». Le problème de la régénération des taillis est également évoqué dans une charte du duc de Bourgogne Philippe Ier le Beau. Cette charte confirme les droits de l'abbaye de Marchiennes, dont l'interdiction à tout un chacun d'aller faire pâturer ses bêtes à cornes dans les bois et les nouveaux taillis desdits religieux. En effet, les animaux domestiques « abatent journellement les josnes arbres desdits bois où ils font de fréquans [document taché et illisible à l'œil nu] » (Arch. dép. Nord, 10H51 pièce 842, datation : 6 août 1498). Il faut raisonnablement restituer un terme à consonance négative, du genre « dommaige » pour reprendre l'acception régionale du terme de l'époque.

Les porcins ne sont pas en reste et participent activement à la dégradation sylvestre. Ils s'attaquent à une autre

---

[20] Arch. dép. Nord, B912 pièce 17002 ; 10H51 pièce 842 ; 5H25 pièces 249 à 260 et 31H469.

phase de la régénération des jeunes taillis ainsi qu'à la strate herbacée. Un rapport des sergents de la seigneurie de Montigny et des bois de Broqueroie (abbaye Saint-Pierre d'Hasnon) en parle. À savoir, 75 « pourcheaulx fonans, frustans, paissans et mengeans les paissons et gland et **par ce moyen faisant dhomaige en bone taille et herbaiges des bois** de la dite abbaye » (Arch. dép. Nord, 5H25 pièce 256, datation : 17 mai 1554). On imagine aisément l'état de la taille du « Quesne Milebois » que les seigneurs voulaient sans doute régénérer : une bonne part des glands a été mangée, l'herbe a été piétinée et zébrée de nombreux sillons en vue de la découverte qui de glands, qui de juteux lombrics ou d'autres insectes, bref l'entretien et le semis de glands est à refaire au moins partiellement. Ce qui ne ramènera certes pas l'aération et l'enrichissement du sol par les lombrics... Un constat similaire, de la première moitié du XVe siècle, fut établi à Hesdin. On y arrêtait les paissons de gland pour les sylves du Forestel et d'Hesdin puisqu'on « y povoit au plus de dommaige que de proffit pour ce que les pourcheaux et autres bêtes qui paissoient ledit glaon povoient descouver le josne bois croissant audit forestel »[21].

Ces quelques exemples des XVe-XVIe siècles démontrent la diversité de la réponse législative concernant la protection forestière envers les dégâts du pâturage. Dans tous les cas, il est clair que l'impact était de moindre importance dans les cantons forestiers traités en futaie adulte, que dans la futaie avec régénération ou dans les taillis. La fréquence des abus, qui paraît également évidente, amène à considérer un état forestier de taillis en partie déprimés pour ces années, ce qu'avaient remarqué M. Devèze et G. Plaisance auparavant, sans que l'on puisse cependant généraliser ce cas de figure à la partie française des comtés d'Artois, de Flandre et de Hainaut. On se bornera à mentionner un document d'archives significatif de la condition forestière de ces années pour les espaces boisés péri-villageois soumis à une pression démographique manifestement trop forte. Un mandement en forme de charte fut donné

[21] Arch. dép. Pas-de-Calais, A813, datation : Saint-Jean-Baptiste 1431 à la suivante.

par Philippe Ier le Beau (1478-1506), archiduc d'Autriche, duc de Bourgogne et comte des régions d'Artois, de Flandre et de Hainaut. Ce document a pour fonction de confirmer les droits et usages de l'abbaye de Marchiennes dans le bois Brullel sur le terroir de la commune d'Abscon. « Lesdites amendes sont si petites, plusieurs personnes se sont ingérées et avancées et font encoires journellement de plus en plus de copper, sarter, prendre et emporté le bois croissant oudit bois de Bruslel et aultres lieux dessusdits, **mesmement y envoyer leurs bestes pour pasturer** et autrement tout ainsy que se lesdit bois fust communaul, tellement **que icelluy bois est à présent comme du tout gasté, en ruyne et de petite valleur et prouffit** ausdits supplians » (annexe II). Le bois Brullel, bosquet seigneurial traité en taillis d'une rapide rotation de 6 ans à cette époque, croule sous les abus sous forme d'essartages, de coupes et de pâturages forestiers qui font de lui un espace boisé en ruine comme un bois communal. La subjectivité du rédacteur et la médiocrité d'un certain type de milieu forestier se conjuguent ici sur le papier pour rendre compte de ce que d'aucuns appellent une « crise forestière ».

Sur la faune sauvage

Les sources délivrèrent peu d'informations sur les influences d'animaux domestiques paissant en forêt au regard de la faune sauvage de ce même milieu. Il faut donc s'appuyer autant sur la logique d'observations effectuées de nos jours que sur les rares indices que peuvent apporter les sources écrites. Le pâturage a une influence directe sur deux classes d'animaux, celle des insectes et celle des mammifères.

En ce qui concerne les insectes, le bétail leur fut autant une source favorable que défavorable selon les cas. En général, les petits arthropodes vivant dans les strates herbacées ou sur les feuilles de branches basses font les frais de l'alimentation d'herbivores distraits ou gourmets. Les lombrics ne sont pour leur part pourchassés que par les troupeaux de porcs. Par ailleurs, la fréquentation forestière du bétail fut bénéfique pour deux groupes particuliers d'insectes, les ectoparasites et les scatophages. En effet, la densité animale augmentant considérablement, son corollaire physiologique, les déchets organiques, a une progression notable. Mes propres observations de terrain sur une population d'une trentaine de vaches au Québec dans un bosquet servant de lieu de pâture vont dans ce sens. En revanche, je n'ai noté aucune observation sur la faune aviaire environnante, conséquente des fluctuations des populations d'insectes induites par la présence des bovins dans l'écosystème en question. Ces données expérimentales et leurs implications sont aisément transposables à l'époque médiévale dans leur logique bien qu'elles soient complètement absentes des textes, voire de la conscience des contemporains. En revanche, la complexité et l'hétérogénéité de l'écosystème forestier, mises en évidence par P. Grison et C. Geri, permettent d'appréhender des fluctuations, mais empêchent de parler d'équilibre biologique pour l'entomofaune forestière soumise aux pratiques pastorales de ces temps. Sur un tel sujet, les recherches archéologiques sur les anciennes populations d'insectes, quoique très peu développées en France, contrairement aux îles Britanniques, apparaissent résolument comme une source des plus prometteuse.

Il semble que les incidences de la paisson soient davantage prises en compte par les sources écrites. Tout d'abord, il faut rappeler que les relations animaux domestiques/animaux sauvages concernent principalement que deux groupes d'acteurs : d'une part celui des chasseurs, soit essentiellement la noblesse laïque ainsi qu'une frange de la noblesse ecclésiastique, d'autre part celui des éleveurs face aux prédateurs naturels et potentiels du bétail. Les conséquences divergent clairement selon le mode alimentaire de la faune sauvage considérée.

La faune prédatrice fréquentant les sylves septentrionales de la France du XIe au XVIe siècle voit certainement d'un bon œil l'introduction du cheptel domestique dans son territoire de chasse privilégié. Loups, renards roux, lynx et chats sauvages, tous animaux qui peuplent les forêts du nord de la France d'alors, peuvent donc se réjouir des distractions ou du manque de surveillance du pastoureau pour un animal égaré, malade, jeune ou vieux qui terminerait ses jours sous leurs dents et varierait ainsi leur ration alimentaire quotidienne. Si l'on se fie au traité de bergerie du champenois Jehan de Brie, les ovicaprins constituent des proies de choix. Mais on l'a vu précédemment, le cas ne devait pas être trop fréquent étant donné la pratique restreinte de ce genre de pâturage. En revanche, la présence des porcs en forêt était récurrente et saisonnière. Les dépouillements effectués permettent de relever un cas de prédation de loups contre des porcs grâce à une quittance concernant le bailliage d'Hesdin. « Ce sont les despens des pourcheaus qui furent mis en paisson à Hedin : qui furent 38 pors des quiex il en y out 36 tués et salés en gardemangier de Hedin et **1 des pors que li leux mangièrent**, et si en y a une truye qui a eu 5 pourceaux » (Arch. dép. Pas-de-Calais, A326, datation : 1314). Le cas n'est guère étonnant à Hesdin, pour deux raisons majeures. Le massif forestier, actuellement d'un millier d'hectares, est assez important pour la région et est donc susceptible d'abriter une réelle diversité animale. De plus, un ensemble cynégétique et paysager conséquent est présent dans ce secteur, dont une des caractéristiques est l'augmentation par l'homme des peuplements d'animaux herbivores. Cette déstabilisation des réseaux alimentaire peut, théoriquement, favoriser dans un second temps les prédateurs de type loups, lynx, chats sauvages et renards roux. L'exemple cité constitue clairement un effet secondaire non désiré sur le pâturage forestier.

Le cas des herbivores non domestiqués demeure radicalement différent. Précisons immédiatement qu'il faut entendre par herbivores uniquement le groupe des cervidés. Les hommes du Moyen Âge constatèrent la gêne que pouvait procurer le bétail domestique lors du comportement amoureux de cette part noble de la macrofaune forestière. Dans le cas des massifs forestiers importants de la moitié nord de la France selon M. Devèze, les coutumes du XVIe siècle divisent l'année en périodes dont le printemps est réservé à la reproduction des cervidés. Hors les daims, qui peuplent surtout les parcs à gibier et qui y sont transférés par l'homme, les cerfs et les chevreuils sont également concernés. On retrouve en effet ce rythme de gestion saisonnière des faunes pour le massif hainuyer de

Mormal dans les premières années du XVe siècle. La *Comptabilité des bois du Hainaut* cite bien les frais afférents à « la saison des pors comme pour la saison des cherfs » au début du XIVe siècle (Arch. dép. Nord, B10648). Les dates ne sont pas précisées puisqu'elles sont implicites dans la pratique qu'on suppute différenciée afin de ne pas nuire au comportement territorial des cervidés mâles pendant la période printanière du brame. On peut donc parler d'éléments de respect de l'écosystème forestier dans certaines de ses composantes faunistiques dès cette époque. Bien qu'il soit vrai que de plus amples recherches sont nécessaires afin d'étayer le sujet.

Sur les sols

Les modifications écosystémiques induites par la vaine pâture sur le milieu physique forestier se circonscrivent principalement aux sols de deux manières. Soit par une compression occasionnée par le piétinement répété des animaux, donc une modification des qualités plastiques des horizons superficiels, ou par l'élimination des déchets organiques du bétail sous forme solide ou liquide, donc une transformation du pH du sol.

Dans un cas comme dans l'autre, ces modifications localisées des sols par le bétail ont des répercussions qui, à défaut d'être vérifiées expérimentalement, sont incluses dans leur processus d'ensemble. À cet égard, M. Bonneau rappelle que nombre de sols forestiers ont été « appauvris par le pâturage en forêt ou par le soutrage ». L'élevage intensif en milieu forestier était malheureusement propice au bris « du cycle biogéochimique des éléments nutritifs » pour reprendre l'analyse de P. Duchauffour, ce qui dut arriver maintes fois mais qui ne peut être démontré faute de recherches quantitatives sur le sujet. Le tassement et l'appauvrissement de l'humus, conséquences produites par le bétail, constituent alors les premières étapes vers le lessivage, l'hydromorphie et l'asphyxie de l'horizon humifère forestier, conclut P. Duchauffour. C'est une piste de recherche à ne pas négliger pour de futurs travaux de terrain, à condition que les ensembles de références soient encadrés par un corpus ciblé de données écrites.

En revanche, s'il n'est pas possible de distinguer une spécialisation des sols sylvopastoraux, leurs effets peuvent être discernés. Les changements pédologiques sont doubles, ils concernent la composition biologique ainsi que la texture. Les sols fréquentés reçoivent effectivement une plus grande ration de déjections animales, dont on peut hypothétiquement – sous le silence des sources écrites – penser que leur apport n'est pas que fortuit. Nulle part il n'est fait mention du ramassage des excréments des animaux paissant en forêt. L'expression de *nutrire silvam* va dans le sens de l'amendement des sols forestiers, sans toutefois en préciser la manière. Faut-il y voir la pratique tacite mais commune d'engrais animal des terres sylvestres soumises aux pratiques pastorales ? Plausible. Dans ce cas, les fumures animales doivent constituer la contrepartie revenant au seigneur du droit de paisson accordé aux propriétaires des animaux. L'usufruitier participe ainsi à l'amendement épisodique et anarchique des terres forestières, contrairement à l'engrais naturel systématique des terres cultivées qui est alors en usage dans les anciens Pays-Bas. Rappelons que dans des espaces boisés particuliers, comme les garennes, la paisson des quadrupèdes villageois n'est pas autorisée afin de favoriser la reproduction d'espèces sauvages. Les déjections animales se composent essentiellement, pour les cas de figure les plus fréquents, de cervidés et/ou de suidés (Hesdin, Renti, La Montoire...), mais également et surtout de lagomorphes (Hesdin, Mentque, Tournehem...). Étant donné la densité inhabituelle de ces espèces d'après les chiffres cités dans les archives comptables, l'amendement procuré n'est pas négligeable. Les nombreuses garennes boisées actuelles qui furent le fait de reconnaissances de terrain vont dans ce sens, c'est-à-dire qu'elles montrent une densité élevée d'excréments de lapins, ce qui tranche considérablement avec leur présence diffuse dans d'autres espaces forestiers.

La seconde modification concerne le caractère physique des sols. Elle résulte du piétinement par les troupeaux (hors les troupeaux de lapins…). Une présence accrue des quadrupèdes dans les sylves contribue à un compactage de la frange superficielle de l'horizon humifère, phénomène récurrent en archéologie que l'on caractérise, pour l'humain, de niveau d'occupation.

Ce niveau d'occupation animal, si l'on peut dire, détermine un faciès forestier puisqu'ayant des répercussions hydromorphiques sur la flore et découlant des modifications apportées aux sols. Qui plus est, si on exclut le broutage de l'herbe ou la recherche de racines, qui ont lieu de manière aléatoire, les déplacements, eux, s'effectuent selon des parcours définis. Le comportement animal d'un troupeau de vaches est similaire à celui d'une communauté de lapins lors d'actions se répétant sur une base régulière (avec ou sans bouvier), qu'elle soit saisonnière ou quotidienne. Une routine éthologique s'installe, qui n'échappe point à l'observateur un tantinet attentif, dans les trajets empruntés par ces animaux et qui amène un compactage du sol sur une largeur d'une dizaine de centimètres à chaque fois. On voit ainsi apparaître un faisceau de sentiers d'origine zoologique qui ondule sur les sols forestiers. Ils sont similaires à des sentes humaines, par leur largeur et par leur trajet sinueux qui évite les divers obstacles sur leur passage.

La fréquence et les rythmes des pratiques pastorales causent des répercussions multiples sur l'écosystème forestier. D'après les sources écrites, les hommes de ce temps en gèrent au mieux certaines, en constatent pour d'autres les altérations ou n'en ont tout simplement pas conscience. La faune « noble » est pour sa part bien gérée, alors qu'on tente de diverses manières de remédier aux régressions de la végétation pendant les XVe et XVIe siècles. En revanche, les sources écrites ne portent aucun intérêt aux autres formes animales (entomofaune et faune aviaire principalement) ainsi qu'au milieu physique (qualités des sols et de l'eau en particulier). Je suggère que l'enregistrement de l'évolution interne aux sylves causée par les pratiques pastorales puisse être avantageusement complété en faisant intervenir les spectres polliniques et le relevé de certaines espèces subfossiles d'insectes directeurs dans une étude globale sur l'importance de l'élevage forestier médiéval et moderne.

La pluralité des degrés de l'action de l'homme

L'écrasante majorité des sources écrites traite de diverses manières la part majeure de la forêt : son intérieur. Puisque la documentation abonde sur ce thème très général, il a été subdivisé dans certains de ses aspects les plus marquants par gradation de ses effets environnementaux. La pression sur le milieu augmentant, on ira de la forêt appropriée à la forêt altérée, en passant par une étape intermédiaire, la forêt apprivoisée. Pour chacune de ces étapes des relations homme/nature, ses caractéristiques sont répertoriées qui vont des prélèvements végétaux mineurs aux dégradations microlocales, en passant par la domestication et les sélections dont est l'objet la végétation forestière.

De la forêt appropriée à la forêt apprivoisée

Nous voulons signifier par l'expression de forêt appropriée un changement de cap par rapport à la cueillette. Ici la pression anthropique se fait sentir nettement. Y sont regroupées toutes actions humaines modifiant et créant de nouveaux équilibres – peut-être instables mais non négatifs – des milieux forestiers. Les particularités médiévales proviennent de la stratification sociojuridique et des implications qu'elle génère, en plus des réalités économiques ambiantes. Étant donné qu'il n'existe assurément plus de forêts « naturelles » ou de forêts sans propriétaires voire même sans usagers pour le second Moyen Âge qui est ici étudié à partir de textes ; une telle réalité paysagère morcelée conduit donc à parler de l'espace forestier approprié.

La caractéristique majeure de l'appropriation s'effectue par le biais de ce que l'on nomme la « domestication » du milieu, phénomène qui précède l'époque médiévale. Cette domestication englobe les différents besoins humains avec leur gestion juridique et comptable de la végétation forestière. Pour la tranche chronologique considérée, l'exemple le plus ancien provient du massif forestier de Marchiennes. Grâce à son histoire-polyptyque et une charte forestière, il existe une description globale du fonctionnement de la forêt Sainte-Rictrude de Marchiennes entre le milieu du XIe siècle et le premier quart du XIIe siècle (fig. 3). On y perçoit une gestion seigneuriale sous le contrôle de deux niveaux d'administrateurs, le cellérier et le maire. Tous deux veillent à l'exploitation des bois par deux corps professionnels : les bûcherons, qui coupent essentiellement les chênes et les hêtres, et les nautoniers, qui les transportent et les vendent dans les villages environnants et la proche cité de Douai. Quatre autres corps de métiers, artisanaux ceux-là, profitent d'autres ressources végétales forestières, toujours sous la surveillance des agents seigneuriaux. S'y ajoutent les pâturages des animaux de trait servant à l'exploitation forestière, et nous avons un tour d'horizon général de l'exploitation commerciale. À cet aspect des choses se surajoutent celui des usages seigneuriaux, par l'utilisation du bois de clôture, du bois de construction et du bois de chauffage, en plus du droit d'épave et l'éventuelle érection de « *blockhaus* forestiers » en cas d'invasion. On le constate, il ne reste plus beaucoup de place pour le « monde sauvage ». On peut donc affirmer qu'aux XIe-XIIe siècles la forêt Sainte-Rictrude de Marchiennes est domestiquée, c'est-à-dire qu'une pluralité de diverses ressources forestières est exploitée par l'homme[22]. C'est fort probablement un cadre exceptionnel cependant, propre au monde monastique en général, ou à celui de l'abbaye de Marchiennes en particulier. L'absence d'autres sources va-t-elle dans ce sens ?

Les espaces boisés des seigneurs laïques n'apparaissent avec une telle netteté de gestion qu'au cours du XIIIe siècle. Pourquoi ce décalage ? Peut-être parce qu'ils furent plus longtemps réfractaires à l'écrit, mais surtout pour des raisons de mode de vie que gênait la gestion comptable des ressources domaniales si l'on suit l'analyse de G. Duby. Voici un exemple situé également dans le Douaisis, à quelques kilomètres à vol d'oiseau de Marchiennes. Le *Cartulaire de l'abbaye de Flines* recense un acte de la fin du XIIIe siècle relatant les modes

---

[22] Sans pour autant que la totalité des ressources forestières soit exploité par l'homme d'après les textes. Par exemple, la chasse est absente.

d'exploitation des différents éléments de la végétation forestière par la châtelaine du village de Râches (fig. 6). La gestion seigneuriale est confiée à des agents, les forestiers, dont la tâche consiste à veiller au bon déroulement de l'exploitation des bois. Ce commerce rapporte le double du montant de la vente des animaux sauvages qui y sont élevés. De plus, des animaux domestiques appartenant à la châtelaine y paissent. Les droits d'usages seigneuriaux incluent ici aussi le bois de clôture, le bois d'œuvre et le bois de chauffage. Hormis les artisans et les hôtes qui sont absents par rapport à Marchiennes mais compensés par les animaux sauvages implantés à Flines, la gestion des espaces forestiers apparaît aussi serrée qu'à Marchiennes. Voilà donc une des formes du XIIIe siècle de la domestication des ressources végétales des sylves seigneuriales que l'on peut discerner grâce aux textes.

Était-ce généralisé aux différents types forestiers médiévaux ? Les formes de la domestication des ressources apparaissent achevées au cours du XIIIe siècle pour les espaces boisés seigneuriaux laïques. En revanche, les possessions monastiques et les bois communaux sont plus précoces d'au moins un siècle, si ce n'est davantage. Le portrait doit être relativisé en ne prenant en compte que le facteur de la superficie estimée. Boqueteaux, bosquets et bois de moyenne importance sont appropriés totalement par les hommes aux XIIe et XIIIe siècles et même bien avant, cela va sans dire. Seuls échappent encore en partie au XIIIe siècle des secteurs des grands massifs de Mormal, de Vicoigne et de la Fagne, bien que déjà fréquentés. Les déboisements ont conquis les derniers espaces vides de peuplement, les seigneurs les ont par la suite aménagés et exploités.

Avec le stade de la forêt apprivoisée, la forêt devient une œuvre humaine. Elle n'est plus un fait brut naturel, mais ressort des sphères culturelles et économiques alors en vigueur. Qu'en est-il des forêts jardinées ? L'évêché de la cité d'Arras possédait en effet aux XIIIe et XIVe siècles un breuil intra-urbain qui constitue un exemple parlant. Un jardin et un verger étaient compris dans ce parc. Le texte stipule qu'il y avait encore de nombreux lapins causant du tort, qui rongeaient les racines desdits arbres. [Les religieux] ne pouvaient planter de nouveau des arbres à cet endroit [dans le breuil] parce qu'ils étaient mangés et détruits par les cerfs et les biches qui étaient dans le voisinage. Et dans l'avenir, si aucun remède n'était apporté, tous les arbres se dessécheraient et tomberaient par terre parce qu'ils ne peuvent survivre à cause du nombre desdits animaux présents. En suivant le texte, « *multum etiam nocuerunt cuniculi, qui rodebant dictarum arborum radices, nec poterant ibidem arbores nove plantari, quum in continenti per cervos et cervas comeste et destructe fuissent ; et in brevi, nisi fuisset remedium appositum, omnes arbores desiccate fuissent et ad terram prostrate, per quod amplius illic animalia vivere non potuissent* ». La charge animale ayant été sous évaluée, la charte de 1395 décrit ce que l'on pourrait malicieusement qualifier de jardin d'Eden qui a mal tourné...

D'un point de vue écologique, que peut-on dire de ce genre de plantation jardinée, traitée en futaie et aérée. S'il faut partir de la formation forestière « naturelle » pour aller jusqu'aux plantations humaines, on ne manque pas d'observer un net recul de la biodiversité végétale en plus d'un appauvrissement structurel. Mais il ne semble pas justifié de suivre une telle direction, par trop théorique. Il faut plutôt inverser l'analyse et passer d'un espace herbeux à un espace boisé. C'est dire dans ce cas qu'il y a enrichissement du milieu végétal par l'introduction humaine de l'arbre et de mammifères sauvages dans le paysage avec ses répercussions sur l'entomofaune et la faune aviaire. Les plantations médiévales ne cherchent donc pas à imiter les forêts « naturelles » mais se définissent comme étant une « formation végétale ligneuse » pour reprendre la définition d'Y. Birot et J.-F. Lacaze. C'est finalement une étape où l'homme comprend et intègre la reproduction des ligneux en général, mais où les strates de végétation, les associations végétales de la forêt et la dynamique de la faune ne lui apparaissent pas encore former un tout cohérent, un écosystème particulier, d'où l'échec d'Arras. Pour cette raison, je pense que pour les hommes du Moyen Âge les plantations d'arbres puisent leur mimétisme dans les champs cultivés, plutôt que dans les forêts elles-mêmes. On retrouve une partie de cette image interprétative encore aujourd'hui dans la littérature avec *Le chevalier inexistant* d'Italo Calvino : « et la grande forêt de lances s'incliner, ondoyer ainsi qu'un champ de blé où passe le vent » p. 17.

La forêt altérée : perspectives de dégradations forestières

Des relations préjudiciables s'instaurent également entre l'homme et les milieux forestiers. Outre la destruction forestière volontaire, il faut mettre l'accent sur la destruction involontaire ou toute destruction qui n'est pas souhaitée. Ce n'est donc pas tant le thème de la déforestation que la dégradation qui est abordé ici. La régression végétale peut se définir comme toute action qui, par son ampleur ou sa répétition, amène le franchissement d'un seuil létal pour une part de la végétation environnante et donc un dérèglement écosystémique.

Les actions d'origine humaine qui peuvent dérégler les milieux forestiers sont nombreuses dans la société médiévale. Deux reviennent en particulier dans les textes : le surpâturage et les trop nombreuses coupes de bois. Exceptionnellement, une densité trop forte d'animaux de chasse risque d'intervenir. Est-ce à dire que les garennes ou les carrières sont soigneusement gérées ? Une partie de la réponse à cette question réside d'abord dans une critique des producteurs de sources. La gestion forestière relève majoritairement du groupe seigneurial. Ce groupe, à travers sa prééminence par l'écrit, en profite pour dénoncer les abus à l'encontre des sylves. Cependant, s'il dénonce massivement les abus causés par les usagers, en général des paysans, il ne traite que très rarement des siens. Ainsi faut-il comprendre en partie la propension aux dégradations forestières dans les textes. Il n'y a donc pas lieu de rejeter ces sources et le mouvement qu'elles induisent. Bien au contraire, il convient de comprendre l'absence des autres cas de figure, des cas de figure tout aussi néfastes pour les faciès forestiers mais qui ne sont pas transcrits par les seigneurs laïques et ecclésiastiques.

Les plus anciens exemples de dégradations forestières émergent dans la première moitié du XIIIe siècle dans le

Hainaut sur les terroirs de Cysoing et de Louvil, au XIVe siècle dans les régions d'Hesdin et d'Arras (en Artois), au siècle suivant pour la forêt de Nieppe et ses environs en Flandre. Les déséquilibres sont toutefois précoces et isolés, donc relevant le plus souvent de considérations locales. Exception faite pour certains secteurs de Flandre et d'Artois. Là, les formations forestières commencent un cycle défavorable. La majeure partie des textes dénonçant des abus portés à la couverture forestière sont en effet plus tardifs, c'est-à-dire datant du XVIe siècle. À ce mouvement de dégradation de la couverture végétale correspond, synchrone, une phase tardive de déboisement, de bien moindre ampleur cependant que celle des XIIe-XIIIe siècles.

L'exemple le plus ancien est celui des communautés de Louvil et de Cysoing qui sont confrontées à l'abbaye bénédictine de Cysoing possédant la seigneurie foncière des sylves environnantes. Les événements relatés par les textes datent des dernières années du mouvement de défrichement des XIIe et XIIIe siècles. Les religieux veulent y mettre un frein car les habitants « wastoient atort nos bos de Mal Ansnoit, del Salengroit et del Let, en sartant, copant et paisçant » (Arch. dép. Nord, 38H15 pièce 57). Le litige dure jusqu'à ce qu'une entente soit trouvée en janvier 1250. La solution comprend l'arrêt des essarts et des coupes de bois, la pratique du pâturage autorisée (avec cantonnement ?) et la mise en défens d'un bois (Arch. dép. Nord, 38H15 pièce 61). Cet exemple illustre une des formes du nouvel équilibre agrosylvopastoral résultant de la poussée démographique d'après l'an Mil. On assiste ici à l'arrêt d'un phénomène important de dégradation forestière et à la stabilisation des unités de paysage.

A contrario, le XIVe siècle se démarque du XIIIe par une absence de documents relative aux attaques portées contre les sylves. Cette accalmie a duré jusqu'au premier quart du XVe siècle pour certains secteurs. Pour les autres, le calme continue jusqu'au XVIe siècle. Une exception des dernières années du XIVe siècle : le breuil de l'évêché d'Arras. Il correspond à un cas exceptionnel qui se situe à la jonction d'un petit parc incluant un jardin et une plantation de type verger à un cadre urbain. Après plus d'un siècle d'existence, les séculiers ont de la difficulté à gérer la charge animale par rapport aux capacités du milieu du fait de la restriction de la moitié de sa surface quarante ans auparavant. Les cervidés et les lapins provoquent alors des dégâts importants sur la végétation du parc et empêchent de planter de nouveaux arbres. En outre, il n'y a plus assez de place pour la faune, qui rend dangereuse la fréquentation du lieu et irrespirable l'air. Mais maintenant, après avoir expulsé lesdits animaux, l'évêque fit autant porter des fruits à de nombreux arbres qu'il en fit planté dans ledit verger ; l'herbe verdit et pousse qui rend le lieu selon les circonstances véritablement verdoyant, parfumé et agréable et dont le foin rapporte à l'Église chaque année dix livres de revenus ou environ sans frais, et si cela se poursuit de cette manière, il y aura amélioration à l'avenir. « *Nunc autem, post dictorum dejectionem animalium, episcopus in orto predicto plures arbores tam fructiferas quam alias plantari fecit ; herbe virent et crescunt que reddunt locum temporibus congruis viridem, odoriferum et amenum, cujus fenum valet ecclesie singulis annis X libras redditus aut circa sine sumptu ; et si continuetur, meliorabitur in futurum* ». La solution choisie est radicale puisque l'on se défait des lapins, des cerfs et des biches, ce qui a pour effet prévisible l'amélioration de l'état sanitaire de cet espace boisé urbain. Bien qu'un tel cas soit unique dans la documentation, il met parfaitement en valeur la prise de conscience des effets néfastes d'une densité trop forte de faune « sauvage » sur la composante végétale d'un type forestier. De tels dérèglements ponctuels ont dû également exister dans le monde rural.

Des cas isolés de dégradations forestières apparaissent aussi au XVe siècle. Parfois, les dégâts sont observés et arrêtés. L'administration comtale décide en effet, pour l'année comptable 1431-1432, l'arrêt des pratiques de la paisson au forestel d'Hesdin. Le troupeau « y povoit au plus de dommaige que de proffit pour ce que **les pourcheaux et autres bêtes** qui paissoient ledit glaon **povoient descouver le josne bois croissant audit forestel** » (Arch. dép. Pas-de-Calais, A813). Écho significatif d'une prise de conscience, le registre précise que les paissons n'ont également pas lieu dans le bois le Comte, le bois de l'Estoquoy et le Bois entre deux eaux. Le constat avait été établi quelques années plus tôt non pas pour Hesdin spécifiquement, mais pour la Flandre et l'Artois. Hesdin se démarque et devient un cas isolé par l'arrêt des altérations portées à l'encontre des milieux forestiers, qui continuent ailleurs en Artois, en Flandre et en Hainaut au cours des XVe et XVIe siècles, débordant dans certains cas sur les premières années du XVIIe siècle. Le massif forestier de Mormal fait partie des espaces boisés dont les altérations sont permanentes jusqu'au XVIIe siècle.

Le constat négatif sur l'état de la couverture forestière est transmis par une copie de charte de Philippe III le Bon, duc de Bourgogne, comte d'Artois et de Flandre (1419-1467 ; Arch. dép. Nord, B909 pièce 15559[2], datation : novembre 1428). Constatant « la très grant ruyne et désolation » de « nos bois et forestz de nos pais d'iceulx noz contéz de Flandres et d'Artois », ce haut seigneur décide l'annulation des dons de bois qui ruinent les milieux forestiers sauf ceux en cours d'exécution (coupe et mise en vente ayant déjà eu lieu) ainsi que ceux concernant plusieurs habitants de Bapaume. Outre l'arrêt des « dons excessifz », ce qui s'apellera par la suite les privilèges, le document stipule aussi la fin des ventes. Bien que cet acte soit classé aux Archives départementales du Nord dans les règlements concernant le bois de Nieppe, il ne lui est pas exclusif puisque les autres domaines forestiers d'Artois et de Flandre y sont mentionnés sans y être toutefois cités par leurs toponymes respectifs. C'est donc un cas de figure général dont on fit une application de reprise en main dans le secteur hesdinois quelques années plus tard. La situation s'améliore-t-elle par la suite ? On peut en douter en se fiant aux « grands dégastz, excès, abuz et entrepruises qui se font et commectent journellement en notre forest et bois de Nieppe » jusqu'au printemps 1519, date à laquelle le nouvel empereur Charles Quint édicte un règlement dudit bois (Arch. dép. Nord, B912 pièce 17002). Son mauvais état forestier provient de trois causes complémentaires : les coupes, les pâturages illégaux, en plus de la corruption évidente du corps des sergents des bois[23]. Il apparaît donc logique que si un des massifs les plus importants de Flandre ne peut être contrôlé par l'autorité publique la plus puissante, ce que signifie *a contrario* la répétition des textes normatifs de reprise en main, il faut craindre une situation dans laquelle prévaut la dégradation de l'état de la couverture forestière.

Les premiers stigmates de dégradation des formations forestières du Hainaut apparaissent plus tardivement. Il y a décalage d'une soixantaine d'années avec les régions voisines d'Artois et de Flandre. Le premier cas relevé concerne les possessions de l'abbaye de Marchiennes dans le Douaisis par une charte du duc de Bourgogne Philippe II le Hardi (1384-1404), datant des toutes dernières années du XIVe siècle (Arch. dép. Nord, 10H51 pièce 842). Confirmant les droits des religieux de Marchiennes sur leurs bois, il interdit le pâturage des bêtes à cornes dans lesdits bois et les nouveaux taillis parce que ces animaux « abatent journellement les josnes arbres desdits bois où ils font de fréquans [dommaiges] ». Ce document normatif envisage comme une règle générale les dégâts commis sur les bois abbatiaux de Marchiennes. Il n'a malheureusement pas tort, si ce n'est qu'il faut voir plus grand ! Les sylves sont nombreuses à être attaquées dans le Douaisis au cours de ces années. Citons les bois de Faux, de Luyot et de Brullel pour Marchiennes, celui de Rieulay pour Cysoing et entre Anchin, Beaurepaire et Lienlain pour Flines durant le premier quart du XVIe siècle uniquement. Ce document définit en détail les maux occasionnés au bois Brullel sur le terroir d'Abscon (annexe II) : « Lesdites amendes sont si petites, plusieurs personnes se sont ingérées et avancées et font encoires journellement de plus en plus de copper, sarter, prendre et emporté le bois croissant oudit bois de Bruslel et aultres lieux dessusdits, **mesmement y**

[23] La corruption et les délits forestiers dans le massif de Nieppe ont été étudiés en détail par la médiéviste M. Sommé dans un article de la *Revue du Nord* dont le numéro, intitulé *Histoire des campagnes au Moyen Âge,* constitue un *Hommage à Guy Fourquin,* t. LXXII, 287, 1990, pp. 511-528.

envoyer leurs bestes pour pasturer et autrement tout ainsy que se lesdit bois fust communaul, tellement **que icelluy bois est à présent comme du tout gasté, en ruyne et de petite valleur et prouffit** ausdits supplians [les religieux de Marchiennes] ». Description qui en dit long et sur le délabrement de la végétation de ce bois seigneurial et sur les bois communaux de cette époque. Il semble justifié d'y voir une phase de dégradation forestière à cette époque, pour reprendre mais de manière plus circonspecte l'analyse de l'historien M. Devèze.

En élargissant le champ de vision, il apparaît que la couverture végétale se dégrade également dans d'autres secteurs du Hainaut de la première moitié du XVIe siècle. C'est le cas dans son actuelle partie belge à Plannart, possession de l'abbaye de Flines, mais aussi à Broqueroie, possession des religieux d'Hasnon. À Broqueroie, ce sont les tailles « les 14 bonniers », « du Spinon », « l'Escorchette », « Rodinchart », « le Quesne Milebois » et « Faulx Bois » qui reçoivent d'intempestives visites sylvopastorales au cours desquelles les animaux sont dits « broustans, mangeans et faisant dommaige ondit bois de Brorqueroy en la taille de (...) en desoubz l'eaige acoustumé », pour reprendre la formule type des actes décrivant les bêtes à cornes et les bêtes chevalines (Arch. dép. Nord, 5H25). Autres animaux autres mœurs, les suinés pratiquent des dégâts différents. On parle alors de « pourcheaulx fonans, frustans, paissans et mengeans les paissons et gland et par ce moyen faisant dhomaige en bone taille et herbaiges des bois de ladite abbaye ». Vu la fréquence des rapports des sergents des bois, il y a tout lieu de craindre un état fortement amoindri. Les coupes illégales, tout aussi nombreuses que les délits de pâturage, perturbaient également la gestion sylvicole en dépeuplant les bois. Un texte le rappelle à Plannart. « Le tout estoit coppez, desrubiez et emportez tellement que esdits deux années l'on ne a sceu recoinue ung soeul estallon esdits deux coppes de 3, 4, 5, 6, 7 à 8 bonniers chacune comme dit est dessus [dans le corps du document d'archive], de sorte que la valleur desdits deux coppes ne puvois valloir le ¼ du rendaige »[24]. En revenant dans le Hainaut français, autour et à l'intérieur du massif forestier de Mormal, une situation forestière déprimée par la répétition des pratiques de coupes et de pâturages illégaux est aussi constatée selon H. Bécourt.

Le corpus d'archives constitué sur la question de la dégradation de la végétation forestière représente un état du phénomène pour les régions étudiées. Le but n'est pas, loin s'en faut, de dresser un tableau à vocation exhaustive mais plutôt de déterminer une chronologie d'ensemble en plus d'inventorier les modes de l'appauvrissement de la végétation forestière. Il apparaît que ce phénomène se manifeste de manière plus précoce en Artois et en Flandre qu'en Hainaut. Deux raisons l'expliquent : la densité de population certainement plus grande pour ces deux régions en plus d'une emprise forestière relativement plus faible qu'en Hainaut, ce qui augmente d'autant le facteur de la pression humaine. Deux raisons structurelles donc, qui expliquent le déphasage d'un peu plus d'un demi-siècle, mais non l'absence, des perturbations écologiques dans le cadre hainuyer. Des réformes sont cependant tentées afin d'endiguer le mal. Dans la majeure partie des cas, elles ne réussissent pas, faute de moyens probablement. M. Devèze avait déjà mis en évidence l'existence d'une crise forestière dans la France du nord. Je propose plutôt de parler d'une phase de dégradation dont l'ampleur est surévaluée par certains types de sources. Cette phase se trouve néanmoins représentée dans les comtés d'Artois, de Flandre et de Hainaut dès le premier tiers du XVe siècle.

On peut considérer que les vecteurs de la dégradation forestière sont au nombre de trois. D'après les sources écrites, deux seulement sont dits déterminants d'après leur récurrence et leur importance relative sur le milieu. Ce sont les coupes illégales et les pratiques illégales de pâturage. On assiste donc à une dérégulation des usages par rapport aux capacités d'absorption par le milieu. La charge en animaux domestiques et les

[24] Arch. dép. Nord, 31H469, datation : entre 1514 et juillet 1560.

ponctions répétées dépassent le potentiel de régénération des niveaux arborescents bas et herbacés principalement. S'ensuit alors un dépeuplement des arbres, observé et décrit dans les textes, en plus de formations de sols piétinés, dépourvus de leur chevelu herbeux et s'imperméabilisant progressivement. Ce dernier phénomène demeure cependant non explicite dans les textes. En dehors de ces deux vecteurs qui déterminent le plus gros contingent de la dégradation des forêts, il faut ajouter les cas de mauvaise gestion seigneuriale des garennes ouvertes, des breuils ou des parcs. La dépréciation végétale provient dans ces cas d'une surcharge de faune sauvage introduite par l'homme pour des raisons chaotique, ludique, esthétique, sportive ou simplement de rentabilité économique[25]. Ce troisième vecteur, occulté en partie par les sources écrites, ne dut pas dépasser en importance les pratiques illégales de coupes de bois et de pâturage.

L'impact probant de l'homme sur le paysage

Avec le pâturage, l'homme est amené à apporter des modifications aux paysages forestiers en vue de répondre à certains besoins du cheptel, ou à certains de ses propres besoins. Les pratiques concernées peuvent se retrouver parfois dans les sources écrites et plus sûrement dans celles de l'archéologie.

L'éventail des structures archéologiques

Contrairement aux étendues forestières de faible emprise, les massifs plus importants reçoivent des aménagements constructifs pour le bétail. Ceux-ci servent tout particulièrement dans le cas d'une présence prolongée des animaux et lorsque les propriétaires habitent trop loin pour réaliser le trajet aller-retour sur une base quotidienne. Pour ces raisons, les hommes du Moyen Âge érigent des enclos afin de garder et de

---

[25] Voir sur ce sujet l'ouverture de C. et G. Bertrand de *L'histoire de la France rurale*.

protéger le bétail des prédateurs et des voleurs nocturnes. Le traité de chasse de Gaston Fébus parle d'un de ces parcs à bestiaux qui sert, le cas échéant, de pièges à loups (fig. 7). La miniature représente un double clayonnage muni d'une porte d'accès refermant l'espace où se rassemblent les animaux, en l'occurrence un ovin. Pour ce cas précis, aucun terrassement n'est figuré par l'artiste ou mentionné dans le corps du texte. Dans l'actuelle France de l'Est, en Alsace du début du XVIe siècle, la forêt de Haguenau constitue un centre saisonnier important pour l'élevage porcin de la ville du même nom et des communes avoisinantes. A.-M. Burg cite la présence en 1506 de 14 enclos disséminés sur 12 700 hectares de forêts qui reçoivent jusqu'à 8 400 porcs cette même année. De telles structures, bien que légères, ont dû laisser des traces dans le paysage. Cependant, elles ne génèrent qu'exceptionnellement des recherches archéologiques comme sur la marche Anjou-Bretagne. J.-C. Meuret, qui les dénomme « enceintes annulaires », en relève plus d'une douzaine au total dans plusieurs forêts. Certaines d'entre elles servent de fermes pionnières ou d'enclos à bestiaux, en particulier des porcs, vaches ou chevaux, conclut J.-C. Meuret, qui reprend les thèses de J. Decaens. L'auteur propose une fourchette de datation partant entre les XIe-XIIe siècles et se continuant au siècle suivant, en attendant que des opérations archéologiques puissent préciser la chronologie de ces structures. D'un point de vue général, ce type de structure archéologique caractérise l'ensemble de la seconde moitié du Moyen Âge et a probablement débordé sur les siècles qui suivirent. Mes recherches prospectives ne permettent la découverte ou l'identification assurée d'aucune enceinte annulaire dans les ensembles forestiers étudiés à l'échelle régionale. Même s'il n'y a pas d'exemple instructif comme celui de la forêt rhénane de Haguenau, il existe tout de même des ensembles de données comptables sur la récurrence saisonnière de pratiques sylvopastorales. Pour les XVe et XVIe siècles, les massifs forestiers comtaux d'Hesdin (Artois) et de Mormal (Hainaut) risquent d'être prometteurs pour ce genre de structures archéologiques ainsi que l'ensemble forestier monastique de Liessies (Avesnois), qui n'est plus constitué actuellement que par les sylves de Féron et de Liessies.

En plus de protéger le bétail, il faut aussi qu'il puisse s'abreuver dans ses zones de pâturage. Vu le nombre important des animaux domestiques transférés dans le cadre forestier, certains aménagements s'annoncent nécessaires comme l'installation de retenues sur les rivières et les ruisseaux. Ces retenues créent de petites mares ou étangs afin d'abreuver, la saison venue, l'abondance du cheptel, mais peuvent servir tout à la fois de point d'eau pour le gibier dans une optique de chasse. De telles structures, en l'état de la recherche, n'ont guère laissé de traces écrites. Leur chronologie et leur nombre nous échappent. Pourtant, un tel type d'investigation pourrait voir le jour s'il est encadré par des données écrites, ce qui fut le cas encore une fois avec la forêt de Haguenau. A.-M. Burg rapporte en effet que les documents comptables du XVIe siècle consacrent une rubrique aux frais de gardiennage dont « la construction de digues sur les rivières pour les [suinés] abreuver » constitue une des dépenses encourues.

L'incontournable question des lisières

Le pâturage forestier, comme tout pâturage, ne s'effectue guère selon une logique spatiale aléatoire. Il est circonscrit par des limites foncières et par des usages précis. L'archéologie des lisières forestières contribue efficacement au débat. La composition des lisières externes diffère de celle de l'intérieur de la forêt. Les causes en sont phytosociologiques et anthropiques. C'est pourquoi il est préférable de distinguer, à la suite des tenants de la biogéographie historique les dynamiques internes et externes dans une démarche d'archéologie forestière. On s'occupe ici des causes anthropiques et de leurs influences quant à l'insertion des lisières dans le paysage rural en plus de leurs formations. Parmi celles-ci, il faut mentionner les arbres limites marqués simplement d'un signe, ou les arbres que l'on qualifie actuellement de remarquables, les talus et les fossés, ennoyés ou non, ainsi que les bornes de pierre ou de bois arborant parfois les armes des seigneurs propriétaires. La présence de structures archéologiques ponctuelles ou linéaires est nécessaire vu la pluralité de la possession foncière et des droits d'usage se rapportant aux espaces forestiers. Les pratiques pastorales et le souci de la définition foncière font ainsi naître une telle signalétique. Les textes restent en revanche généralement cois sur ce thème.

Pour l'Artois, l'Avesnois, la Flandre et le Hainaut, il est possible, vu l'absence de mention, que la formule des arbres de limites soit plus particulièrement choisie. D'un autre côté, il faut aussi souligner que d'occasionnels bornages forestiers apparaissent, par exemple, dans le Boulonnais du milieu du XIVe siècle (Inventaire sommaire Arch. dép. Pas-de-Calais, A86, datation : 22 juillet 1354). C'est un « mandement des gouverneurs d'Artois et de Boulonnais au trésorier, au bailli de Boulogne et au châtelain d'Hardelot leur ordonnant de **procéder au bornage de la forêt de Boulogne** qui s'étend sur les terres de Hue de Beauval, chevalier ».

L'insertion des lisières dans les terroirs est un thème ardu à aborder car il n'existe pratiquement aucune description de lisière forestière dans les textes, et leur étude par la biogéographie historique ou l'archéologie du paysage pousse à la prudence dans l'état actuel des recherches. L'iconographie – dont les cartes et plans anciens – et certaines sources littéraires, trop souvent ignorées des archéologues, apporteraient certainement des indices non dépourvus de sens pour la reconstitution des lisières forestières. Ces types de sources sont malheureusement inexistants dans les travaux sur les formes forestières médiévales de la France septentrionale. Dans ces conditions, on passe donc sans transition du texte au terrain.

Première question : les limites forestières sont-elles circonscrites de main d'homme ? D'après les cartulaires de l'évêché d'Arras, de l'abbaye de Flines, des cens et des rentes dus au comte de Hainaut, en plus du pseudo-cartulaire de l'abbaye de Cysoing, les clôtures sous forme de fossés et talus ne commencent qu'au XIIIe siècle, plus particulièrement dans sa seconde moitié. Les sylves de Grandsart près de Marœuil, de Flines et/ou de Râches, de la partie méridionale de Mormal, de Somain, de Tilloy-les-Mofflaines et le boqueteau intra-urbain d'Arras sont concernés. Curieusement, les fossés et les talus émergent, dans les textes, à la fin du mouvement de déboisement ou juste après. Les cartulaires de l'évêché et du chapitre cathédral d'Arras, riches en actes faisant mention d'hôtes, de villeneuves et de déboisement, sont symptomatiques à ce sujet. Les lisières forestières s'inscrivent dans une perspective d'ouverture des paysages. À partir du XIIIe siècle, la conjoncture s'inverse en partie et on passe à une politique de conservation. Il faut donc imaginer la majorité des espaces forestiers avec des limites non fermées entre l'an Mil et le XIIIe siècle, exception faite des breuils, des parcs et des haies.

Deuxième question : quelle fut la relation entre le finage et les lisières forestières ? On ne peut répondre à cette question que de manière générale. Dans l'hypothèse de terroirs « pleins », il semble plus que probable que les champs cultivés butaient contre les franges forestières. Ces dernières ne sont donc pas protégées et n'ont qu'un rôle signalétique pour l'agriculteur. Il faut donc s'attendre à voir se côtoyer sans transition paysagère, comme de nos jours du reste, les champs cultivés et les strates arbustives et arborescentes. Le cas d'Hesdin est significatif à cet égard. Pour l'accroissement de ce parc à gibier à la fin du XIIIe siècle, le comte d'Artois se voit obliger d'acheter ou d'échanger les terres agricoles environnantes. Les lisières forestières sont clairement circonscrites par les cultures, donne qui ne change guère jusqu'à la fin du Moyen Âge. En effet, la comptabilité artésienne du courant du XIVe siècle laisse à penser que les cultures continuent de buter contre les limites des espaces boisés. C'est ainsi que se comprennent les nombreuses mentions de champs jouxtant les forêts.

Ce cas de figure apparaît d'ordre général, hormis pour les pâtures et les zones marécageuses. Là, les manteaux péri-forestiers avec transition vers les formations végétales maréca-geuses ont été conservés dans une certaine mesure. Pol de Limbourg, dans *les Très Riches Heures du Duc de Berry,* fit une enluminure représentant une de ces pâtures périforestières pour le mois de novembre. Tous les espaces boisés illustrés sont ouverts, quelques rares buissons sont dispersés dans ledit pré et à l'orée du bois. Image d'un faciès forestier courant, voire banal, dans le domaine royal de France du XVe siècle. L'autre conjonction paysagère, marécageuse, est moins fréquente et davantage sectorielle. Les textes forestiers ne sont que peu diserts pour tenter la description de cette rencontre d'écosystèmes riches de biodiversités. Il conviendrait d'étudier les archives concernant la gestion des zones humides afin d'aborder la question. La conjonction zone humide/forêt se localise dans les secteurs de la plaine de la Scarpe avec les forêts de Vicoigne, de Marchiennes et de Flines principalement et de Cysoing plus au nord. Une tendance se dénote tout de même : l'individualisation, dans certains cas, des unités de paysage causée en partie par les droits d'usages et la volonté de préserver les espaces forestiers.

Une très brève chronologie de l'insertion des lisières externes forestières a été proposée alors que ses imbrications dans le paysage ont été esquissées. Qu'en est-il de la variété de structures des lisières selon leur exploitation ? Elles peuvent être classées en trois catégories, chacune répondant à une action différente de l'homme. Une première relève de la colonisation saisonnière, une deuxième de la colonisation pluriannuelle et une dernière de la composition humaine. Ces types ne sont cependant pas hermétiques.

La lisière sous forme de colonisation saisonnière représente le type le plus fréquent. Ce phénomène, qui suit un cycle annuel, correspond aux recrues printanières. Cette expansion forestière est perceptible, malgré la présence de fossés et de talus, sur les terres en contact avec les lisières. La diversité de végétation des recrues dépend directement de celle des strates de la forêt et en partie de la végétation environnante et des vents. L'homme n'y joue qu'un rôle indirect dans la représentation principale des essences d'arbres. La colonisation saisonnière est la forme la plus instable puisque dès qu'arrivent les semailles de printemps, ou au plus tard lors des semailles d'été, ses repousses sont éliminées par l'agriculteur pour un champ cultivé ou par l'animal domestique s'il s'agit d'un pré. Remarque non anodine pour le palynologue, des recrues céréalières sont perceptibles dans les premiers mètres de lisières forestières en contact avec des champs cultivés…

Moins fréquente, la colonisation pluriannuelle. Elle correspond aux terres laissées en friche plusieurs années de suite et sans pratique du pâturage. C'est le cas des terres laissées en déshérence ou voulues comme telles. Cette forme de recrue forestière, d'une durée de quelques années à quelques dizaines d'années, a pu également atteindre dans certains cas une durée séculaire, particulièrement dans l'optique cynégétique seigneuriale du XIVe et XVe siècle. Les lisières externes peuvent dans une telle situation se reconstituer et former un manteau de colonisation, signe de la vitalité forestière. Véritable zone de transition entre les terres vêtues et les non vêtues, on peut en observer quelques-unes sur des terres abandonnées depuis plusieurs années. Ces lisières « naturelles » peuvent être par la suite défrichées ou transformées en taillis. Cependant, dans plus d'un cas, ce manteau est désiré et encouragé par l'homme. Il prend alors le nom courant de buisson, phénomène symptomatique de la croissance de l'étage arbustif et de la strate arborescente jeune. Les traités de chasse du XIVe siècle, de Gaston Fébus et d'Henri de Ferrières, parlent d'un tel usage des buissons qui ne sont par ailleurs pas forcément jointifs à un autre espace boisé. Aucune précision n'est cependant donnée concernant des plantations volontaires pour aider à démarrer les buissons de chasse. Les seuls aménagements consistent en la confection de haies, non vives de préférence, ce qui implique *a contrario* de possibles apports d'espèces végétales par l'homme. C'est ainsi que certaines des haies ou des bosquets jouxtant le massif de Mormal sont nées lors de l'extension des lisières dont les buts étaient cynégétiques. Vu les déboisements postmédiévaux, la quasi-totalité des éléments constitutifs du plus vaste territoire de chasse boisé du Hainaut que fut Mormal aux derniers siècles du Moyen Âge demeure inconnue. Un programme de prospection de terrain pourrait cependant voir le jour suivant une triple voie d'étude sur les fossés, la végétation relictuelle et les vestiges archéologiques.

Dernier type, les lisières façonnées par l'homme. Plusieurs raisons les expliquent. La propriété foncière bien entendu, mais aussi le but de contenir la faune sauvage présente et afin de préserver les ressources forestières – principalement ligneuses – représentées. Pour ces raisons, les lisières externes sont anthropisées en profondeur par des choix sur la composition végétale avec ou sans modification du milieu physique. On passe ainsi de la stratification naturelle étalée à une conception linéaire avec une stratification amoindrie de la transition forêt/espace extérieur.

Les textes proposent une émergence du système des talus et des fossés durant le XIIIe siècle. Cinq sites ruraux et un site urbain constituent cet ensemble dont le milieu physique des lisières fut construit par l'homme. De ces sites, Mormal perdit sa frange fossoyée, et les bois de Deffois à Fenain et de Tilloy-les-Mofflaines furent déforestés totalement. Les prospections de terrain confirment l'absence de microrelief de ces deux derniers espaces forestiers médiévaux. Cette maigre récolte de la part des sources écrites (et accentuée au fil du temps) ne représente pas l'image exacte de la réalité paysagère des lisières forestières. L'étude de terrain met en avant une modification des lisières externes des forêts à caractère fermé. Talus et fossés abondent, lorsqu'ils ne sont pas détruits avec la forêt alors que les textes laissent entendre que la clôture était minoritaire jusqu'au XIIIe siècle. Une flore s'ajoute le plus souvent aux aménagements. Les arbres de lisières incluant des têtards, des taillis et des arbres remarquables sont accompagnés d'un sous-étage arbustif dans lequel se distinguent les épineux.

Un problème de repérage temporel se pose par ailleurs. Il est vrai que l'ensemble des lisières ne peut être daté dans l'état actuel des recherches. Hormis pour certains cas relativement clairs, la majeure part de la chronologie du phénomène reste à établir. *A priori,* rien ne sépare le travail d'un fossier du XIIe siècle de celui du XVIe ou du XXe… L'usure n'est certes pas la même, mais il convient de se rappeler que le curage des fossés est un travail récurrent faisant partie des corvées de certaines communautés rurales, quoique le plus souvent tu par la documentation écrite dans les régions considérées. Qui plus est, nous travaillons avec des données vivantes, donc périssables en ce qui concerne l'appareil végétal. Aucun ligneux n'a traversé le temps depuis l'an Mil ou le XVIe siècle jusqu'à nos jours. Ce sont en fait les générations suivantes qui sont intéressantes dans l'hypothèse d'une continuité des essences dans le temps qui ne soit pas anachronique. Il y a donc nécessité de continuer de scruter les sources écrites, d'étoffer le corpus des relevés de lisières et d'entreprendre des sondages archéologiques. Des sondages qui doivent s'intéresser à établir des coupes des multiples niveaux des fossés et des talus, objectif purement diachronique[26], et veiller à décaper le sommet des talus, objectif biogéographique et paysager. Une triple voie qui pourrait apporter les repères chronologiques manquants à une démarche régressive en cours d'évolution.

De plus, la question de la répartition spatiale des lisières forestières se pose. L'Artois, la Flandre, le Hainaut et l'Avesnois possèdent des lisières constituées d'aménagements de terre et d'un appareil végétal choisi par l'homme. Les fossés secs se répartissent dans les secteurs d'Hesdin, probablement d'Arras, de Mormal, de Dourlers et de Fontenelle. Lorsque l'eau courante est disponible, elle vient couler dans les tranchées forestières. Des fossés humides s'intègrent aux lisières de Flines, probablement à Râches, à Marchiennes et à Féron. S'ajoute un cas particulier, toujours dans le domaine de l'aqueux, celui des canaux de vidange. On les retrouve plus rarement, à Nieppe et au bois de Faux, peut-être également à Rieulay. Les zones humides, voire marécageuses, expliquent évidemment la profusion des lisières forestières utilisant des fossés en eau. Il y a là adéquation entre les ressources hydrauliques et forestières du milieu. La répartition des végétaux inclus dans les lisières externes se pose cependant avec plus d'acuité. On aura remarqué la relative fréquence d'associer à un étage arborescent un étage arbustif. Les arbres étêtés et les taillis sur souche se répartissent aujourd'hui dans les différentes lisières rencontrées, ce qui est également le cas des arbustes épineux et non épineux. Portrait qui, par son caractère trop généraliste, démontre que l'analyse doit être poussée plus avant. Des relevés par essence, précisant les associations végétales avec leur répartition et une évaluation numérique doivent être

---

[26] Le but étant la récolte de mobilier datable, en se doutant toutefois de sa rareté et aussi de trouver davantage de céramique commune.

menés sur les lisières externes. Cette méthodologie a déjà été appliquée avec des résultats variables dans le cas des formations forestières linéaires de type haies, d'abord en Angleterre avec O. Rackham, puis en France avec A.-M. Fourteau et C. Perrein. Une démarche qui, alliée aux textes et aux sondages, mériterait de s'inscrire dans un programme de recherche en archéologie du paysage dans le nord de la France.

Les structures archéologiques liées au monde des troupeaux ne sont pas légion. Toutefois, une telle direction de recherche d'archéologie forestière n'a guère été prisée jusqu'alors dans le nord de la France contrairement à la France de l'Est et de l'Ouest. Avant de conclure à une exception régionale, que peut motiver la faiblesse du couvert forestier après l'an Mil, des campagnes de prospection sur des massifs tests (Hesdin, Mormal, Rihoult-Clairmarais, Liessies) seraient nécessaires, le tout, encadré par des référentiels conséquents de sources écrites sur les pratiques pastorales de ces régions.

Conclusion de la première partie

La diversité de la faune en forêt est plus grande que de nos jours. Deux raisons l'expliquent : la pratique du pâturage forestier par les animaux domestiques et certains transferts d'animaux par l'homme. Le biotope forestier médiéval apparaît ainsi comme une construction humaine. L'évolution de la faune de ce milieu varie dans le temps, dans l'espace et selon les groupes sociojuridiques, ce qu'affirment les sources archéologiques et historiques mises conjointement à contribution.

Contrairement aux thèmes de l'agriculture et de la sylviculture, qui voient se dérouler des relations souvent antagonistes dans leur définition de l'occupation des sols, les thèmes de l'élevage et du pâturage se définissent davantage dans une relation de complémentarité. En effet, l'élevage se pratique au moins pour les équins, les porcins et les bovins en milieu forestier, ce qui est évité pour les ovi-caprins en général. Les cheptels profitent ainsi de la pousse des herbacées entre les arbres. Des prés peuvent être développés aux dépens des surfaces boisées, mais cet état de fait n'apparaît pas dans les sources écrites pour trois raisons :

1) Économiquement la rentabilité n'en est pas assurée, d'autant plus que l'élevage extensif est alors pratiqué.

2) La lutte contre les zones marécageuses permet déjà la constitution de communaux composés de prairies humides pour le bétail.

3) La pratique de la fermeture des prés par des haies peut être perçue comme un retour partiel des espaces boisés au sein des lieux d'élevage. Mais cette question des prés forestiers demeure une question délicate. L'expérience recommande de l'étudier d'une part en relation avec l'importance du couvert forestier et des types d'unités de paysage présents (marais, vallée...) et d'autre part en liaison directe avec les pulsions historiques du monde rural (phase de déboisement, évolution des modes pastoraux...).

De peu de données pour les premiers siècles médiévaux, il y a passage à un afflux pour les derniers siècles. On pense alors à des pratiques sylvopastorales moindres au cours du XIe au XIIIe siècle, caractéristique de l'élevage extensif. Les forêts sont peu sollicitées par les troupeaux seigneuriaux et paysans, alors que dans un même temps les mentions de prés abondent dans les fonds de vallée et les zones humides et que la stabulation est en progrès.

La transition à un élevage intensif nécessite, selon G. Sivéry, d'avoir recours de manière complémentaire aux espaces boisés. C'est ainsi que se comprend l'apparition d'actes consignant les altérations que subissent les forêts du Nord de la France au cours des XIVe, XVe et XVIe siècles. Face à ce modèle économique qui induit des altérations forestières, des réglementations émergent qui visent à limiter le nombre d'animaux, la durée du pâturage, en plus de proscrire certaines espèces animales. Nous sommes donc en présence d'un moment à la fois d'altération mais aussi de conscience environnementale vis-à-vis des forêts. Cette conscience se préoccupe principalement de la végétation (en particulier la régénération des ligneux) et d'une partie seulement de la faune mammalienne (au premier chef les cervidés).

La région scrutée, la portion méridionale des anciens Pays-Bas, s'inscrit dans le contexte historique français, avec un décalage d'un siècle par rapport à d'autres régions. Vu l'importance et la récurrence des pratiques pastorales en forêt, au moins au cours de la période tardo-médiévale, de nombreux vestiges archéologiques et aménagements du paysage restent encore méconnus. De telles structures, une fois étudiées et datées, permettraient de comprendre la gestion des espaces boisés médiévaux et de saisir l'évolution de la sylve en tant que « pâture boisée », un phénomène original comparé à aujourd'hui. Ajoutons les aménagements de la formation végétale forestière, qui sont abordés selon la logique biogéographique des lisières externes et des intérieurs. La modification des lisières externes se remarque par des aménagements de talus et de fossés qu'accompagne un appareil végétal ligneux bistrate à partir du XIIIe siècle. Les intérieurs forestiers sont appréhendés sous trois angles : l'appropriation par la domestication, l'apprivoisement par la plantation et la dégradation par l'altération du milieu. Un décalage se remarque dans l'appropriation en fonction du milieu seigneurial, dont la précocité revient aux ecclésiastiques selon les textes. Une phase d'altérations de la végétation forestière prend corps au cours des XVe et XVIe siècles, en Artois et en Flandre, puis en Hainaut. Les vecteurs de cette période de dégradation sont au nombre de trois, dont deux sont majeurs : une fréquence trop rapide de coupes et une surcharge de troupeaux. Mineure, la surcharge d'animaux non domestiques concourt aux altérations des espaces boisés de chasse. Des tentatives de réforme ne réussissent que dans de rares cas.

Ayant tracé quelques axes de réflexion sur le pastoralisme forestier, il convient maintenant de se tourner vers la fonction cynégétique des espaces boisés.

SECONDE PARTIE

LA FONCTION CYNÉGÉTIQUE

Le pâturage constitue une réalité importante des espaces boisés médiévaux. Il ne représente toutefois qu'une mince part de la diversité faunique de ces milieux. L'homme entretient un autre type de relations avec d'autres animaux qui partagent peu ou prou les formations végétales forestières. Cette fois, c'est une relation combative : la chasse.

On remarque en consultant les dictionnaires, qu'ils soient spécialisés en histoire ou simplement généralistes, l'absence de référence à l'alimentation dans leurs définitions respectives de la chasse. C'est-à-dire que l'aspect alimentaire de la chasse, pendant longtemps fondamental, ne l'est plus depuis des siècles en Occident. Les auteurs précisent un certain nombre de critères, parfois contradictoires, afin de définir l'activité cynégétique médiévale. Tout d'abord, nombreux sont les auteurs à relier la guerre et l'activité qui consiste à surveiller et à poursuivre des animaux afin de les capturer, voire de les tuer. Une position qui s'attire toutefois les foudres de J. Morsel dans le *Dictionnaire du Moyen Âge* et de A. Guerreau dans le *Dictionnaire raisonné de l'Occident médiéval.* Ce dernier auteur poursuit une stimulante perspective d'anthropologie historique à partir des sources narratives, bien que son approche des milieux soit pour le moins discutable. J. Morsel apparaît à cet égard plus à propos lorsqu'il parle « d'une pratique fondamentalement seigneuriale d'appropriation de l'espace ». Ce à quoi J. Favier rajoute que l'activité cynégétique constitue le « passe-temps par excellence de l'aristocratie » … « où se retrouve l'éthique aristocratique ». Au vu de la complexité et de la richesse de la définition de la chasse, il y a donc une richesse doublée d'une complexité à définir la fonction cynégétique médiévale. De plus, si les travaux qui portent sur le droit de chasse sont abondants, ceux sur les animaux chassés le sont déjà moins, alors que le thème de l'intégration des lieux de chasse à l'environnement demeure malheureusement quasi inexploré bien que fondamental.

Cette orientation de recherche conduit à s'intéresser plus spécifiquement aux animaux ainsi qu'aux relations entre l'homme et l'animal pourchassé et/ou introduit et protégé. Par la suite, la chasse et sa pratique seront définies d'un point de vue sociojuridique, avant de passer à une étude détaillée des aménagements des espaces forestiers pour cette activité dans une optique d'archéologie du paysage.

Chapitre I.

Définir la part animale

Il est temps d'introduire la faune afin de comprendre la part animale de la forêt en tant que lieu de chasse. Doit-on parler d'une diversité biologique tronquée en faveur de certaines espèces ou d'une pression humaine trop forte ? Et quelle est la part de la déformation par les sources dans cette analyse ? En dehors de ces questions, je m'attarderai sur le thème de la gestion de la faune tel que le restituent principalement les données écrites. Cette dernière problématiquc porte alors davantage sur des considérations écosystémiques (population, densité de population, saisonnalité, répercussions environnementales et transfert d'animaux).

Les espèces concernées et leur importance

Il existe différentes manières de procéder pour décrire la faune chassée dans les espaces boisés du XIe au XVIe siècle.

Ces manières sont le corollaire des types de sources disponibles sur le sujet. C'est ce qu'instruisent, entre autres choses, les quelques études microrégionales ou régionales, en plus des synthèses auxquelles il est fait référence au cours de cette analyse.

En croisant les sources

Puisqu'une part de la véracité du portrait de la faune dépend des types de sources utilisées, j'ai voulu, encore une fois, en croiser les types afin de rendre ce portrait le plus complet possible et de diminuer les biais. Cette rencontre fait ressortir le parallélisme des types de sources entre eux. Par exemple, les ouvrages de chasse possèdent l'intérêt du recensement de la faune qui manque aux sources juridiques, plutôt préoccupées par des cas particuliers ou des règles générales. Le vocabulaire relatif aux espèces animales n'est d'ailleurs guère développé pour cette catégorie de documents qui collecte davantage les termes génériques (bêtes sauvages, bêtes rouges, rousses ou noires par exemple). Ce qui n'est le cas ni des traités cynégétiques ni des sources comptables, pour lesquels la précision du vocabulaire relève d'une connaissance de la nature doublée d'un souci d'enregistrement des gestes ou de leur coût. Les auteurs des livres de chasse utilisent parfois les expressions de bêtes noires, bêtes rousses, etc., mais ils en précisent les animaux en plus de les passer en revue, animal par animal.

Les sources de même nature rapportent en général des moissons similaires en informations. Les traités de chasse à courre, au vol ou mixte possèdent la volonté d'énumérer les animaux. Certains plus que d'autres cependant confinent parfois à l'encyclopédisme, comme Fébus ou *Guillelmus falconarius*. Si un auteur veut faire l'économie de l'inventaire zoologique, il peut procéder à un renvoi vers un ouvrage complet en la matière. C'est le cas du *Guillelmus falconarius,* qui renvoie au *Dancus rex*. Il existe donc une certaine homogénéité de ces livres dans les sujets traités. Un tel phénomène se vérifie aussi dans les sources juridiques et comptables. À l'échelle régionale, on peut établir une exception avec le parc à gibier d'Hesdin. Ce dernier est particulièrement riche en faune puisqu'il comprend une ménagerie et une volière. La figure 24 représente les animaux sauvages présents dans ladite réserve, selon les relations cynégétiques entre l'homme et l'animal. Les animaux favorisés sont introduits et protégés par l'homme, les défavorisés constituent leur antithèse puisqu'ils ne sont ni nourris ni logés « aux frais du prince ». La faune entre parenthèses n'est pas forestière mais présente dans ledit parc. Il faudrait comparer entre elles ces réserves cynégétiques pour en retrouver les traits généraux, mais aussi les distinctions. Ces comparaisons peuvent avoir lieu à l'échelle régionale comme entre les mondes occidentaux et orientaux. Le caractère d'ensemble par type de sources appelle donc à des confrontations.

Les sources archéozoologiques doivent être classées à part des sources écrites, non pas à cause du sujet traité mais bien dans la manière d'aborder le sujet. Avant d'aller plus avant, il est utile de rappeler que les données ostéologiques décrivent les restes animaux tels que trouvés dans des milieux anthropiques consommateurs. Ces données proviennent d'études de sites et de synthèses. On se trouve donc en bout de chaîne de la vie de l'animal et complètement à l'opposé des milieux d'élevage ou de vie des animaux.

Les recherches archéozoologiques s'échelonnent du VIe au XVIIIe siècle pour les régions d'Artois et de Flandre, et sont classées selon quatre types de sites (monastique, seigneurial laïque, rural et urbain). Elles couvrent donc un spectre chronologique nettement plus large que les sources écrites alors que la description de la société ne diffère qu'en partie dans ses champs d'analyse.

Les travaux de J.-H. Yvinec ont démontré la part marginale du gibier dans la consommation générale de viande, tous types de sites confondus, ce que confirment les travaux de B. Clavel. Une certaine homogénéité d'ensemble se dégage, bien que la part de cette faune prisée se démarque en nombre de restes à l'avantage des milieux seigneuriaux et urbains. Sur le plan de la biodiversité, tous milieux confondus, l'archéozoologie prend le pas sur les sources écrites. Pour se donner un ordre de grandeur, cette discipline arrive à inventorier plus d'une centaine d'animaux selon la très utile synthèse de

F. Audoin-Rouzeau, alors que l'histoire peine à en recenser plus d'une trentaine. La documentation des archéozoologues apparaît cependant contrastée par région et par époque : les études sur l'Artois vont du VIe au XIe siècle avec les sites de Brebières, de Carvin, d'Izel-les-Esquerchin et de Vitry-en-Artois, alors que les Flandres française et belge s'échelonnent du VIIe au XVIIIe siècle avec les sites de Bruxelles, de Douai, des Dunes, d'Hamages et de Lille. L'absence de sites urbains se remarque pour l'Artois, contrairement au sous-ensemble des Flandres. Les différences de nature et de nombre de sites, en plus des dissemblances chronologiques, conduisent à demeurer prudent dans l'analyse. Pour cette étude comparée ne sont donc prises en compte que les études locales et régionales qui viennent d'être citées. Elles sont groupées dans l'ensemble sources archéozoologiques (fig. 25) étant donné la faible diversité animale rencontrée qui s'explique en partie par le peu de sites fouillés.

La primauté des mammifères

Dès le premier abord, et toutes sources écrites confondues, la présence des mammifères l'emporte sur les oiseaux. Les sources leur étant consacrées sont plus nombreuses bien que pas forcément plus diversifiées et possèdent un fort caractère répétitif. Leur inventaire par type de source est donné dans un tableau afin de faciliter la visualisation des résultats (fig. 25).

Les traités cynégétiques de Fébus et de Ferrières colligent respectivement 14 et 11 mammifères. Fébus parle de 7 herbivores : le cerf, le « rangier », le daim, le chevreuil, le bouc, le lièvre et le lapin ; de 3 omnivores : l'ours, le sanglier et le blaireau[27] et de 4 carnivores : le loup, le renard, le chat sauvage et la loutre. Ferrières mentionne pratiquement les mêmes animaux soit 5 herbivores : le couple composé du cerf et de sa biche, le daim, le chevreuil, le lièvre et le lapin ; 2 omnivores : le binôme sanglier et truie et le blaireau ; 1 rongeur : l'écureuil et 3 carnivores : le loup, le renard et la loutre. Alors que Fébus

---

[27] Le blaireau est un omnivore possédant, entre autres particularités, un comportement carnivore de type charognard.

parle de plusieurs genres de mammifères différents, Ferrières introduit les notions de couple et de comportement sexué pour une même espèce. On peut expliquer certains absents d'une liste à l'autre par leur caractère exogène. Le « rangier », c'est-à-dire le renne européen, possède une aire de distribution nettement plus septentrionale que les régions du nord de la France... Le bouc et l'ours dont parle Fébus sont des espèces pyrénéennes, d'où l'absence du bouc dans le traité normand. Cependant, l'ours comme le chat sauvage étaient présents dans la faune du nord de la France durant le XIVe siècle d'après les dépouillements d'archives comptables effectués. On assisterait à une dévaluation de la charge symbolique de l'ours au cours de la fin du Moyen Âge, ce qui rejoint l'analyse de l'historien des mentalités M. Pastoureau. Il faudrait donc évoquer un désintérêt cynégétique pour ces animaux de la part d'Henri de Ferrières, qui les passe sous silence. Le cas semble également se vérifier pour l'écureuil qu'omet volontairement Fébus, d'autant que « c'est vilaine chasce », pour reprendre ses termes.

Si l'on présente maintenant les résultats des dépouillements d'archives, juridiques et comptables confondues, on y retrouve 14 sortes de mammifères dont 3 herbivores : le cerf et sa biche, le daim et le lapin ; 3 omnivores : l'ours, le sanglier et le blaireau ; 2 rongeurs : l'écureuil et le castor, et finalement 6 carnivores : le loup, le renard, le chat sauvage, le furet, la belette et la loutre. Un total supérieur au décompte de Ferrières et équivalent à celui de Fébus. Ce qui étonne cependant, c'est la représentation des prédateurs par rapport à l'ensemble (6/14 ou 43%) et la sous-représentation générale des herbivores (3/14 ou 21%). Les connaissances archivistiques sur les omnivores et les rongeurs sont conformes aux vues des traités de chasse ou leur sont supérieures avec un sous-total de cinq espèces (5/14 ou 36%). Si l'on se rappelle qu'un spécimen d'ours et un autre de castor ont été trouvés pour l'Artois (tous deux proviennent de la ménagerie du territoire d'élevage et de chasse d'Hesdin), et uniquement des peaux d'écureuil, la biodiversité des non-prédateurs s'affaiblit pour devenir inférieure aux données moyennes des traités. La méthode d'inventaire de la faune chassée, en procédant par le dépouillement archivistique, reste valide, puisque se raccrochant aux valeurs absolues des traités. Cependant, de manière relative, c'est-à-dire en excluant la faune exogène de l'ouvrage de Fébus, les dépouillements d'archives permettent d'arriver à un inventaire plus complet du gibier chassé que ne le transcrivent les auteurs de livres de chasse de la fin du Moyen Âge.

Comparons avec les données archéozoologiques issues des études locales et régionales. Pour les sites d'Artois et du Hainaut du VIe au XIe siècle, 6 espèces d'animaux sauvages sont présentes. 4 herbivores : le cerf, le chevreuil, le lièvre et le lapin ; 1 carnivore : le renard et 1 omnivore : le sanglier. Les sites de Flandre du XIIe au XVIe siècle sont plus pauvres de moitié environ, puisqu'on y recense seulement 3 espèces animales, toutes herbivores : le cerf, le lièvre et le lapin. Des données qui méritent quelques éclaircissements. La prépondérance des sites urbains et la présence des sites monastiques induisent une biodiversité moindre de la faune sauvage. En effet, l'archéozoologie obtient les décomptes les plus faibles de mammifères sauvages par rapport aux traités de chasse et aux archives. La raison provient assurément du sort réservé aux animaux représentés par cette discipline : ne sont conservés *in situ* que les animaux consommés. Par ailleurs, en reprenant les résultats concernant les herbivores, on remarque que les sources archéozoologiques sont en phase avec les sources archivistiques : leur potentiel descriptif est donc identique sur ce point. C'est donc moins une question de conservation différentielle des restes animaux qu'une question de relations entre l'homme et l'animal.

De cette faune, on remarque tout d'abord une nette désaffection des chasseurs envers l'ours dans le comté d'Artois durant le XIVe siècle et dans celui du Hainaut durant le XVe siècle. Cette désaffection, mentionnée précédemment, est lisible dans le traité de Ferrières et dans son absence des sources comptables et juridiques au point de devenir un animal de ménagerie. Est-ce uniquement un trait mental ou une concordance de témoignages indiquant une raréfaction de la population des ursidés dans les régions du nord de la France ? Les diverses voies de la transformation des milieux forestiers par l'homme sont-elles responsables de cette évolution ? Le fait que Fébus continue de pratiquer la chasse à l'ours durant ce même XIVe siècle serait un contre-exemple à mettre en relation avec le biotope favorable que constituent les forêts montagnardes des Pyrénées. Il faut donc émettre l'hypothèse d'un recul de l'ours dans ces régions au cours du Moyen Âge, ce que semblent indiquer les sites ruraux fouillés par les archéozoologues.

Le cas du sanglier demeure contrasté. S'il n'est que peu chassé dans la réserve cynégétique d'Hesdin, où il fait partie pendant un temps de la ménagerie, on le chasse ailleurs en Artois et dans le Boulonnais mais surtout en Hainaut. Un compte daté de novembre 1313 à novembre 1314, par exemple, stipule que les sangliers sont chassés dans les territoires cynégétiques de Tournehem et d'Éperleques puis envoyés en salaison à Hesdin (Arch. dép. Pas-de-Calais, A322). Devant un tel cas, il faut se demander si nous sommes face à une spécialisation des ensembles de chasse comtaux d'Artois en relation avec la personnalité des différents souverains pour les divers types de chasse. De plus amples dépouillements appuyés par des fouilles résoudraient certainement ce dilemme. Autrement, le sanglier fait partie du gibier fréquemment chassé en Hainaut dans le territoire de chasse de Mormal au début du XVe siècle. La *Comptabilité des bois du Hainaut* mentionne en effet les chasses aux sangliers ou aux cochons dans cet ensemble sylvocynégétique traditionnel (annexe IV). Mais il y a pour cet animal une intéressante question d'identité qui reste en suspens. Pour reprendre le langage des textes, parfois ce sont des sangliers qui sont chassés, d'autres fois ce sont des cochons alors que des porcs sangliers sont aussi capturés. La diversité terminologique amène à se poser des questions quant à la réalité de sa morphologie et aux divers statuts des porcins médiévaux.

Les rongeurs. Souvent absents, ils sont en général sous-représentés à la fois dans les traités de chasse et dans les archives. Pourtant, le commerce des fourrures aurait dû révéler la présence des rongeurs chassés, en particulier pour l'écureuil et le castor. Ce ne fut pas le cas, au point de retrouver un seul exemplaire de castor, vivant dans la ménagerie comtale d'Hesdin au début du XIVe siècle. Curiosité locale ? Rareté faunique ? L'exemple est pour le moins étonnant. La rareté de ces deux animaux dans les sources comptables s'explique différemment. Le cas de l'écureuil relève davantage d'un fait économique alors que celui du castor provient aussi de l'anthropisation de l'environnement. La comptabilité des comtes d'Artois n'est pas à même de décrire le commerce des pelleteries parce qu'il n'en fait pas partie. L'utilisation de fourrures sous diverses formes est en revanche présente dans d'autres gestions comptables. Les fourrures d'écureuils sont en effet enregistrées par les tarifs de tonlieu ou de péages, ce qu'a naguère souligné R. Delort. Alors que le terme de castor est tardif historiquement par rapport à son prédécesseur celtique puis bas français de bièvre, ce dernier zoonyme se rencontre dans plusieurs départements au nord de la Loire (Île-de-France, Nord entre autres) afin d'identifier vallées, cours d'eau et habitats groupés situés à proximité. Cependant, les castors furent chassés de leur niche écologique pour leur fourrure, comme par les aménagements de berges et les travaux hydrauliques relatifs au transport des grumes, à l'implantation de moulins ou de scies hydrauliques et aux pêcheries médiévales. On comprend ainsi le recul du castor et son repli, avec la complicité des hommes, dans des ménageries durant les derniers siècles du Moyen Âge.

Herbivores et prédateurs sont à mettre dans un même ensemble d'analyse. Ils forment en effet un dipôle écosystémique amplifié par l'action humaine. L'homme n'enregistre que trois espèces d'herbivores élevées en semi-liberté, avec une prédominance classique de cervidés. Cet effectif est d'ailleurs plus faible que les recensements de Fébus et de Ferrières. Cela s'explique en partie par l'absence remarquée du chevreuil. Qui plus est, si les lapins sont fortement représentés, les lièvres sont presque totalement absents dans les archives, contrairement aux traités de chasse où ces derniers occupent le haut du pavé devant les lapins. Une absence intrigante qui est expliquée par J.-P. Sosson par une indifférenciation de la part des sources archivistiques envers la microfaune des lagomorphes et des léporidés. Il est très intéressant de constater que le lapin est absent des sites d'Artois entre le VIe et le XIe siècle alors qu'il fait son apparition sous forme de restes osseux en Flandre entre le XIIe et le XVIe siècle. Nous voici donc cher lecteur en présence d'une introduction médiévale de faune ![28] Il ressort néanmoins une monotonie réelle des animaux sauvages élevés dans les espaces boisés à fonction cynégétique dans les comtés médiévaux d'Artois, de Flandre et de Hainaut. Une monotonie à peine perturbée par l'arrivée du lapin entre la fin du XIIe siècle et la première moitié du siècle suivant.

Cette pauvreté de la biodiversité d'après les sources utilisées a paradoxalement engendré une certaine multiplicité dans sa relation miroir, soit celle des prédateurs. En effet, les prédateurs ne manquent pas puisqu'on recense près de la moitié de l'effectif des mammifères de ces régions. Hormis la loutre qui est ichtyophage, les autres chassent les cervidés et les lapins spécifiquement ou occasionnellement, en plus des oiseaux. Le cas du furet reste cependant en retrait puisqu'il est inféodé à l'homme. Les furets apparaissent en tant qu'instruments humains pour la chasse aux lapins et non pas comme prédateurs pour soi. C'est donc un prédateur qui est élevé par les hommes du Moyen Âge. On le retrouve souvent illustré chassant les lapins d'une « conninière » dans une garenne, comme dans le *Luttrell Psalter*. Il ouvre de ce fait la grande porte de la faune sauvage prédatrice élevée par l'homme, constituée essentiellement par la faune aviaire, et demeure ainsi une exception mammalienne. Rappelons que la comptabilité, contrairement à l'archéozoologie, porte une attention particulière aux prédateurs locaux pour deux raisons principales. Premièrement afin de protéger les espèces élevées dans les défens, les garennes et les parcs, et deuxièmement pour le plaisir de la chasse. La première raison est la plus souvent invoquée ou sous-entendue dans les actes, contrairement aux affirmations des traités de chasse... On reviendra ultérieurement sur la fréquence des prédateurs, en particulier sur celle des canidés et des félidés, qui constituent le gros des bataillons rencontrés.

---

[28] Une introduction abondamment décrite par C. Callou dans son ouvrage consacré au lapin.

Une faune aviaire bien présente

La chasse au vol étant très pratiquée, les oiseaux figurent donc en nombre dans les traités, les archives et dans les arts profanes. Cette large représentation, alliée aux descriptions comportementales et aux soins vétérinaires qui sont prodigués aux rapaces, en particulier en cynégétique, constitue une démonstration éloquente de l'intérêt des contemporains pour cette fraction du monde de la nature qui les entoure.

Les traités de chasse au vol sont nombreux en Occident. Quatre furent sélectionnés, dont un mixte, c'est-à-dire consacré aux chasses à courre et au vol, alors que les trois autres se consacrent uniquement à la chasse au vol. Ce sont les *Dancus rex*, *Guillelmus falconarius*, *Gerardus falconarius* et *Les livres du roy Modus et de la royne Ratio*. Bien que les *Dancus*, *Guillelmus* et *Gerardus* émergent en zone méditerranéenne, leur influence va au-delà. De nombreuses copies de ces manuscrits sont traduites en latin, espagnol, portugais, allemand et français au cours des XIIIe, XIVe et XVe siècles principalement. *Guillelmus* et *Gerardus* datent tous deux de la première moitié du XIIe siècle, *Dancus* leur est antérieur, alors que l'ouvrage de Ferrières fut écrit dans le dernier quart du XIVe siècle. Cet ensemble donne une fourchette chronologique qui permet de couvrir la chasse au vol de l'ensemble de la seconde moitié du millénaire médiéval telle qu'elle fut pratiquée en France septentrionale.

Quel est le répertoire de la faune aviaire de ces ouvrages ? Le *Dancus* recense 7 oiseaux de proie : 5 faucons, dont le noir, le blanc, le rouge, le montagnard et le lanier ; l'autour et l'épervier. On y retrouve aussi 8 oiseaux chassés : les moineaux et les pigeons ; les corneilles, les milans rouges, les épeiches et les épeichettes, puis les hérons gris et les hérons blancs. Le *Guillelmus* recense 10 oiseaux de proie : 8 types de faucons, dont le noir, le blanc, le rouge, le lanier, l'émerillon, le gerfaut, le pèlerin et un insulaire, le corso-sarde ; l'épervier et l'autour et 4 oiseaux chassés : les oies sauvages, les grues, les hérons et les perdrix. Une remarque est donnée sur l'aigle, mais ce dernier n'entre pas dans la catégorie des oiseaux de poing. Le *Gerardus* ne tentant pas l'inventaire, il traite des falconidés en général, il faut alors passer au traité mixte de *Modus*. Son auteur recense 8 oiseaux de proie : 6 faucons, dont le lanier, le sacre, le hobereau, le gerfaut, l'émerillon et les faucons de Sardaigne ; l'épervier et l'autour. Ces oiseaux de proie chassent 2 espèces d'oiseaux : les grues et les hérons, en dehors des catégories générales d'oiseaux marins, de marais ou champêtres. De Ferrières consacre finalement une dernière partie de son ouvrage au piégeage des oiseaux, ce qui complète le tableau de la faune aviaire puisqu'on y voit apparaître le faisan, la perdrix, le « videco », le « mauvi », les pinsons, les geais et l'alouette, soit 7 espèces d'oiseaux. On peut donc considérer que 9 espèces d'oiseaux sont chassées au vol et aux pièges d'après le traité de Ferrières.

Des quatre traités de fauconnerie, d'autourserie et d'éperverie, le *Guillelmus* et le Ferrières ressortent nettement comme étant les plus « sensibles » à l'inventaire faunique. Cela est dû en partie au travail de recollement des versions que présente l'édition critique de G. Tilander et bien entendu parce que le *Guillelmus* reprend les données du *Dancus*, son prédécesseur. Le Ferrières, moins riche qu'eux sur le thème des oiseaux de poing, possède un attrait unique en ce qui concerne son répertoire des oiseaux piégés. On retrace dans l'ensemble un peu plus d'une douzaine d'oiseaux de proie et un peu plus d'une quinzaine de volatiles chassés. Chez les prédateurs, la prééminence revient aux oiseaux de haut-vol, les falconidés (85% ou 11/13), très loin devant les oiseaux de bas-vol que sont les asturidés et les accipitridés (15% ou 2/13). Les auteurs n'ont guère hésité à inclure des espèces d'oiseaux de proie exotiques dans leur collecte, en conformité avec les transferts d'animaux sur de grandes distances qui se pratiquent alors dans l'aristocratie.

Les sources comptables sont encore une fois plus riches que les juridiques afin de retracer les volatiles concernés en fauconnerie, autourserie et éperverie, pour reprendre la terminologie cynégétique du temps, mais aussi tout autre volatile. Fait intéressant, la terminologie (francophone) en usage pour la faune aviaire est homogène dans le nord de la France. Les oiseaux de proie comprennent des aigles, des faucons, des gerfauts et des laniers pour les prédateurs de haut-vol et des autours, des éperviers et des buses pour ceux de bas-vol. On arrive donc à un total de 7 espèces de rapaces, avec une prédominance pour le genre des falconidés (57 % ou 4/7) sur l'autour et les éperviers (43 % ou 3/7). On chasse, de quelque manière que ce soit, essentiellement le faisan, le héron et la perdrix en plus des « oiseaux de rivière » (ADN, 10H50 pièces 810 et 815). Expression vague, utilisée dans la seigneurie de Marchiennes, qui regroupe la multiplicité de l'avifaune fréquentant ce type de milieu : anatidés, échassiers divers (bécasse, bécasseau et bécassine, courlis...), grues, hérons, poules d'eau... Une enluminure de Cîteaux vers 1111 fait une démonstration éloquente de l'avifaune d'un tel milieu à l'instar de la compréhension de l'artiste pour un tel écosystème. Le *Moralia in Job* : initiale « Q » représente un cavalier chassant au vol aux abords d'un cours d'eau où quelques espèces d'oiseaux sont rassemblées. Mais, somme toute, l'éloquence du discours de l'image répond en un écho affaibli des traités et des actes : 5 espèces et plus d'oiseaux non prédateurs sont donc chassées d'après les sources écrites conservées dans les archives.

Des traités de chasse aux archives, un ensemble de référence homogène se constitue. Les uns comme les autres parviennent à dresser un portrait de l'avifaune des rapaces avec netteté, démontrant une préférence marquée pour les oiseaux de haut-vol. Ce trait est commun dans l'ensemble de la noblesse médiévale européenne. Puis d'après les dépouillements, l'autour arrive avant l'épervier comme oiseau de proie en nombre de têtes. Les régions d'Artois, du Boulonnais, de Flandre et de Hainaut favorisent donc cette famille de rapaces sylvestres contrairement aux dires des traités de *Guillelmus* et de Ferrières qui leur préfèrent les éperviers. Une préférence qui se retrouve également à la cour de France à la fin du XIIIe siècle. Ainsi peut-on expliquer que Philippe Auguste ait donné un « épervier féodal » et non un « autour féodal » pour l'hommage lige que lui fit son cousin Robert, comte d'Artois (ADN, B918 n° 3482). L'autour est également estimé en Angleterre selon J.-O. Benoist. La façon de faire de l'aristocratie du nord de la France de cette époque se rapproche donc davantage de celle de ses voisins d'outre-Manche, que de celle du domaine royal français. Les cas de l'aigle et de la buse restent à part. Non dressé d'après l'ensemble des ouvrages cynégétiques, l'aigle est cependant très chassé. Ces deux volatiles sont cependant prisés très bas. Dans les années 1300 à 1315, la buse vaut 2 deniers, l'aigle 3 à 4 sous et la loutre 10 sous. Si on se rappelle qu'un sou vaut douze deniers, on voit clairement que la traque des buses rapporte peu, ce qui pourrait expliquer la rareté de sa présence dans la comptabilité puisque peu attractive financièrement. La loutre, au premier abord plus intéressante nécessite cependant plus de préparatifs (chien, filets). Si la capture des aigles et des loutres est mieux rémunérée que la production de poule (prix unitaire à l'achat de 12 deniers) et de chapon (20 deniers), elles se situent tout de même loin derrière les faucons dont les prix payés par la cour d'Artois vont de 30 à 60 sous l'oiseau pour cette période de temps. L'aigle serait ainsi resté un des rares rapaces européens à être demeuré sauvage[29]. Les archives comptables ne précisent malheureusement pas si ces oiseaux étaient mangés ou simplement tués, ce que l'archéozoologie pourrait dire en relation avec le contexte de découvertes.

Les perdrix et les hérons font partie du cheptel d'oiseaux chassés le plus souvent cités, suivi par les faisans. Hormis le cas de la perdrix, le héron[30] et le faisan sont des oiseaux du biotope forestier. Soulignons que l'ouvrage du Normand de Ferrières est la seule source mentionnant des passereaux sylvestres, comme le geai, ou arboricole, comme le pinson, en plus d'oiseaux champêtres (alouette et « mauvi »). C'est une avifaune forestière ou arboricole qui soutient la comparaison avec les sources archéozoologiques et avec celle des miniatures.

[29] Quoiqu'il existe des cas où ce rapace devient un auxiliaire de chasse d'après les travaux récents de B. Van den Abeele. Je rappelle que les archives parlent d'aigle mais que son identité reste sujet à débat : aigle pécheur ou plutôt balbuzard fluviatile ou pécheur.

[30] Ce volatile affectionne les cours d'eau et les formations végétales qui s'y rattachent. Il est parfois élevé dans un type de garenne qui lui est dévolu, la « héronnière ».

En regardant une enluminure sur parchemin datant des années 1220-1230, on croirait être assourdi par les pépiements, les criaillements, les sifflements et autres chants de la foule des oiseaux arboricoles représentés. Un lieu foisonnant de vie, voilà certainement ce qu'a voulu illustrer le peintre de ce paysage forestier d'été des *Carmina burana*. Une version animée et diversifiée de l'avifaune fréquentant les sylves germaniques estivales, qui se rapproche davantage de la réalité, ou du moins d'un moment de réalité, que ne peuvent tenter de le réaliser les documents comptables ou juridiques. Les sources archéozoologiques recensent pour leur part jusqu'à 10 espèces d'oiseaux forestiers sur les sites fouillés du nord de la France. Sont présents l'*Ardea cinerea* ou héron cendré, le *Bucephala clangula* ou garrot à œil d'or, les *Ciconia sp.* ou les cigognes, le *Corvus corax* ou grand corbeau, la *Corvus corone corone* ou corneille noire, le *Corvus frugilegus* ou corbeau freux, les *Grus sp.* ou les grues, la *Pica pica* ou pie bavarde, la *Scolopax rusticola* ou bécasse des bois et la *Limosa limosa* ou barge à queue noire. L'archéozoologie permet un recensement un peu plus complet de la faune aviaire par rapport aux traités de chasse, moins éloquents mais tout de même plus que les archives cette fois-ci.

Les espèces animales sauvages chassées par l'homme ont été étudiées en comparant les sources écrites livresques et archivistiques avec les données archéozoologiques. Parfois antagonistes, parfois homogènes, elles demeurent toujours complémentaires afin de déterminer les limites actuelles des champs de recherches entrevues par chacune et de mettre en avant de nouveaux protocoles d'étude. Première limite, cela a été répété par maints chercheurs, le manque de relations entre les sciences de l'écrit, celles de l'environnement et celles des « matérialisations culturelles ». Ensuite, les résultats. La méthode comparée permet d'évaluer les potentiels informatifs des divers types de sources. En ce qui concerne les mammifères sauvages, les archives comptables apparaissent les plus aptes au recensement, distançant les traités de chasse et bien avant les travaux archéozoologiques qui pâtissent d'un manque évident d'études sur des sites ruraux pour la région considérée. Par ailleurs, la faible biodiversité que met en lumière l'archéozoologie sur ce thème est également imputable à une limite de méthode, soit celle de la conservation des restes animaux consommés sur place ou en périphérie immédiate des sites d'habitats alors que les restes d'animaux non consommés sont certainement éliminés en dehors des sites d'habitats. Pour les oiseaux cependant, les travaux d'archéologie de la faune ont mis en avant le plus grand nombre de genres et d'espèces animales sauvages, avant les traités de chasse et très loin devant les sources archivistiques, tous genres confondus. Il existe donc un intérêt scientifique évident à coupler les types de sources et les disciplines. On peut ainsi décrire une certaine biodiversité animale qui en dit long sur les relations entre l'homme et l'animal.

Faunes et gestion démographique : un premier portrait de la complexité des relations homme/animal

Jusqu'à maintenant dans cette partie, seul un aspect des relations de l'homme face à l'animal sauvage a été vu, avec la chasse. À travers ce lien d'ensemble, la question de l'élevage a été abordée de manière marginale. Il en est de même des impacts de cet élevage sur le milieu forestier lui-même, ainsi que des modifications écosystémiques qui en sont le corollaire. Ces thèmes ne sont pas neutres puisqu'ils induisent une causalité de l'action de l'homme envers l'animal et le milieu, tout en les incluant dans le devenir historique.

Élevage et peuplement

Les quelques animaux sauvages élevés dans les ménageries ne sont pas pris en considération : ceux-là relèvent plus de l'archéologie des zoos que de celle de l'élevage proprement dit. Le cortège des espèces animales sauvages élevées dans les milieux forestiers n'est pas long. Deux membres de la macrofaune des mammifères, le cerf et le daim, un de la microfaune mammalienne, le lapin, et deux représentants de l'avifaune, l'autour et l'épervier, le composent. Si la mention de l'épervier demeure anecdotique, les cervidés, lagomorphes et asturidés sont en revanche largement représentés dans les sources écrites. La cartographie révèle l'importance relative de chacun des animaux : loin devant, le lapin, suivi par les cervidés et l'autour dans des proportions similaires. Les garennes à lapins sont plus courantes dans le paysage que les parcs à cervidés ou que les volières. Ces dernières se contentant de jouxter un centre de pouvoir fortifié (château) et paysager (territoire d'élevage et de chasse aménagé), comme à Hesdin en Artois ou Aisey en Bourgogne d'après les travaux de C. et P. Beck. D'un strict point de vue financier, l'investissement initial pour créer une garenne à lapins reste bien moindre par rapport aux autres types d'élevage de mammifères sauvages. Dans un espace boisé, pas trop humide, plutôt sec, on implante quelques couples de lapins, et le tour est joué. Pas besoin de nourrir les animaux, contrairement aux cervidés, ce qui se révèle parfois coûteux selon le régime alimentaire. On peut aménager des « conninières » et clore l'espace si on le désire, mais cette solution n'est pas toujours suivie et demeure encore plus onéreuse pour les cervidés (murs maçonnés, bâtiments où stocker les herbages, fontaines et mangeoires). Et finalement, la garenne à lapins se rentabilise rapidement, grâce à la reproduction rapide de cet animal. L'élevage du lapin paraît ainsi s'intégrer à la sphère du commercial et du nutritionnel, contrairement aux parcs à gibier et aux volières, qui ressortent essentiellement des domaines du symbolique et du mode de vie.

Les différences de statut de ces animaux peuvent ressortir de diverses manières. On peut comparer les prix à l'achat des diverses espèces animales entre elles, lorsque ces données existent. Il convient de s'intéresser aux données numériques les caractérisant et aux baux des espaces de chasse. Ces baux se limitent à l'exploitation du lapin de manière directe en Artois, ou indirecte en Flandre. On retrouve par exemple un bail daté du 7 juin 1432 de la furetterie de West-Dunes établit par le furetier des Ost et West-Dunes de Flandre (Arch. dép. Nord, B5389 n°147940). Exemple d'un site dont l'éventuelle physionomie forestière demeure cependant inconnue. La durée du bail est, comme en Flandre, de trois, voire de six ans dans le bailliage d'Hesdin. Dans le bailliage d'Arras, l'allongement de la durée pour la garenne du bois du Waut est sensible à partir des années trente du XIVe siècle. Auparavant, l'engagement ne vaut que pour un terme de trois ans. Par manque de documents, on ne peut dire si ce phénomène est linéaire, mais l'on sait que dans les années trente du siècle suivant tous les baux du parc d'Hesdin sont passés à un rythme de neuf ans. La deuxième remarque sur ces baux, qui doit être approfondie ultérieurement, porte soit sur leur maintien, soit sur leur augmentation en nombre, du moins de manière sectorielle. Le bailliage d'Arras n'acense toujours qu'une garenne à lapins, alors qu'au parc d'Hesdin on passe de deux acensements en début de siècle à trois à la fin du premier quart du même siècle pour arriver à cinq ou plus dans les années 1430. Sur le plan de la gestion de l'espace, il est très intéressant de constater que, hormis l'augmentation des garennes engagées, certaines apparaissent comme étant créées pour leur mise en location (essart Turpin et Willeman à Hesdin ; bois du Waut à Arras), alors que d'autres au contraire ressortent du patrimoine et de la table comtale (Wail à Hesdin ; Mofflaines à Arras). L'aspect financier d'une part des garennes à lapins fait ressortir d'emblée l'élément économique de cet animal sauvage de l'Artois tardo-médiéval.

La seconde démonstration du statut des animaux porte sur leur énumération respective et ce qui en découle. Je commence par les autours. Ils ne se comptent qu'à l'unité, rarement davantage. Les cervidés eux, par demi-douzaine voire à la dizaine. Les lapins se démarquent encore une fois, qui se chiffrent par plusieurs dizaines et plus fréquemment par quelques ou plusieurs centaines d'individus. On possède en effet des chiffres pour les garennes à lapins non bailliées à cens, comme celles de Willeman dans le bailliage d'Hesdin et de Mofflaines dans celui d'Arras. De 1300 à 1314, environ 5 700 lapins sont capturés et notés dans les recettes comtales, soit près de 400 individus par an ou un peu plus d'un par jour pour le territoire d'élevage et de chasse d'Hesdin (fig. 26). Mofflaines en fournit 1 024 en 1311, 1 500 en 1328, seulement 410 en 1333 pour remonter à 954 en

1338 et une foule d'oiseaux forestiers, aquatiques et domestiques qu'accompagnent quelque 24 lapins en 1365 (Arch. dép. Pas-de-Calais, A249[4], A289[1], A472[2], A533[1], A569[1], A719[17]). Ces quantifications sont encore trop fragmentaires pour affirmer la place réelle du lapin parmi la faune sauvage élevée. Cependant, ces chiffres, bien que ponctuels sur le temps long, rejoignent l'ordre de grandeur qu'a retrouvé J.-P. Sosson dans la comptabilité seigneuriale de Guillaume d'Ostrevent en Hainaut pour les dernières années du XIVe siècle. Par ailleurs, si il n'est pas possible pour l'instant d'évaluer les rythmes d'exploitation des lapins d'Artois, on a tout de même une idée de l'importance de leurs peuplements et de la valeur commerciale de certaines de ces garennes. Manœuvres comptables très utiles, le prix à l'unité est noté, avec souvent le nom de l'acheteur, le montant total avec les soustractions des lapins qui sont conservés par le comte et envoyés dans ses divers hôtels. On comprend que le portrait archéozoologique lors d'une fouille de site seigneurial reflète la consommation directe du gibier, tout en n'ayant aucune commune mesure avec la charge animale qui y est produite. Les sources comptables sont ici fondamentales. À titre d'hypothèse, on pourrait parler d'une charge de faune élevée dans les garennes comtales d'Artois et du Hainaut, mais de manière épisodique (aléatoire ou cyclique) et non continue pour les lapins.

Est-ce propre à cet animal ou également le cas pour les cervidés et les autours ? On ne peut encore l'affirmer. Si le recensement des oiseaux de proie existe, ce n'est que rarement le cas pour les cervidés élevés. Il ne faut également pas oublier que cette faune aviaire induit une relation d'un autre ordre puisque l'on passe des proies aux prédateurs. De fait, cependant, l'élevage implique une augmentation de la concentration de la population animale, ce que laisse entendre Fébus en parlant des cerfs dans les parcs à gibiers. Nous assistons alors au meurtre de certains concurrents mâles relié au processus de l'appropriation des femelles, en raison de la densité trop grande des mâles reproducteurs insérés dans le parc. « Es foresz ne le font il pas si souvent, quar il vont au large, là où il leur plaist. Et aussi il y a ruit en divers lieus de la forest, et ou parc ne peut estre en nul lieu fors que dedanz le parc ». Témoignage accablant de la part de l'illustre chasseur envers des pratiques d'élevage néfastes sur le comportement animal des cervidés. Modifications éthologiques, il est important de le rappeler, qui reposent sur une saturation des espaces boisés par la faune élevée. Cette conscience des besoins des cervidés explique sans doute en partie l'existence synchrone d'une autre forme de leur élevage, les défens ouverts. De cette manière, comme à Mormal, la faune reste plus libre de ses mouvements, attrait supplémentaire pour le chasseur, et bien entendu, qui nécessite un coût moindre d'entretien. Les superficies forestières exigées sont en revanche plus importantes.

Élevage et réseau trophique

L'élevage de la faune sauvage, comme c'est le cas de tout élevage, engendre des modifications dans les relations entre les animaux (variations comportementales, modifications ayant trait à l'approvisionnement de la nourriture par exemple). D'un point de vue théorique, l'élevage induisant une représentation animale plus grande dans les espaces boisés, il en ressort une augmentation de leur fréquentation par les prédateurs des animaux élevés. En d'autres termes, à l'accroissement du stock de viande sur pied s'ensuit une réponse de la faune prédatrice en deux temps. D'abord à court terme par une fréquentation accrue des garennes et des parcs, ensuite par une population prédatrice en augmentation. Ce deuxième point reste cependant difficile à aborder. Il exige des séries de données qui sous-entendent une régularité de l'élevage dans un même lieu : une hypothèse qui mérite à l'heure actuelle d'être étayée. De plus, pour que la présence des prédateurs puisse être enregistrée par écrit, il fallait une administration seigneuriale développée desdits lieux, ce qui ne fut pas toujours le cas. Qu'en est-il de la fréquentation des garennes et des parcs par la faune carnivore d'après des sondages en archives ?

Quelques mentions concernant la garenne des bois de Mofflaines (Artois) existent. Un premier document, daté de la Chandeleur 1311, cite des loups qui y sont chassés (Arch. dép. Pas-de-Calais, A289[1]). Un autre, mais qui s'insère dans une catégorie à part, parle de l'utilisation de furets lors de l'Ascension 1328 (Arch. dép. Pas-de-Calais, A472[2]). Le troisième, daté du 5 mai 1374, relate la prise de deux jeunes renards et d'un chat sauvage (Arch. dép. Pas-de-Calais, A757[26]). Enfin, le dernier texte mentionne qu'un aigle, un autour et un chat sauvage sont attrapés dans ladite garenne et payés le 26 janvier 1376 (Arch. dép. Pas-de-Calais, A765[13]). Bien que le loup peut s'attaquer à des animaux de plus grande taille, ce prédateur ne néglige pas de varier son menu en s'attaquant à de la microfaune. La garenne à lapins de Mofflaines permet de recenser la faune prédatrice attirée par la profusion de petit gibier pour un moindre effort. Mais elle ne permet guère, en l'état actuel des recherches, de mettre en avant l'hypothèse de l'inflation des réseaux alimentaires. Pour aller plus loin, il faut passer au cas du territoire de chasse d'Hesdin (Artois).

Le cas d'Hesdin diffère de celui de Mofflaines par sa formule d'aménagement des espaces de chasse et par leur importance. Le personnel y est également plus important en nombre, ce qui augmente les chances de prises, mais paradoxalement pas forcément celles des mentions de prédateurs. On y retrouve, par exemple dès l'Ascension 1301, un chasseur spécialisé dans la traque aux renards avec ses chiens (annexe III) et des chiens chasseurs de loutres lors de la Toussaint de la même année, mais également des chiens dressés contre les loups pendant la Toussaint 1312 (Arch. dép. Pas-de-Calais, A168[1]et A294[4]). Si ces effectifs ne sont pas permanents, les veneurs sont alors appelés au besoin à moins qu'ils offrent d'eux-mêmes leurs services. Les prises sont, on le comprend, nombreuses. Malheureusement, toutes ne sont pas notées pour des raisons comptables. Les coûts de la chasse incluant celui des prises, il importe alors peu de les noter. C'est ainsi que l'on arrive à comprendre ces nombreuses campagnes de chasse aux tactiques élaborées qui monopolisent des effectifs en hommes et en matériels non négligeables et venant parfois d'autres secteurs géographiques qui, pendant des jours, rentrent finalement bredouilles ! Douteux, mais explicite de l'absence totale de captures de renards et de félidés. Tous les prédateurs terrestres de la macrofaune sont absents ; ils ne sont donc pas intégrés au décompte à une exception près, le loup. En revanche, le décompte des prédateurs aviaires est étoffé et doit être mis en rapport avec la volière comtale.

Étant donné que le territoire de chasse d'Hesdin inclus la pratique de la pisciculture, une autre catégorie de prédateurs s'ajoute, celle des chasseurs de poissons, telle la loutre. Sinon, comme à Mofflaines, on retrouve des mentions concernant les loups et les renards, les chats sauvages et les blaireaux pour les mammifères. Pour les oiseaux, les aigles, les faucons et les autours sont représentés. La faune prédatrice aviaire est ainsi plus diversifiée qu'à Mofflaines et également plus nombreuse quantitativement en ne considérant que les prises d'animaux dans le parc et les garennes[31]. Voici le portrait de la de gestion de la chasse aux prédateurs qui est obtenu.

60 % des mentions et 82 % de l'effectif des prises d'aigle ont lieu durant l'hiver. Pour le loup, 54 % des mentions et 64 % des captures se déroulent durant les mois de février, mars et avril principalement. Donc 46 % des mentions d'opérations de chasse et de chien, soit un animal sur trois se capture tout de même durant les autres périodes de l'année. Le cas est flagrant avec la loutre puisque 57 % des mentions et une loutre sur deux est prise durant l'Ascension. Pour les renards, une double saison semble exister durant la Chandeleur et l'Ascension qui rassemble respectivement 38 % et 42 % des mentions de chiens et de chasses au renard. Deux cas se présentent pour les indésirables dont on possède des évaluations numériques (fig. 27). Certains sont des occasionnels qui ne fréquentent que sporadiquement le territoire d'élevage et de chasse ou alors dont l'homme ne se préoccupe qu'occasionnellement. Le blaireau dont quatre individus sont capturés, la belette avec six spécimens lors de deux saisons et la buse, également en deux saisons mais pour un total de vingt-huit volatiles (fig. 28). Les autres, c'est-à-dire le loup, la loutre et l'aigle, sont surveillés de près. Au moins une douzaine de loups

[31] Les autres provenances, en particulier des milieux non boisés, ne sont pas prises en compte.

dont une dizaine au cours des trois premières années du XIVe siècle et au moins une quinzaine de loutres selon les archives conservées, mais de manière plus étalée dans le temps (fig. 29). Les aigles arrivent en tête, avec 142 individus. Le rythme d'élimination de ces oiseaux laisse voir une première phase intense de capture de 1301 à 1304, suivie d'une interphase allant de 1304 à 1307, puis d'une seconde phase intense de capture allant de 1307 à 1310, suivie d'une dernière interphase de 1310 à 1315 (fig. 29). Sont ainsi capturés durant ces années dans l'état des données, environ un loup et une loutre par an et près d'une dizaine d'aigles en moyenne annuelle, bien qu'il apparaisse pour ce dernier animal qu'il soit plutôt capturé durant des cycles tri-annuels de chasse visant, semble-t-il à l'éliminer[32]. Il faut cependant ajouter les données des « meutes » de chiens pour le loup qui renforcent quelque peu sa présence statistique et fait surtout réapparaître le renard pour lequel au minimum cinq au maximum douze chiens sont entretenus dans le chenil seigneurial avec une grande régularité (22 entrées sur 34, fig. 29). D'après les données numériques, le loup accompagné du renard, de la loutre et de l'aigle sont les nuisibles les plus fréquents et que l'on désire le moins. Quel portrait peut-on en tirer à propos des relations prédateurs/proies dans de tels milieux anthropisés ?

Il existe une fréquentation notable par les prédateurs des espaces forestiers en général. Par ailleurs, il ressort qu'un réel combat homme/prédateur a cours dans les parcs à gibiers et les garennes d'après l'importance des offices de vénerie et des opérations de chasse. Les documents comptables ne permettent pas de chiffrer les peuplements de prédateurs mais rendent possible en revanche de déceler leur attrait et leur récurrence. Loups, renards et chats sauvages étaient attirés, que ce soit par l'odeur, le bruit ou la vue, par les cervidés, les lapins et les hérons du territoire d'élevage et de chasse d'Hesdin. La présence des félidés sauvages, grands mangeurs de cervidés, est attestée près d'autres parcs de la mouvance bourguignonne,

[32] Je signale le cas singulier des aigles pourvoyeurs, un cas indiqué par B. Van den Abeele que je remercie.

comme à Aisey-sur-Seine à la fin du XIVe siècle. Les archives notent que les lynx passent par-dessus les clôtures sensées protéger les daims selon C. Beck et P. Beck. Ailleurs en Artois, les chats sauvages sont attirés et fréquentent d'autres réserves de chasse comme celle de Mofflaines. Les loutres, les aigles, les autours et les faucons recherchent comme proies les poissons, les lapins, les hérons et les autres oiseaux du parc d'Hesdin. Les données chiffrées indiquent une fréquentation marquée par les aigles et également, quoique plus ponctuelle, par les mustélidés de type loutre. Ici encore la lutte hommes/prédateurs est récurrente. Elle permet de voir apparaître des phases de lutte intensive visant sinon à éradiquer ces animaux, du moins à diminuer leurs ponctions.

Les éléments constitutifs des territoires de chasse (défens, garennes et parcs) attirent la faune prédatrice un peu comme un poulailler de village fait venir à lui les renards et les furets. C'est probablement dans ce sens qu'il faut comprendre l'intrusion de ces réserves cynégétiques dans l'environnement. À ceci près que l'échelle considérée est maintes fois plus grande. Le territoire de chasse permet une concentration de la biodiversité prédatrice dans un paysage boisé grâce à des ressources en viande dont l'accès est facilité. Par voie de conséquence, les peuplements de prédateurs peuvent augmenter en nombre étant donné l'abondance de la nourriture. D'un point de vue théorique encore, on assisterait alors à des courbes de distribution suivant les cycles d'élevage avec un décalage dans le temps. Les pyramides trophiques illustreraient dans ce cas un élargissement important de ses parties basales et médianes. La chasse pratiquée par l'homme contre les prédateurs écrêterait cependant les courbes de fréquences et amincirait les pyramides nutritionnelles.

Scénario plausible, mais qui exige de plus amples travaux. L'activation des réseaux trophiques est sensible, ce qu'avaient déjà souligné C. et G. Bertrand. Elle est bénéfique aux faunes prédatrices dans la mesure où l'apport nutritionnel est rentable sur le plan énergétique (elle règle le problème des disettes et diminue la compétition intraspécifique, donc favorise la croissance de la population). Par ailleurs, le prédateur de prédateurs qu'est l'homme influe fortement sur les données, tout d'abord en les créant… Ce dernier jugule l'accroissement des animaux chasseurs à sa guise, pouvant aller jusqu'à leur extinction. L'hypothèse zéro existe mais n'a (heureusement) pas été relevée. Il ressort cependant une intensification de la chasse par l'homme lorsque la pression prédatrice augmente. Nous nous trouvons définitivement face à des écosystèmes anthropisés dont une certaine fluidité peut-être abordée avec bonheur par les sciences historiques.

Les transferts d'animaux et les essais de sélection

Une des causes des modifications des réseaux trophiques réside dans le déplacement d'animaux d'une zone géographique à une autre par l'homme. Ces déplacements sont volontaires et répondent à des désirs particuliers, parfois économiques, parfois suivant des goûts et des modes. Ils ne concernent cependant qu'une fraction de la faune sauvage et, d'ailleurs, de la société médiévale en général. Leurs implications dans les écosystèmes forestiers sont variées.

L'ancienneté des transferts de mammifères en Europe occidentale ainsi que l'intérêt de ce genre de recherches pour les périodes préhistoriques et historiques ont déjà été démontrées par X. Combérieux et par J.-D. Vigne. Pour le Moyen Âge du nord de la France, la région jouit principalement des analyses des archéozoologues J.-H. Yvinec et B. Clavel. Certains de ces chercheurs, en plus de F. Audoin-Rouzeau, déplorent cependant le manque de recherches sur les textes anciens. Il convient de signaler que des travaux tendent de combler cette lacune sur la faune sauvage des milieux forestiers, par exemple C. Beck, P. Beck et F. Duceppe-Lamarre et aussi F. Duceppe-Lamarre, S. Lepetz et J.-H. Yvinec.

Les archives comptables demeurent parmi les rares types de documents écrits à traiter ce thème. Les dépouillements laissent apparaître trois types de transferts d'animaux. Un premier concerne le transport d'animaux morts, en général des salaisons. Ce qui n'est guère intéressant ici puisque concernant principalement l'histoire de l'alimentation. Pour l'archéologie de l'alimentation, cette remarque n'est pas anodine puisqu'elle intervient dans le décompte des restes osseux retrouvés sur un site. Le deuxième type de transfert est hypothétique. Introduit-on des animaux de manière éphémère dans un lieu boisé aux seules fins d'une chasse comme cela se fait de nos jours ? La documentation reste muette sur cette éventualité, ce qui n'est pas le cas pour le troisième type de transfert. Là, les animaux sont transférés vivants par les hommes du Moyen Âge et implantés dans des réserves cynégétiques aux éléments en partie boisés. Il y a extension ou renforcement de l'aire de répartition géographique de l'espèce animale en question, dont le séjour cette fois est durable. La durée peut cependant être variable et nécessite des études au cas par cas.

Les seuls prédateurs déplacés, hors les captures pour la ménagerie, sont les oiseaux de proie. Les mammifères terrestres transférés sont exclusivement des herbivores, des cervidés et les lapins. En ce qui concerne les rapaces, leur mobilité générale est faible : on reste surtout à l'échelle du terroir ou du territoire de chasse. Les mentions de captures de ces oiseaux dans les forêts avoisinant la volière seigneuriale s'éparpillent dans les comptes d'Artois et du Hainaut tout au long des XIVe et XVe siècles. Parfois les oiseaux viennent de plus loin. Ils sont des dons entre hauts seigneurs, comme celui d'un épervier féodal du roi de France à son cousin le comte d'Artois. Mais ils sont aussi des achats luxueux. Un des fauconniers du comte d'Artois, Ernoul, va en effet à Bruges afin d'y acheter deux faucons en 1292. L'année suivante, ledit Ernoul achète une autre espèce d'oiseau de proie exogène, un gerfaut. Falconidé des régions arctiques, il semble s'être acclimaté à Hesdin (fig. 24). Un compte parle d'un gerfaut huit ans plus tard, peut-être s'agit-il du même animal ? Les grandes cours princières possèdent quelques oiseaux de proie venant de loin, bien que la majorité de leur volière soit constituée de rapaces diurnes locaux. Les traités de fauconnerie attestent une bonne connaissance de la répartition des espèces d'oiseaux de proie que recherchent les « grands de ce monde ». Les comptabilités seigneuriales permettent pour leur part de dresser le portrait des échanges de cette avifaune avec des repères chronologiques fiables, thème de recherche novateur dans le nord de la France.

Les transferts d'animaux nécessitent de multiples attentions afin de ne point blesser les bêtes déplacées. Est-ce toujours le cas, au moins pour les cervidés, cette faune seigneuriale par excellence ? Assurément pas, si on en juge par une des rares descriptions que l'on possède sur un tel sujet. Lors de la fermeture du breuil urbain d'Arras, en 1395, il est décidé de transférer les cervidés au parc d'Hesdin. Malheureusement, les ecclésiastiques ne surent pas s'y prendre puisque certains animaux moururent au cours de leur violente capture, tandis que d'autres furent blessés, qui périrent avec le plus grand nombre durant le trajet. Bref, peu survécurent à cette hécatombe malgré une distance à vol d'oiseau de quarante-sept kilomètres. Hormis ce cas unique, nous assistons à des déplacements de macrofaune d'un territoire de chasse avec parc à un autre, pour l'élevage, mais sans mention par les textes d'un taux de mortalité particulier. L'ensemble cynégétique d'Hesdin a, par exemple, la vocation du « troupeau de référence » pour les daims. Hesdin (re)peuple ainsi le parc de La Buissière dans le bailliage de Béthune dans les années 1320, mais également celui d'Aisey-sur-Seine en Bourgogne dans la dernière décennie de ce même siècle. Il est notable que les déplacements de cervidés s'effectuent de quelques dizaines à quelques centaines de kilomètres, dans un même ensemble politique et dans des conditions paysagères similaires (fig. 30). En effet, à ce moment le comté d'Artois fait partie des possessions du duc de Bourgogne.

La migration faunique la plus spectaculaire reste sans conteste celle du lapin. Elle eut lieu partiellement de façon discrète, les textes en offrant un écho tardif quoique bien documenté. L'archéologie de la faune effectuée par C. Callou en restitue à la fois les contours spatiaux et chronologiques généraux. L'ensemble des fouilles ayant délivré du mobilier ostéologique pour le haut Moyen Âge révèle la présence de lièvres, à l'exclusion totale du lapin selon F. Audoin-Rouzeau. Les archéozoologues J.-H. Yvinec et J.-D. Vigne datent l'introduction du lapin dans les régions septentrionales françaises du XIIe siècle, c'est-à-dire avant les textes. Le premier, d'après nos travaux, permet de remonter au règne de Louis IX (1226-1270) pour voir apparaître la première mention de garenne à lapins, à Mofflaines en Artois. La présence de cet animal semble rester peu fréquente si l'on se fie à un acte du *Cartulaire de l'abbaye de Flines* de la seconde moitié du XIIIe siècle qui le qualifie encore à ce moment de « biestes estraignes »[33]. Peu nombreux durant le XIIIe siècle, les élevages de lapins augmentent en nombre durant les XIVe et XVe siècles en Artois, en Flandre et en Hainaut. Dès les premières années du XIVe siècle, on sait procéder à des transferts de lapins, à des repeuplements ou à des créations de garennes, comme l'atteste le compte de l'Ascension 1303 du bailliage d'Hesdin par Robert du Plessie. Mention est faite de la location « d'un cheval et du vallet qui **aporta connins vis que on avoit pris es bois et furent mis ou parc** » (Arch. dép. Pas-de-Calais, A190). Courte description qui renseigne sur la facilité avec laquelle se multiplient dans les derniers siècles du Moyen Âge les garennes à lapins du territoire de chasse d'Hesdin. Peut-être peut-on en plus discerner une volonté de création de races de lapins vers le milieu du XIVe siècle dans l'ensemble cynégétique de La Buissière, sis dans le bailliage de Béthune ? Il y est relaté d'utiliser de « grans connins » pour repeupler le parc à gibier en question (Arch. dép. Pas-de-Calais, A642, Ascension 1345). Ces « grans connins » correspondent-ils aux géants des Flandres ? Cela reste une hypothèse de travail, sachant que les croisements animaux sont considérés ici sous l'angle phénotypique, donc seulement sous l'angle des critères révélés et aléatoires, et non pas génotypique et sériel.

En général, il apparaît clairement que la diffusion des lapins est la plus importante migration animale sous l'égide de l'homme pour le Moyen Âge dans les régions considérées. Celles des daims et de certains faucons restent épisodiques et d'une bien moindre ampleur. L'étude de la migration anthropogénique des faisans reste à réaliser, mais la pauvreté de la documentation textuelle ne permet pas de l'aborder. Spatialement, la pénétration de ces animaux s'effectue ponctuellement à

[33] Sont-ce réellement des lapins qui sont introduits, ou des faisans ?

travers des ensembles paysagers déterminés. Il faut préférer aux notions générales de vague migratoire et d'aire de répartition celle de diffusion ponctuelle en taches d'huile pour le lapin et de diffusion ponctuelle circonscrite pour les autres espèces. De fait, de ces populations animales transférées par l'homme, seuls les lagomorphes ont su s'extraire des milieux anthropisés dans lesquels ils sont implantés. Grâce à ses qualités d'animal fouisseur et à sa reproduction, le lapin est devenu durant les XIVe, XVe et XVIe siècles un animal commun au premier chef en Artois, dans le Boulonnais et en Flandre, dans une moindre mesure en Hainaut pour les paysans et a fortiori pour les nobles, ce qui n'était certes pas le cas des daims ou des rapaces exogènes, tels le gerfaut ou les faucons brugeois cités précédemment.

De la saisonnalité aux répercussions environnementales

Diverses gestions ont cours selon que la faune sauvage considérée est élevée ou uniquement chassée. Dans ce dernier cas, le rythme des saisons guide les ponctions cynégétiques, ce qui se révèle moins vrai pour la faune élevée. Outre les perturbations des chaînes alimentaires, des conséquences environnementales sont créées par les modes d'élevage. Sur ce sujet de recherche, il faudrait recouper les recommandations des rythmes de chasse de traités de vénerie avec celles des comptabilités d'Artois et de Hainaut.

Les répercussions écologiques les plus perceptibles relèvent d'un type d'élevage de la faune sauvage en particulier, celui de l'élevage intensif. Les sources écrites servent d'unique guide puisqu'il n'existe aucune analyse sédimentologique. Deux cas de figure peuvent être mis à profit. Premièrement, les documents faisant état de surpopulation animale, en particulier de lapins, et, deuxièmement les quantifications opérées dans les garennes.

Quelques actes font état de surpopulation de lapins entre la seconde moitié du XIVe siècle et les premières années du XVe. Ils se situent géographiquement dans le comté de Boulogne et en Flandre maritime : ce sont les garennes de la châtellenie d'Hardelot, celles des Dunes entre les villes de l'Écluse, Blankenberghe et Ostende et celle de West-Dunes (Inventaire sommaire Arch. dép. Pas-de-Calais, A86 ; Arch. dép. Nord, B906 n°13929 et B17612). Dans tous ces cas, l'homme constate un déséquilibre environnemental. Les lapins ravagent une terre voisine des garennes d'Hardelot, ils « **mengnoient et destruisoient les blez et froments** des bones gens et habitans demouirins amprès des dictes dunes » en plus de faire des « creux et tariers et **plusieurs perçoient lesdites digues** en plusieurs lieux que la mer estoit tailler de passer en brief temps parmi les tueux et pertuiz des dites digues et de les enfoncer et rompre » et de rendre impossible le pâturage pour les animaux domestiques aux Dunes et West-Dunes (Arch. dép. Nord, B906 n°13929). L'expansion démographique et locale des lapins conduit à des dégâts agricoles limités ainsi qu'à l'émergence d'un danger vis-à-vis de l'aménagement des polders. Mais, de plus, la surcharge animale sur l'écotone littoral, déjà fragile en lui-même, contribue passablement à un processus de désertification que remarquent les contemporains. Il n'existe cependant aucune étude d'archéologie du paysage ou de géographie historique sur les milieux littoraux de cette région.

Un quatrième et dernier acte, provenant cette fois de l'édition critique de A.-H. Guesnon, décrit une surcharge animale dans le breuil urbain d'Arras. Cette fois, ce sont les lapins, les cerfs et les biches qui sont en cause. L'évêché, en la personne de l'évêque qui est seigneur foncier de ce parc, reproche aux cerfs de causer des dégâts aux arbres avec leurs bois, aux lapins de ronger les racines et tous ensemble de manger l'herbe. Ce n'est qu'après l'expulsion des cervidés que la végétation repris de sa superbe, soit l'herbe de repousser et les arbres de porter fruits, termine ce document de 1395.

Il y a fort à parier, mais nous sommes ici dans le domaine de l'hypothèse, que ces perturbations écologiques sont assez courantes à la fin du Moyen Âge où ont lieu des élevages intensifs de lapins, ainsi que dans certains parcs. Les garennes artésiennes du parc d'Hesdin et de Willeman « produisent » par plusieurs centaines de têtes, celle de Mofflaines également ou dépasse le millier, ce qui est aussi le cas aux garennes des bois de Tournehem dans le bailliage de Saint-Omer. Existe-t-ils des phénomènes microlocaux de désertification des strates végétales inférieures des forêts, hôtes des garennes ? Les archives, d'après les dépouillements, demeurent muettes. Comme elles sont muettes sur les érosions superficielles provoquées par les ravages des lapins sur la végétation forestière. Une étude plus approfondie permettrait de savoir si les peuplements de garennes sont cycliques et ponctuels, donc prenant en compte la reconstitution de la couverture végétale. La localisation précise sur le terrain de certaines garennes forestières permettrait également de lancer des études sédimentologiques permettant de trancher entre les différentes hypothèses environnementales présentées ci-devant.

Certaines faunes sauvages, les cerfs, les daims, les lapins et la plupart des rapaces diurnes, apparaissent à l'époque tardo-médiévale comme des éléments s'intégrant aux constructions humaines de l'écosystème. Nous assistons donc à une familiarité croissante de la part de l'homme pour ces animaux dans leurs diverses relations environnementales (déplacement, alimentation, reproduction, élimination des prédateurs, soins vétérinaires). Si l'homme interfère de plus en plus dans les écosystèmes et vise à augmenter ou diminuer certaines espèces, il ne cherche pas l'extinction. Fébus le chasseur propose, au chapitre 60 de son ouvrage, une éthique cynégétique fort simple et de bon aloi : « **je ne devroye enseigner à prendre les bestes si** ce n'est par noblesce et gentillesce et par avoir biaux déduiz, affin qu'il y eüst plus de bestes et qu'on ne les tuast pas faussement mes **en trouvast on touz jours assez à chascier** ». Les sources écrites constituent d'excellents révélateurs des modifications éthologiques de la faune chassée et des carnivores environnants, en attendant de plus amples recherches archéozoologiques et d'archéologie du paysage.

Chapitre II.

La fonction cynégétique de la forêt

Les espaces boisés sont des lieux de prédilection où se pratiquent les divers types de chasse de l'époque médiévale et ce, pour une faune variée. L'étude de ce thème se trouve facilitée par la relative abondance des sources écrites de nature juridique. Il faut d'abord regarder comment la chasse, les lieux cynégétiques et les chasseurs s'y définissent dans le droit médiéval. Le critère juridique peut se définir comme la reconnaissance par le droit d'une volonté nouvelle ou d'un état de fait ancien. Le cadre normatif confère un statut à l'espacc boisé dont les buts fondamentaux sont sa gestion et sa conservation. C'est donc, en quelque sorte, un facteur stabilisateur des relations entre l'homme et son environnement. Le pouvoir seigneurial définit ainsi des droits qui se rattachent aux espaces boisés. On en connaît cependant mal les rythmes de la diffusion. En revanche, les formes en sont connues. Elles touchent autant la délimitation physique que le contenu abiotique et biotique, selon les cas et la date. On pose comme hypothèse que les causes de la variabilité ou de l'homogénéité juridique sont d'abord définies par les ressources du milieu. Ce qui sous-entend que l'acte écrit n'est pas qu'un ensemble de formules de copistes mais décrit, souvent sobrement, une réalité biologique ou physique d'un territoire donné.

Définition, sources et pistes de recherches

Pour pouvoir définir juridiquement l'exercice de la chasse au cours de la seconde moitié du Moyen Âge, il faut au moins remonter au haut Moyen Âge. Cette sous-période permet de comprendre les continuités et de discerner certaines des originalités des siècles qui suivent.

La plupart des auteurs s'accordent sur l'émergence dans les textes du droit de chasse à la période mérovingienne, entre le Ve et le VIIe siècle, bien qu'il soit plus lisible sous la dynastie carolingienne. La notion d'espace réservé fait son apparition. « Il faut un espace mis en défens dont l'accès est interdit et où la chasse et la pêche et tout acte ayant pour objet l'appropriation des animaux appartiennent au maître de ce lieu. Il est nécessaire qu'existe une assise territoriale destinée par l'homme à servir de retraite à certains animaux et qu'une mise en défens pèse sur ce lieu » selon G. De Gislain. M. Pacaut va sensiblement dans le même sens lorsqu'il affirme que « le plus ancien droit germanique n'est guère différent en cette manière : d'une façon générale, on constate que toute cession foncière contient la cession du droit de chasser et que ce principe, reconnu par les textes, est partout mis en pratique dès le VIIe siècle ». On assiste donc à la naissance du concept de *forestes* à cette époque[34].

Les principales caractéristiques du droit de chasse sont fondées et perdurent au haut Moyen Âge : espace + faune +

[34] Il existe dès lors trois types d'espaces cynégétiques dans le monde franc entre Loire et Rhin selon F. Guizard-Duchamp : la *silva communis* (« forêt commune »), la *forestis* (réserve) et le *brogilus* (breuil). Ce dernier sert plutôt de lieu d'élevage de faune chassée, contrairement aux deux autres où la chasse est pratiquée avec ou sans restriction.

interdit juridique = droit d'exercice de la chasse du propriétaire. La fin de l'empire carolingien laisse cependant un vide institutionnel qui a profité à la féodalité. L'absence de l'autorité régalienne en matière de juridiction des espaces de chasse a été accaparée par les seigneurs à leur profit. Ce phénomène eut lieu entre les IXe et XIIe siècles selon les spécialistes, dont les opinions divergent sur la chronologie. À ce moment apparaissent les concepts de parc, puis celui de garenne. Cette appropriation sociojuridique des espaces de chasse est attestée dans le nord de la France au XIe siècle d'après la *Chronique des Dunes*, pour la création du parc à gibier d'Hesdin qui appartient alors au comte de Flandre.

La recherche demeure peu développée sur le sujet de cette appropriation des espaces forestiers consacrés à la chasse. La chronologie, la typologie et la répartition spatiale sont à réaliser pour les régions septentrionales françaises. Ce sont des sujets capitaux afin de comprendre une part de la dynamique des paysages du monde rural. Autre piste : la mainmise sur une partie de la faune. Quelles sont les incidences écosystémiques des choix anthropiques ? Y a-t-il eu un appauvrissement animal ou une diversification et des améliorations spécifiques ? Quelles sont les formes paysagères des espaces boisés à fonction cynégétique ?

À autant de questions, autant de sources, dont la panoplie est tour à tour utilisée afin de dresser un portrait des espaces forestiers de chasse. Les sources juridiques décrivent la réglementation, les délits et les litiges durant les XIVe, XVe et XVIe siècles surtout. Les XIIe et XIIIe siècles n'ont malheureusement que quelques documents à leur actif. De leur côté, les archives comptables couvrent une période allant du dernier quart du XIIe jusqu'au XVe siècle et relèvent de l'administration comtale d'Artois et du Hainaut. Les traités de chasse et d'économie rurale décrivent des savoirs et des expériences cynégétiques des XIIe, XIIIe et XIVe siècles avec parfois un legs antique. Le terrain enregistre quant à lui des aménagements médiévaux et modernes. L'archéozoologie alimente les données avec une vaste étendue chronologique qui va du VIe au XVIe siècle.

Les espaces forestiers dans leur fonction cynégétique peuvent donc être abordés par une pluralité de sources, dont certaines sont particulièrement riches. C'est un thème au terreau fécond pour la recherche. En effet, nombre d'unités de paysage du monde rural s'expliquent par la cynégétique, facteur qui détermine l'agencement de ces faciès forestiers et des territoires de chasse (fig. 8).

La terminologie seigneuriale face à l'écosystème forestier

Le droit médiéval ouvre les portes de la faune chassée. Il faut maintenant continuer sur cette lancée en examinant le vocabulaire usité et décrire les principales caractéristiques des milieux forestiers dont la vocation se relie à la chasse.

Les dictionnaires de latin et de français médiéval permettent une approche générale des espaces, boisés ou non, consacrés à la chasse. Ils attestent ainsi des liens cynégétiques pour cinq termes dont quatre sont reliés à des espaces physiques : les breuils (*brogilus* et autres variantes) ; les forêts (*forestis* et ses variantes) ; les haies (*haga*, *haya*, etc.) et les garennes (*warenna*, *garenna*, etc.). Concernant l'origine des termes usités, il est frappant de constater que le breuil viendrait du celte, la garenne et la haie des langues germaniques, alors que l'origine du vocable forêt pourrait être latine ou germanique selon M. Pacaut et R. Bechmann. Quant aux termes latins classique *nemus* et *silva*, en plus du terme bas latin *bosco,* ils ne renferment aucuns liens exclusifs avec la chasse.

Deux remarques complémentaires découlent de cette pauvreté de la langue latine envers les lieux de chasse boisés.

– La culture antique d'origine méditerranéenne offre une gestion différenciée des sylves comparativement aux populations celtiques et germaniques des Gaules.

– La prééminence du droit germanique semble bien être confortée par sa présence conceptuelle, contrairement au droit latin.

Le *Dictionnaire de l'ancienne langue française et de tous ses dialectes du IX*[e] *au XV*[e] *siècle,* de F. Godefroy, délivre lui aussi cinq termes de lieux reliés à la chasse. Quatre sont des substantifs : le breuil (broil, bruel, brul et toutes ses formes) ; l'endroit couvert de buissons (buissonnage, buissonnaige, bissonnage) et sa forme verbale ; la forêt (foresterie, ferasterie) ; et la garenne (garaine, garande, varene, waresne et autres variantes). Un seul n'existe que sous sa forme verbale : la première définition de l'action de faire des haies (haier, hayer et autres dérivés). Il existe une continuité sémantique évidente dans la terminologie du bas latin au bas français. En effet, les termes de breuil, de forêt, de garenne et de haie continuent d'être en usage d'une langue à l'autre. En outre, un cinquième terme apparaît concernant les lieux buissonneux et/ou buissonnant. En revanche, on peut s'étonner de l'absence des substantifs bois, buisson et haie, même si des formes de leur parentèle sémantique sont représentées.

Il ressort une homogénéité certaine voire une certaine pauvreté de la terminologie des dictionnaires afin d'inventorier les paysages de chasse. Seulement cinq termes sont répertoriés : la récolte est maigre mais signifiante ou alors elle doit être complétée. Les recherches en archives confirment l'homogénéité lexicale des dictionnaires et le besoin impérieux de les compléter. De cinq on passe à quinze termes désignant des espaces ayant servi à la traque de la faune médiévale. Sont recensés onze mots en français médiéval et quatre en bas latin. Il existe une disproportion relative causée par l'abondance des sources écrites en faveur de la langue française. La terminologie latine recense les termes *foresta* (forêt), *garennam* (garenne), *nemus* (forêt, bois) et silva (forêt). Les occurrences françaises sont bois, breuil, buisson, défens, dune, forêt, forestel, garenne, gart, haie et parc.

Par rapport au dictionnaire, les huit nouvelles occurrences sont toutes issues du bas français. Ce sont les bois, buisson, défens, dune, forestel, gart, haie et parc. Si les vocables buisson et haie sont tout de même représentés par des formes voisines, substantives ou verbales, le terme forestel peut quant à lui se lire en toutes lettres dans le Godefroy, bien qu'aucun lien ne soit établi avec une quelconque fonction cynégétique. Je considère donc que ces recherches apportent six nouveaux termes (bois, buisson, défens, dune, gart et parc), et trois sens supplémentaires aux termes déjà inscrits de buisson, forestel et haie. Le vocable « dune », vu son absence des dictionnaires consultés, peut être considéré comme une forme régionale de garenne, ce qui est attesté par les archives (Arch. dép. Nord, B906 n°13929 et B17612, par exemple).

La démarche comparative employée en lexicographie démontre sa valeur heuristique. Le vocabulaire latin reprend pour l'essentiel des conceptions qui ne lui sont pas propres. Puisant ses racines dans les cultures celtiques et germaniques, il fait ressortir d'autant les caractères originaux de la France « chevelue » gauloise et germanique. Après l'an Mil, la terminologie démontre dans une minorité de cas l'existence de régionalismes avec les termes dune et gart. Mais pour une majorité de termes, tant latins que français, nous sommes bien ami lecteur en présence d'idées et d'usages communs au moins dans la moitié nord de la France. Équipés d'une telle collection de mots, il faut dorénavant la passer au crible de ses implications environnementales respectives.

Les multiples termes colligés auparavant concernent des espaces de chasse, mais pas forcément boisés. Il faut en effet se défaire des termes de défens et de dune qui correspondent pour le premier à une interdiction de chasser valable sur différents types de paysages, pour le second à une zone d'élevage de lapins implantée sur des formations dunaires du littoral du Pas-de-Calais et de la mer du Nord. Le premier terme peut parfois être valable pour des espaces boisés, ce qui n'est pas forcément le cas du second. De plus, il faut se méfier du vocable garenne. À l'instar du défens, ce terme correspond parfois à des espaces boisés servant de zones de chasse. Dans le cadre de cette recherche, seuls des exemples de garennes boisées sont cités.

La haie. Il en existe cinq types distincts durant le Moyen Âge classique et tardif, dont trois sont reliés au monde de la chasse. Les deux premiers types sont linéaires, n'ayant pour toute largeur que de quelques dizaines de centimètres à quelques mètres. L'un ne s'étale que sur quelques mètres de longueur et sert à barrer la route au gibier, alors que l'autre peut s'étirer sur plusieurs centaines de mètres car il sert à clore un espace afin de contenir les animaux sauvages qui s'y trouvent. Le premier peut être qualifié de haie cynégétique et le suivant de haie bocagère. Les traités de Fébus et de Ferrières définissent abondamment le premier type. Un dernier existait également, que l'on peut aisément assimiler à la famille des haies seigneuriales. De propriété et de jouissance seigneuriale, cette haie possède une morphologie et une taille similaire à des bois de petite taille, soit de quelques dizaines à plusieurs centaines de mètres. Elle peut être plantée de main d'homme, comme elle peut procéder de la dislocation juridique d'un espace forestier plus vaste. La haie seigneuriale pouvait aussi être enclose d'une haie bocagère. On peut lui donner comme équivalents terminologiques les vocables médiévaux de buisson et de garenne.

Le buisson. Il désigne un terrain d'une taille qui varie le plus souvent entre quelques dizaines et quelques centaines de mètres de superficie. Son nom indique qu'il se caractérise par une végétation d'arbres et d'arbustes correspondant à des manteaux périforestiers, à des friches ou à un boqueteau résiduel ou planté. Bien que ce sens soit absent de certains dictionnaires, il est fréquemment usité par Fébus dans son ouvrage de vénerie. De plus, le buisson peut être assimilable dans certains cas à une haie seigneuriale ou à une garenne.

La garenne. Il fait partie des termes les plus usités puisqu'il désigne autant le droit de chasser que les lieux de chasse eux-mêmes. Certaines garennes sont boisées alors que d'autres ne le sont pas. Je le rappelle, seules les garennes boisées sont ici prises en compte. Leur étendue est très variable. En fonction du propriétaire, elle peut atteindre quelques dizaines de mètres de surface, voire plusieurs dizaines d'hectares. Dans un tel cas, la garenne épouse les contours d'un massif forestier. La garenne correspond le plus souvent à un espace boisé spécialisé pour les lapins à partir du XIVe siècle.

Le parc. C'est un de ces termes toujours en usage, mais dont le sens a évolué depuis le Moyen Âge. Il s'agit alors d'un lieu clos – ce qui est encore le cas de nos jours – pour y garder diverses espèces animales parfois domestiques, le plus souvent sauvages[35]. Les clôtures sont constituées soit de haies bocagères, soit de palissades ou de plessis, ou soit encore de murs maçonnés, avec ou sans fossés. Une partie seulement de la surface interne du parc est arbustive, parfois plantée sur de petites superficies jouxtant des prés et des étangs aménagés. Le terme breuil lui est synonyme, alors que celui de gart ne l'est que parfois. Les parcs se spécialisent rapidement pour les cervidés (cerfs et daims tout particulièrement), mais accueillent également des animaux de ménagerie autochtones ou exotiques (sanglier, castor, chameau, etc.) ainsi que de nombreux oiseaux d'après C. Beck, P. Beck et F. Duceppe-Lamarre.

Le bois ou *nemus*. Le bois a conservé dans son sens actuel celui du français médiéval. On l'assimile au vocable latin classique *nemus,* qui possède un sens identique et qui était encore en usage dans certaines chartes du Moyen Âge classique dans le nord de la France. Ces deux termes désignent donc un lieu couvert d'arbres, plantés ou non. Il s'établit toutefois une distinction entre bois et forêt à propos de leur taille. Un bois est plus petit qu'une forêt, bien que cette distinction disparaisse fréquemment dans l'usage courant. Cette remarque sert de règle de conduite, tout en sachant que ses applications sont pour le moins variables dans les faits. Son équivalent est le forestel.

---

[35] J'insiste ici sur sa fonction cynégétique. Ses autres rôles peuvent êtres passés en revue dans la stimulante synthèse de C. Beck et M. Casset.

Le forestel. Diminutif de forêt, une petite forêt correspond à un bois. Durant le XIVe siècle, dans la vallée de la Canche, le massif forestier d'Hesdin et le bois de Wail sont désignés sous l'expression de « forest et forestel d'Hesdin ». Ce qui illustre l'idée d'une hiérarchisation de l'espace boisé peut-être doté d'un interdit cynégétique d'origine juridique. Le forestel, d'après le dictionnaire de Godefroy et mes propres recherches, est un terme qui s'applique à l'Europe des limons, soit la Picardie, l'Artois et le Hainaut belge pour sa partie francophone. Parent terminologique, un fortel est un forestel qui a perdu son « s ».

La forêt, *foresta* et *silva.* Là encore, hormis une variation orthographique, le terme bas français s'est prolongé dans le sens usuel du français d'aujourd'hui. La forêt peut se définir comme une étendue d'arbres, le plus souvent non plantés par l'homme, mais d'une superficie plus élevée que celle du bois. La taille, quoique pas toujours prise en compte, est ici le facteur discriminant. Elle varie sensiblement entre la petite centaine d'hectares (Tournehem, Flines-lez-Râches et Marchiennes) à moins d'une dizaine de milliers pour les massifs forestiers les plus importants (Hesdin en Artois, Nieppe en Flandre, Mormal et Vicoigne en Hainaut). On peut considérer le terme latin *silva* comme étant un équivalent du français forêt ainsi que celui de *foresta*, à une nuance près. *Foresta* fut d'abord un concept juridique désignant un interdit cynégétique valable sur différentes unités paysagères. En cela, il fut d'abord un synonyme du défens. Son sens évolue cependant vers une synonymie croissante avec l'espace forestier au cours du Moyen Âge classique. « À cette époque (XIe-XIIe siècle) le mot de *foresta* tend à reprendre le sens général d'étendue boisée et à redevenir un synonyme de *silva* » selon G. De Gislain. D'où le regroupement terminologique opéré avec forêt et *silva.*

À partir des écosystèmes forestiers présents, le Moyen Âge classique réinterprète à l'aide d'un fond culturel plus ancien, ou invente des espaces de chasse qui s'inscrivent dans les paysages de cette époque. Les termes celtiques et germaniques reçoivent une couche de vernis latin, alors que des régionalismes émergent en bas français. De cette évolution prend forme un vocabulaire nouveau, directement relié à la gestion anthropique de certains animaux : le parc, pour les cervidés principalement, et les garennes à lapins, pour les lagomorphes, en sont exemplaires. Une panoplie terminologique décrit ainsi la diversité des espaces boisés, leurs aménagements et le gibier qui s'y trouve.

Pour quel chasseur ?

La fonction cynégétique forestière a été traitée jusqu'ici sous les angles juridique et lexicographique, avec toutefois des accents environnementaux. Il faut maintenant situer la place du chasseur dans le monde de la chasse ou, plutôt, des chasseurs.

Les non nobles

En s'intéressant à la chasse médiévale, tout chercheur est frappé de la disproportion des sources en défaveur de certaines catégories sociales et juridiques, en particulier de la paysannerie. Ce n'est cependant pas une raison scientifiquement valable pour passer sous silence cette ponction quotidienne de la faune forestière, « pour la sustentacion deulx, leurs femmes et maisunés » pour reprendre la formule d'un document (Arch. dép. Nord, 10H50 pièce 810).

Pour identifier le paysan chasseur, on dispose de certains traités de chasse et d'archives comptables ou juridiques. Chacune à sa manière apporte de l'eau au moulin, ce qui permet de trier l'information de nature technique de celle ayant trait à la société. Il faut rappeler que dans la seconde moitié du millénaire médiéval, toutes les chasses ne sont pas permises aux paysans, ni tous les lieux de chasse ou encore tout le gibier : les interdits pèsent de tout leur poids sur cette partie de la population. Il reste cependant des possibilités de chasser certaines venaisons, du petit gibier en général, en particulier dans les régions au nord de la Loire. Sinon, soit le paysan met ses talents au service de l'aristocratie, soit il braconne et tombe alors dans l'illégalité.

Les meilleures descriptions des techniques de chasse paysannes demeurent les traités de chasse, en particulier ceux de Fébus et de Ferrières. Tous les deux, bien que nobles, accordent – avec parfois du dédain – une place aux chasses des « villains ». Les ouvrages de ces auteurs permettent de connaître les pièges utilisés, les périodes de chasse et les animaux recherchés grâce au texte et, pour certains manuscrits enluminés, par l'image également. On apprend ainsi qu'il existe, entre autres formes de filets de chasse, des « laz commun de povre gent », soit des filets de paysans. Il existait aussi des pièges pour les « cerf et sangler, ours et loux et autres bestes » que Fébus considère comme étant « chasce de vileins et de communs et de paysanz» et des chasses aux cervidés n'utilisant qu'un homme à cheval accompagné d'un arbalétrier ou d'un archer embusqué. Méthode que l'auteur qualifie cette fois de tactique « bien seüre et de povre gent ». Ce sont les trois seules attestations de chasse pour lesquelles le statut de non-noble est précisé, sur une possibilité de cinquante-deux types de chasses différents (3/52 ou 6 %). Par ailleurs, le piégeage, qui est considéré comme n'étant pas une chasse valorisante, donc aristocratique, est largement pratiqué par les paysans, les bourgeois et par certains nobles. Il peut donc être inclus sans trop d'hésitation aux chasses paysannes. Dans l'ouvrage de Fébus, la moitié des tactiques de chasse concernent les pièges (26/52 ou 50 %). Il en découle donc que si Fébus oppose avec verve la chasse prestigieuse aristocratique à la chasse utilitaire paysanne, cette prise de position relève d'un état d'esprit qui vise à hiérarchiser des pratiques qui s'interpénètrent parfois étroitement, particulièrement dans les régions méridionales de la France. Les fréquentes mentions de pièges dans la comptabilité des bailliages d'Artois vont aussi dans ce sens pour les régions septentrionales.

En général, les paysans chassent dans les bois communaux le petit gibier. Il arrive cependant que des communautés rurales aient des accords avec des seigneurs sur d'autres espaces forestiers concernant certaines espèces animales. C'est ce que laisse entendre Fébus, lorsqu'il parle de paysans chassant divers animaux, dont des sangliers, des loups, des ours, certainement des lièvres et des lapins d'après les filets et même des cervidés. Malheureusement, aucun texte allant dans ce sens ne fut retrouvé, si ce n'est un groupe de documents tardifs, puisque datant du XVIe siècle. Ils sont émis par la chancellerie du duc de Bourgogne, comte d'Artois, de Flandre et de Hainaut, et concernent un droit de chasse, parfois reconnu, parfois contesté, par le duc envers les vassaux de l'abbaye de Marchiennes. Lesdits manants peuvent en effet « tendre » ou « fixer aux perdris, faisans, hérons, oiseaux de rivière et autres saulvagines » dans les terres et seigneuries de Marchiennes, dont on connaît la diversité des écosystèmes à cette époque. Le duc tente d'en interdire la chasse, sans succès, car ce droit préexiste « de sy long temps que n'est mémoire du contraire » et il finit donc par le reconnaître tout au long du siècle. La faune aviaire et la microfaune locales représentent pour les manants de cette région forestière et marécageuse une source de protéines animales en complément de leur alimentation quotidienne mais également un revenu commercial avec la ville de Douai. Le document 10H50 pièce 810 note effectivement que cette activité cynégétique est pratiquée « pour la sustentacion deulx [les hommes de Marchiennes], leurs femmes et maisunés » et « du moyen de quoy, obstant la grande multitude des oyseaulx, ceux de notre ville de Douay et autres alenviron ont esté sustentez pour prix raisonnable ». On comprend aisément l'attrait du duc de Bourgogne pour cette région giboyeuse. Le cas de la seigneurie de Marchiennes fait poindre une tendance à la restriction des droits paysans dans le domaine de la chasse, du moins pour le XVIe siècle. Contrairement aux comtés de Béarn et de Foix où, d'après le traité de Fébus, les manants pratiquaient la chasse à la macrofaune tant herbivore que carnivore, cela ne semble pas avoir été un cas de figure dans les mœurs de la maison de Bourgogne. N'ayant ausculté aucune autre source faisant preuve de libéralités quant à la faune sylvestre, cela confirme, à preuve du contraire, l'idée de restriction des droits à la fin du Moyen Âge pour les régions nordistes.

Vu l'importance que revêt l'art de la chasse dans l'aristocratie, nombre de paysans se mettent à son service. Ils peuvent se joindre à un équipage de veneurs en tant que valets, pages ou aides, mais peuvent très bien être hommes du seigneur et servir en tant que « chasseur attitré », soit se mettre à leur propre compte et offrir leurs services en tant que « chasseur autonome », dirait-on de nos jours. Ils apparaissent dans les actes comtaux tout au long du XIVe siècle afin de faire rétribuer leur travail. Le chartrier d'Artois est riche d'enseignements sur la « meute » hétéroclite de ces gens de chasse. Certains font partie de l'entourage seigneurial et doivent être logés dans le château comtal ou dans sa basse-cour. C'est le cas d'un Clabault le Braconnier qui possède une petite meute de huit chiens pour la chasse aux renards et de Geuffroi le Lacheur qui a réparé les pièges à lapins (annexe III). Dans la catégorie des « chasseurs autonomes », il faut classer les chasseurs de loutres qui viennent offrir leurs compétences et vont de parc seigneurial en parc seigneurial. Toujours chez les modestes, certains ne sont que des aides occasionnels, comme ces « sept hommes qui ont aidié à harier as blariaus chascun un iour : 4 sous » (annexe III). Mais la foule des manants participant à la chasse demeure le plus souvent anonyme. Leur présence, sans que le statut juridique ne soit cependant attesté, se vérifie par les très nombreuses rubriques de frais de chasse. Les comptabilités d'Artois et du Hainaut sont en effet ponctuées de mentions de sommes d'argent pour des faucons, des aigles ou des autours pris dans les garennes, les parcs et les forêts comtales. À moins d'un effet de loupe des sources, il faudrait songer à une augmentation de l'activité cynégétique de la part de la paysannerie au contact avec les milieux aristocratiques élevés dans un cadre forestier important. Ce qui se vérifie en Bourgogne au XIVe siècle, par exemple, où les bûcherons, les charbonniers et les pâtres piègent les rapaces pour la maison ducale.

Les nobles

En abordant les chasseurs issus de la noblesse, et bien qu'ils constituent une minorité numérique de chasseurs, on aborde cependant à la fois la plus grande richesse de sources et la culture cynégétique la plus riche. Je rappelle que la chasse, au Moyen Âge comme sous l'Ancien Régime, fait partie intégrante de la culture aristocratique.

On peut dire, d'une certaine manière, qu'il existe trois catégories de chasseurs nobles : le noble laïque, la noble laïque et le noble ecclésiastique. La première catégorie occupe le haut du pavé, contrairement aux deux autres sur lesquelles pèsent des restrictions. La femme aristocrate ne pouvait pratiquer que la chasse au vol, la chasse à courre lui étant interdite « par nature ». Jugée par trop dangereuse, la chasse à courre aurait sans doute permis un rapprochement dans les rôles dévolus à chacun des deux sexes et ainsi diminué le dimorphisme social et sexuel. Aucune trace écrite cependant - ou matérielle - ne fut recueillie lors des recherches concernant le confinement de la femme noble à la chasse au vol dans la zone d'étude. L'iconographie, par les sceaux de Flandre et une tapisserie d'Artois permet toutefois de confirmer symboliquement la pratique féminine de la chasse avec des oiseaux de proie. Il faut citer, par exemple, le négatif d'un sceau de cire verte sur lacs de soie de la même couleur, apposé sur une charte de Johanne, comtesse de Flandre, et adressée à l'abbaye Saint-Jean-Baptiste de Valenciennes (Arch. dép. Nord, 40H73 pièce 546). L'image, pratiquement complète, arbore un personnage féminin assis en amazone faisant face et tenant un oiseau dans sa main gauche sur un cheval de profil marchant au pas. Voilà une illustration de l'idée de la pratique de la chasse au vol, par la comtesse de Flandre, datée, d'après la charte l'accompagnant, de l'hiver 1233. À cette époque circulent de nombreux traités de fauconnerie, éperverie et autourserie dans les régions de Normandie, d'Angleterre, du royaume de France et du Saint-Empire romain germanique. Leur présence devait être effective dans les cours d'Artois, de Flandre et de Hainaut, vu la rapidité de circulation des hommes, des œuvres et des idées, en particulier pour les groupes favorisés de la société de cette époque. *L'Offrande du cœur*, tapisserie probablement tissée à Arras, illustre également une chasseresse noble qui pratique la chasse au vol. Image galante de style gothique international, elle est datée des années 1400-1410. La noblesse féminine apparaît ainsi confinée dans les comtés d'Artois et de Flandre à chasser aux rapaces, contrairement à d'autres régions d'Europe, comme en Angleterre où les femmes pouvaient « cueillir » les lapins selon les travaux de É. Zadora-Rio et de C. Callou.

La pratique de la chasse, bien que partie prenante de l'état aristocratique est interdite en théorie par l'Église. Dans ce cas, le noble ecclésiastique peut-il pratiquer la chasse et l'a pratique-t-il ? D'un point de vue théorique, ainsi que l'a démontré M. Pacaut, l'Église, les pouvoirs mérovingien puis carolingien l'interdisent durant les VIe, VIIIe et IXe siècles. Les raisons en sont « l'extériorisation de la violence dans un cadre susceptible d'entretenir fortement une certaine communion avec la nature, et peut-être avec ses forces magiques » selon M. Pacaut. Ces préceptes du haut Moyen Âge auraient pu rester théoriquement valables pour la période suivante.

Il semble que la pratique courante dans le nord de la France fut d'exclure les nobles ecclésiastiques de la pratique de la chasse. La méthode la plus fréquente est révélée par la formation des temporels abbatiaux. Lorsqu'un seigneur laïque offre en don un espace forestier à des religieux réguliers, il en exclut d'office le droit de chasser pour ces derniers. C'est le cas au XIIIe siècle dans la région de Valenciennes (Arch. dép. Nord, 40H73 pièce 544). Alors que Fernand et Johanne, comte et comtesse de Flandre et de Hainaut, donnent une dizaine de muids de bois sis dans la forêt de Vicoigne à l'abbaye Saint-Jean-Baptiste de Valenciennes, « nous et nos héritiers conservons seulement la haute justice et la chasse au gibier. Ce qui se lit, selon la charte précitée, comme suit : *« Nobis et heredibus nostris altam justiciam et* ***cachiam venationis*** *tantum in predicto nemore* ***retinentes*** *»*. Dans le cas d'une copropriété, la chasse échoit encore aux laïcs, comme le démontre une copie de charte du XIIe siècle relative au comté d'Avesnes (annexe I). En effet, le gibier et les oiseaux de proie seront au seigneur d'Avesnes, *« venatio autem et volucres rapaces erunt domini Avesnensis »*, soit Jacques, comte d'Avesnes, et non pas Helgotus, l'abbé de Liessies et ses moines. Tous les clercs ne sont certes pas nobles mais, nobles ou non, ils doivent respecter les ententes contractées avec les autres seigneurs.

Pourtant, il existe à la même époque des cas contraires. L'exemple de l'abbaye cistercienne de Vaucelles à Crèvecoeur (Nord, arrondissement de Tournai) vaut de s'y attarder à plus d'un titre. Une charte reprend un litige entre ladite abbaye et le comte de Flandre, Guillaume, qui tentait à ce moment d'interdire à tous la chasse dans la seigneurie de Crèvecoeur. Une entente résulte entre les deux parties grâce à l'antériorité du droit de chasse des religieux, ce que reconnaît le comte de la manière suivante :

« **Ke li devant dit abbés et couvent de Vaucieles cacent et pinssent cacier et faire cacier par eaus ob par leur servans** ensi ke miols leur plaira **en leur bos et en leur terres** ke il ont en me seignonrie et en me justice de Crèvecoeur. Si avant kele sestent en lont et en leit en quelconques manière kil leur plaira, soit à chiens ob en autre manière quele kele soit et à quelsconques biestes kil venront ob seront en leur bos et en leur terres, soient grandes ob petites et à toutes manières disiant quant **de si lont tans en sont et ont esté en saisine et en bon usage ke drois leur en est aquis** de cacier et de tenir les coses deseint dittes frankement à tous jours, sauf ce kil ni facent cacier par autrui ke par eaus ob par leur servans » (Arch. dép. Nord, 28H41 pièce 1140).

Document étonnant puisqu'il reconnaît à des religieux réguliers le droit de chasse, d'en pratiquer les différents modes, en plus d'offrir aucune limitation quant à la faune traquée. Les libéralités du comte de Flandre pourraient s'expliquer soit parce que les cisterciens jouissent d'une grande influence dans les milieux du pouvoir, ou alors par la richesse des ressources naturelles de la région du Tournaisis. En aucun cas cependant, une telle charte et cas de figure ne peuvent ressortir d'un cas généralisé à l'ensemble des religieux de cette époque, qu'ils fussent nobles ou non.

Un siècle plus tard, un exemple similaire apparaît entre l'empereur Othon III et Rothard, évêque de Cambrai (Arch. dép. Nord, B1491 n°2708bis). Le *vidimus*, daté du 20 août 1313, stipule que c'est à la demande de l'évêque Notger, d'Hildebold et d'autres fidèles que l'évêque de Cambrai et ses successeurs peuvent jouir d'un droit de chasse exclusif donné par l'empereur germanique. Cette *forasti* se situe entre les deux Helpes - *« locum ubi due Elpre cadunt »* - au lieudit *« qui vocatur Gurgarices »*, soit dans le comté d'Avesnes. Tardif don d'une zone de défens, qui a eu cependant le mérite de s'implanter en un lieu doté d'avantages naturels (cours d'eau de l'Elpe majeure et de l'Elpe mineure en plus d'espaces boisés).

Dernier type d'exception : le parc ecclésiastique. L'évêché d'Arras possède un breuil dans l'emprise périurbaine de la ville éponyme au cours des XIIIe et XIVe siècles. Les religieux y plantent divers arbres de haute futaie, et introduisent des cerfs et des lapins dans un site muré. Peut-être d'autres personnes y chassent pour leur compte, mais mangent-ils la venaison ? Les documents consultés n'en parlent malheureusement pas. On peut constater, par ces trois exemples, que l'état ecclésiastique s'affranchit parfois au vu et au su de tous de l'interdit de chasse, sans en être, semble-t-il, le moins du monde inquiété.

Le noble laïque. De tous les groupes de chasseurs vus jusqu'à maintenant, c'est le chasseur exemplaire. Celui qui instaure la chasse en art de vivre et permet de fixer par l'écrit et l'image ses connaissances cynégétiques, et plus largement naturalistes, pour le plus grand plaisir des sciences de l'érudition. Voici rapidement un portrait général des chasseurs nobles qui viennent chasser dans les régions septentrionales d'entre Somme et Meuse de l'an Mil au XVIe siècle. Ce sont de puissants seigneurs, tels les empereurs germaniques, les rois de France, les ducs de Bourgogne, les comtes d'Artois, de Flandre et de Hainaut. S'y retrouvent également des détenteurs d'offices comme le maître fauconnier de Flandre ou le louvetier d'Artois et de nombreux petits ou moyens seigneurs, tels les comtes d'Avesnes, de Boulogne et de Dammartin, les seigneurs de Saint-Amand, les sires de Varennes et de Caumont et celui de Fiennes, en plus de chevaliers, dont un certain Rason de Gand. Les chasseurs les plus documentés demeurent, de loin, ceux des maisons de Bourgogne, d'Artois, de Flandre et de Hainaut par leurs comptabilités respectives. Pour obtenir un portrait concret, il faut regarder le personnel des réserves cynégétiques de Vincennes et d'Hesdin (fig. 9). À Vincennes, le concierge gère le parc et le personnel qui est constitué aux XIIIe-XIVe siècles d'un garde des ruisseaux du Bois, de quatre à huit sergents, de trois portiers pour le Grand Parc et d'un oiseleur, soit dix à dix-huit personnes. Pour la même époque, une organisation analogue se dessine au parc d'Hesdin. Cette fois, c'est avec un bailli qu'il faut compter pour gérer le parc et son personnel, qui se compose d'un garde des eaux, de deux sergents des bois, d'un portier, d'un garde du marais, de deux veneurs, d'un garde des hérons et de trois « maîtres chiens ». Pour des superficies de taille similaire lors de ces siècles, une dizaine de personnels fixes sont nécessaires, auxquels s'ajoutent selon les besoins, des salariés pour des missions ponctuelles (travaux divers, chasse aux loutres et aux blaireaux, apports de nourriture). Mais il faut aussi envisager que d'autres officiers partageaient leur temps dans le parc et en d'autres endroits du territoire d'élevage et de chasse. À titre de comparaison, il existe vingt-quatre personnes ou charges (bailli compris) afin d'administrer et aménager le bailliage d'Hesdin au début du XIVe siècle. Au travers du tailleur de couteaux, du pendeur, du charpentier, du boucher…, le nombre d'offices relatifs au parc apparaît nettement dans son importance puisqu'il rassemble pratiquement la moitié des offices. Mais l'évaluation exacte des personnels reste délicate. En plus de varier selon les besoins des princes, de la fréquence et de la durée de leurs séjours, il faut aussi arriver à interpréter les dits et les non-dits des sources. Par exemple, les maîtres fauconniers ne figurent pas dans la liste du personnel « permanent » des documents comptables en Artois. Il vaut mieux parler d'ordre de grandeur des personnels. Notons aussi les fonctions communes qui vont dans le sens d'un portrait type des parcs. Si l'on constate une spécialisation plus grande des offices à Hesdin, qui est significative de l'intérêt des comtes d'Artois puis des ducs de Bourgogne en plus de l'émulation curiale, il convient de noter que Vincennes est doté d'un plus grand nombre de personnels, ce qui a pour effet de conserver la préséance au site royal. En revanche, il faut insister sur la nature du corpus documentaire, qui laisse dans l'ombre nombre de chasseurs d'origine aristocratique. Bien que les hommes affluent pour venir participer aux chasses comtales puis ducales ou royales, les comptabilités taisent cet important aspect sociologique de la vénerie médiévale, pour ne s'attarder que sur les notions de coût et de fonction. En outre, la quasi-intégralité des archives familiales des nobles locaux n'étant pas déposées dans les fonds publics, tout un pan de la recherche reste en suspens. Les traités de chasse arrivent donc à point, comme source documentaire, afin d'éclairer de manière générale les types socio-juridiques de chasseurs.

Le braconnage

Puisqu'il n'est pas possible d'évaluer précisément la part de la chasse illégale, qu'elle soit pratiquée par n'importe lequel des chasseurs, je me bornerai à en proposer quelques pistes.

Tout d'abord, le braconnier possède un profil socio-juridique assez étendu. S'y retrouvent des nobles et des paysans, tous deux de sexe masculin, c'est-à-dire les chasseurs les plus fréquents. Il est intéressant de constater l'absence complète d'archives judiciaires concernant les femmes et les religieux. Lacune documentaire qui corrobore une pratique moindre de la chasse pour ces deux catégories de la société. Sur sept chartes, une seule ne permet pas de préciser l'état du braconnier, alors que les six autres concernent dans quatre cas des nobles et deux fois des villageois ou des bourgeois[36]. Dans un cas on assiste à un mouvement de foule des habitants du village de Seninghem et des environs, qui se réunissent dans une clairière de la forêt de Rihoult. Là, en pleine garenne forestière, les habitants font la fête et chassent aux chiens et aux filets les lapins du comte (Inventaire sommaire Arch. dép. Pas-de-Calais, A994).

Des braconnages ont lieu dans les bois, les garennes et les chasses de la comtesse d'Artois, où vivent des lièvres, des lapins, des cervidés, des oiseaux de proie et probablement des suinés, d'après les recherches et le document A939 des archives

---

[36] Arch. dép. Nord, B907 n°14802 et 14802[-2] et B1898 n°53843 ; Arch. dép. Pas-de-Calais, A939 et Inventaire sommaire Arch. dép. Pas-de-Calais, A188 et A994.

du Pas-de-Calais (daté de 1312). Durant le même siècle, ce sont les défens et les garennes du duc de Bourgogne dans la région de West-Dunes qui ne sont pas respectés puisqu'on y chasse des lapins[37]. Les lapins sont également traqués à la fin du XIVe siècle dans la garenne comtale des bois de Rihoult. Après un vide d'un siècle et demi, un dernier malfaiteur « anvit prins plusieurs rouges et noires bestes » en Flandre[38] et fut, pour cela, battu à coups de verges et banni du comté. Peine qui apparaît légère quand on la compare à celle du « laron de connins », dans le bailliage d'Arras, qui eut les yeux crevés dans les toutes premières années du XIVe siècle (Inventaire sommaire Arch. dép. Pas-de-Calais, A188) ! Pour si peu d'attestations de chasses illégales, on peut se demander si l'interdit vit de son respect ou si, au contraire, seuls les cas exemplaires sont consignés par l'écrit, le règlement à l'amiable, oral, demeurant la règle. Cela, sans parler des cas de sergents des bois ou de garenniers à l'éthique variable dont on a pu voir un exemple. Les infractions se concentrent toutefois au XIVe siècle, période de troubles politiques, économiques et sanitaires, mais qui, surtout, condense également la plus grande activité comptable. Je signale qu'il existe également des cas de conflits de chasse qui se doublent d'une dimension politique. La gradation de la contestation allant de la chasse au pouvoir seigneurial. C'est le cas à Hesdin mais aussi à Tournehem (Arch. dép. Nord, B1898 n°53843)[39].

Les chasseurs, dans leur pratique quotidienne, m'échappent ainsi qu'à vous dans une large mesure, sauf en ce qui concerne les nobles laïques. La pratique de la chasse apparaît moins libre pour les paysans dans les régions du nord que dans celles du sud. Le paysan chasseur émerge dans les actes par ses exceptions : en tant que braconnier, en tant qu'agrégé à un

---

[37] Arch. dép. Nord, B907 n°14802 et 14802^{-2}.

[38] Arch. dép. Nord, B5385 fol. 44 v° - 45.

[39] Ce dernier cas a été abordé par B. Schnerb lors du « séiminaire bourguignon » 2005-2006 de l'Institut historique allemand de Paris dirigé par W. Paravicini et intitulé « La face noire de la Splendeur : crimes, violences, malheurs et trahisons à la cour de Bourgogne ».

territoire de chasse aristocratique, ou lors d'une permission gracieuse. L'iconographie transmet également l'image d'une femme noble qui chasse peu, et exclusivement au vol. Est-elle juste ou relève-t-elle uniquement d'un univers mental ? Nul n'est besoin de s'arrêter sur le noble laïque, cet ultime chasseur largement étudié par de nombreux chercheurs et passons ensemble directement au groupe des religieux. Théoriquement non chasseur, il arrive plus fréquemment qu'on ne l'a jusqu'alors dit que les religieux, tant séculiers que réguliers, chassent en Artois, en Avesnois, en Hainaut et dans d'autres régions[40]. Si les études archéologiques sur les restes animaux ont démontré il y a plusieurs années que les « hommes de la règle » s'affranchissent des interdits alimentaires et cynégétiques, la recherche ne s'était pas encore intéressée aux espaces de vénerie. Toujours est-il que les hommes de Dieu possèdent des espaces de chasse, parfois aménagés en parc, et utilisent diverses techniques afin de se procurer de la venaison de gros et de petit gibier, de mammifères et d'oiseaux.

[40] L'exemple de Suger peut être cité qui est développé dans une contribution de l'atelier- colloque *Environnement et pouvoir* de l'Institut historique allemand de Paris le 12 juin 2006.

Chapitre III.

Comment sont aménagés les espaces forestiers ?

À la diversité de la faune chassée répond celle des chasseurs. Or, peut-on constater qu'il existe une pluralité de conceptions médiévales qui eut aussi ses répercussions paysagères ? Je pose d'emblée la question suivante : y a-t-il un processus de différenciation des espaces forestiers en relation avec la segmentation du corps social entre l'an Mil et le XVIe siècle ? Si oui, quelles en furent les modalités et les applications dans l'environnement de cette époque ? Une réponse préliminaire a été donnée avec l'étude terminologique et juridique des espaces boisés. La question se porte maintenant sur les aspects plus physiques, c'est-à-dire les aménagements eux-mêmes et leur analyse avec différentes échelles de travail.

Types et évolution des aménagements

On peut considérer que les espaces forestiers sont soumis à un double processus de diversification relevant de deux origines différentes. Un premier processus est d'ordre naturel. Il découle des caractéristiques environnementales de la région et de l'époque étudiée, ce qui a été traité auparavant. Le second processus relève du facteur humain. Il est essentiellement lié à l'organisation de la société mais aussi à des considérations économiques et aux mœurs de cette époque. Il est donc proposé une typologie de l'impact de l'homme sur les espaces forestiers à fonction cynégétique, une typologie dont le niveau de résolution se visse sur le cadre régional uniquement pour cette première étape. Je rappelle que la caractéristique première, de nature juridique mais à consonance patrimoniale des breuil, défens, *foresta*, garenne et parc, consiste en l'appropriation seigneuriale et exclusive d'espaces boisés. Est-ce suffisant pour y voir une anthropisation qui soit différenciée ? Par son statut, probablement ; par ses conséquences, certainement.

Il en découle, au moins théoriquement, une fréquentation moindre puisque les paysans n'y sont pas admis et qu'il existe des officiers chargés de veiller au respect de cet interdit comme de biens d'autres d'ailleurs, sans parler des divers types de fermeture de ces lieux secrets. Le respect effectif de l'interdit constitue l'autre aspect de la question.

D'autre part, la gestion de ces défens relève de considérations propres au groupe aristocratique laïque ou ecclésiastique. En général, le monde seigneurial possède des modes de vie (chevalerie, chasse, code des relations sociales et sexuelles) et une culture (lettres, chiffres, cour, etc.) propres qui influent durablement sur leur manière de voir et de concevoir les espaces forestiers dont ils ont la propriété entière ou non. Surtout en ce qui concerne les espaces cynégétiques, donc forestiers puisque sauvages, précise R. Hennebicque, au cours des VIIe, VIIIe et IXe siècles[41].

Une des conséquences directes entre le lignage noble et l'espace de chasse est certes la stabilité foncière de la propriété

---

[41] Dans *Le paysage rural : réalités et représentations*, Actes du Xe congrès des historiens médiévistes de l'enseignement supérieur public, 18-19 mai 1979, *Revue du Nord*, Numéro spécial, Lille, Imprimerie de l'Université de Lille III, 1980, LXII, 244.

terrienne – dont la part forestière est non négligeable – du Moyen Âge à nos jours, mais dont l'évaluation et la description restent à faire. Sur le plan paysager, qui reste la préoccupation ici, une distinction s'opère puisqu'une partie de ces défens est ouverte alors que l'autre ne l'est pas. Les lisières forestières peuvent donc apparaître nues, c'est-à-dire qu'elles affichent des peuplements d'arbres de type futaie ou futaie jardinée avec un manteau péri-forestier dans certains cas. L'autre catégorie de défens, par ses lisières fermées, s'approche davantage du type des haies défensives ou de simples haies bocagères. Les cas de figure rencontrés sont assez variés afin de clore l'espace : fossé et levée de terre, haie arborée et/ou arbustive, palissade, mur de pierres maçonné ou de briques avec les possibilités de conjugaison de chacun de ces éléments. L'étude et la répartition spatiale de cette catégorie de paysage forestier ainsi que sa chronologie restent cependant à entamer.

L'intérieur, parfois volontairement masqué, ne se compose pas intégralement d'arbres, loin s'en faut. Des clairières existent, voire sont aménagées pour les troupeaux seigneuriaux. La topographie est sujette à de nombreuses modifications perceptibles par l'archéologue sur le terrain comme par l'historien dans les textes. Creusement de viviers, installation de pièges à animaux, érection de bassins et de fontaines, carrières, fours à chaux, constructions de « conninières » sont fréquents dans ces types d'espace où la futaie dans ses différentes déclinaisons demeure tout de même le caractère essentiel et frappant de leur structure interne.

Les défens ouverts

D'un point de vue environnemental, le processus de mise en défens correspond à une zone de chasse en milieu boisé, sans création d'aménagements de quelque nature que ce soit. Le défens est donc ouvert physiquement bien que clos juridiquement, le plus souvent par la présence de bornes ou d'arbres de limites. Contrairement aux garennes et aux parcs à gibier, il ne sert pas à l'origine d'espace d'élevage de la faune forestière et pour cette raison ne reçoit pas d'aménagements constructifs. Réserve cynégétique naturelle, les chasseurs peuvent cependant y édifier des aménagements micro-archéologiques, tels les pièges en creux ou construits, voire des haies cynégétiques. L'homme, s'il y transfère des animaux, ne le fait que de manière épisodique et en nombre limité et n'interfère pas avec les essences végétales, sinon de manière minime comme dans le cas des courtes haies vives de chasse. La superficie des défens, hautement variable, ne peut être considérée comme étant un critère discriminant. Vu la rareté des structures archéologiques de ce premier maillon des espaces de chasse en milieu boisé, il a souvent échappé à la sagacité des archéologues du paysage. Le manque d'éléments datables induit une carence chronologique qui ne peut reposer que sur l'analyse des textes. Il semble cependant que la formule du défens ouvert fut utilisée durant toute la seconde moitié du Moyen Âge. Les raisons vont de la facilité et du moindre coût de tels paysages à la conservation d'espaces perçus comme étant naturels, donc convenant à la faune chassée.

Le concept de défens, bien qu'historique, correspond dans cette analyse à une forme de gestion des espaces de chasse boisés. Il regroupe les termes usités dans le nord de la France de bois, de buisson, de forêt, de forestel, de haie et en latin de *foresta*, de *nemus* et de *silva*. Si tous ces termes peuvent être des défens, ils ne le sont pas forcément et ne le furent pas toujours. C'est-à-dire qu'une haie seigneuriale peut très bien relever du type défens tel que défini précédemment, ou alors remplir les critères d'une garenne ouverte ou fermée. L'empirisme guide ici la recherche. De même, il ne faut pas négliger le facteur temps et les possibilités d'évolution des sylves. Un défens forestier peut par exemple s'appliquer à un massif forestier comme celui de Mormal durant les XIe, XIIe et XIIIe siècles, mais devenir entièrement ou en partie une garenne fermée à partir du XIVe siècle. Ce qui fut le cas dans sa frange sud-est. L'inverse semble cependant plus rare pour la période et la région considérées. Les artistes du XVe siècle illustrent parfois des zones de chasse boisées, bien qu'il soit difficile de trancher entre défens ouvert et garenne ouverte par manque de détails. En effet, l'artiste décrit une action dans un paysage incomplet quoique réaliste dans nombre de ses éléments. On peut en retenir que le défens ouvert consiste en la continuité des *forestes* du haut Moyen Âge, soit généralement des massifs forestiers peu anthropisés dont l'emprise fut parfois marquée par des fossés et des talus, couronnés de haies, de bornes ou d'arbres de lisière.

Les garennes

C'est une autre phase des relations nature/société avec les zones de chasse boisées qu'instaurent les garennes puisqu'il y a passage de la « cueillette » de la faune à son élevage. Un élevage qui a lieu en semi-liberté, avec ou sans apport de nourriture par l'homme et parfois accompagné de zones de reproduction. On peut, sous un certain angle, considérer la garenne comme étant soit une étape transitoire, soit une étape terminale selon la formule adoptée. Elle est transitoire lorsqu'elle comprend les caractéristiques précédentes, mais qu'elle reste un milieu ouvert. Elle est terminale lorsqu'elle ferme les lieux et instaure un écosystème à part. Il existe donc deux formules de garennes médiévales dans le nord de la France. Il est préférable d'utiliser le terme de garennes sous une forme plurielle puisque celui-ci regroupe d'autres dénominations qui sont également en usage, comme certains types de haies, seigneuriales et bocagères. Ce à quoi s'ajoute également la formule régionale des dunes qui comprend parfois des formations arborescentes. C'est donc historiquement un terme juste mais aussi, et c'est le cas pour cette analyse, un terme générique (fig. 10).

Il convient, vu l'action de l'homme prégnante de cette formule, de s'y attarder dans ses éléments et sur ses conséquences. Tout d'abord sur le choix des espèces animales qui y vivent. Elles sont peu nombreuses puisqu'on se limite dans la majeure partie des cas aux lagomorphes et à certaines espèces d'oiseaux (cygnes, faisans et hérons). Leur succès est patent par la terminologie puisqu'on désigne encore de nos jours les lapins sous la forme de lapins de garenne. Si le locatif garenne n'a pas été étendu aux cervidés, c'est principalement à cause du succès de la formule des parcs mais aussi pour des raisons reliées au comportement de cet animal. La garenne devient donc au cours des XIIe-XIVe siècles une unité de paysage consacrée spécifiquement au lapin. Cet animal se diffuse par les garennes et finit par être présent aussi bien en Artois, en Boulonnais, qu'en Flandre ou en Hainaut, signe du succès de ce tardif arrivant dans la faune des régions du nord de la France actuelle. La synthèse récente de C. Callou sur cet animal va également dans ce sens en couvrant des espaces géographique et chronologique plus vastes.

Les exigences de biotope du lapin sont bien étudiées par les hommes du Moyen Âge et par la recherche contemporaine. Remarquant sa prédilection pour les lieux secs et les sols sableux, les garennes à lapins comblèrent dans nombre de cas ces desiderata. On comprend de cette manière les implantations de « dunes » dans les zones de buttes sableuses de la Flandre maritime ou de garennes sur les buttes sableuses de l'Ostrevent comme dans la forêt de Flines-lez-Râches, mais aussi sur les affleurements sableux du bassin versant de la Canche, au forestel de Wail et au bois médiéval « entre deux eaux » (actuelle commune de Saint-Georges). D'autres fois, ce furent des sols limono-sableux sur assise de craie, comme à Tilloy-les-Mofflaines en banlieue d'Arras, qui furent choisis, mais les exemples pourraient être multipliés ailleurs dans le bassin parisien.

Le lapin est un mammifère à la prolificité reconnue. Les hommes du Moyen Âge le savent par expérience ou par connaissance indirecte. Un de ses attraits y réside, ce qui engendre parfois des problèmes de gestion du stock animal. Deux actes des XIVe et XVe siècles vont dans ce sens (Arch. dép. Nord, B906 n°13929 et B17612). Ils concernent tous les deux des garennes ou dunes sur buttes de sable de la Flandre maritime. Le premier document constate que « les connins de notre garenne s'estoient tant multipliez et augmentez de nouvel et telement espars ou pays en dehors de nos dictes dunes » et le second « icelluui hem et pastouraige tant estre convenou des connins que si habundamment y ont engenré et multiplyé ». Devant ce que semble être une pression démographique trop forte, les solutions passent par la fermeture de la garenne et l'interdit de pâturage pour les autres animaux, la diminution de la surpopulation des lagomorphes n'étant pas envisagée. Deux cas qui illustrent le primat du lapin et de ses propriétaires sur les autres animaux vis-à-vis de l'appropriation de l'environnement.

Les qualités fouisseuses du lapin, comme de son cousin le lièvre, sont également bien connues des contemporains. L'ayant tellement bien compris peut-être, les hommes leur créèrent à leur tour des terriers. Au nord de la Loire, ces terriers comprennent des galeries aménagées avec des pierres, le tout recouvert de terre de manière à former un tertre selon L.-M. Champême, J.-M. Couderc, L. Fernandez et G. Germond. Initialement incompris des archéologues, ils sont temporairement nommés « microtumulus », puis « motte à connils » dans les années 1980 par É. Zadora-Rio, ce qui possède l'avantage de reprendre une expression médiévale. Par ailleurs, si ce terme convient en région Centre, il n'est pas adapté à la terminologie médiévale des autres régions. Je propose donc d'utiliser le terme contemporain de garennière, recouvrant ainsi le florilège des versions régionales.

L'existence et l'étude de ces structures archéologiques ne sont pas encore démontrées pour les départements du Nord et du Pas-de-Calais. En revanche, les recherches en archives et les prospections permettent de relever trois termes désignant les « mottes à connils ». Un contemporain, les garennières, et deux médiévaux, les « dunes » et les « conninières ». La première mention écrite de « dune » apparaît dans la région des Flandres dans une lettre du duc de Bourgogne datée du 27 septembre 1398, alors que celle de « conninière » émerge en Artois dans les documents comtaux du bailli d'Arras, à partir de 1297 et dans les décennies qui suivent (Arch. dép. Nord, B906 n°13929 et Arch. dép. Pas-de-Calais, A259[1]). Cependant, l'existence de termes régionaux n'induit pas a priori des types régionaux de structures archéologiques. Les prospections dans le bailliage d'Hesdin se révèlent toutes négatives malgré des attestations écrites d'aménagement de garennes. Dans le cas du forestel médiéval de Wail, avec ses sablières dans une zone de pâture et de bois, les lapins – à la suite des hommes ? – utilisent les affleurements sableux et les dénivellations naturelles du terrain pour se nicher, ce qu'ils font toujours de nos jours. Pour le bailliage d'Arras, des recherches supplémentaires sont également nécessaires afin de compléter les données textuelles. Deux garennières furent découvertes en Picardie et en Hainaut. Située en lisière interne du bois de Faux (Hainaut, commune de Marchiennes), elle fut relevée mais non fouillée (fig. 11). Monticule de terre, elle est de forme ovale d'une hauteur atteignant un mètre. Sa présence est intrigante puisqu'elle est sise dans un espace boisé de propriété ecclésiastique régulière depuis le XIIe siècle, celle de l'abbaye de Marchiennes. On ne peut préciser l'époque de sa construction en faisant l'économie d'un sondage étant donné l'absence dans ce cas-ci de mentions textuelles. Si la question archéologique des garennières est confirmée dans son existence, l'étude de ses formes matérielles demeure encore partiellement dans l'ombre. À titre de référence, et outre les fouilles citées ci-dessus, on peut se reporter aux enluminures du XIVe siècle. Le *Luttrell Psalter*, psautier anglais du début du XIVe siècle, met en scène une « motte à lapins » (fig. 12). Les *Livres du roy Modus et de la royne Ratio* du normand Henri de Ferrières, datant de 1379, reprennent à leur tour une de ces mottes au fol. 27 v° (fig. 12). Finalement, on retrouve l'image d'une de ces garennières sise cette fois dans une garenne, par le Maître aux boqueteaux (fig. 13), dans la partie supérieure d'une illustration des œuvres poétiques de Guillaume de Machaut : *Nature présentant Sens, Rhétorique et Musique*, datant pour sa part des années 1372-1377. C'est donc un retentissant succès iconographique et territorial pour ces structures archéologiques dans les régions d'Europe occidentale durant le XIVe siècle.

Il est donc temps d'aborder les lisières des garennes et la question de l'ouverture/fermeture des milieux forestiers. Les garennes se situent à l'intersection de deux autres types de zones de chasse boisées. D'un côté les défens, qui sont une formule ouverte, de l'autre les parcs, qui sont au contraire une formule fermée. Les garennes s'inspirent de l'une et de l'autre formule dans leur constitution. Ce qui explique la variation bipolaire des cas, sans que l'on puisse en faire ressortir une quelconque règle ou relation chronologique. La clôture de la garenne existe pour plusieurs raisons. Elle permet un isolement visuel de l'intérieur en soustrayant la faune au regard et à la concupiscence des voisins. Les menus larcins deviennent de cette manière plus difficiles à commettre. De l'autre côté de la clôture, la perte de l'horizon joue pendant un temps un rôle de contenance des lapins. Par ailleurs, une haie vive doit être entretenue régulièrement en ployant et en entrelaçant les branches basses afin d'empêcher les lapins de s'évader de leur cloître végétal. Il n'est pas dit que ce système de fermeture de l'espace est adéquat. Dans le cas contraire, ou avec une haie composée d'arbres, le résultat n'est guère reluisant car les lapins, à l'esprit curieux, tentent l'aventure du monde : l'étanchéité de ce type de clôture reste certes aléatoire.

Les types de clôtures. Les garennes peuvent être encloses d'un dispositif simple ne comprenant qu'une clôture. Elles peuvent aussi être munies d'un réseau plus élaboré incluant le creusement d'un fossé et l'aménagement d'un talus couronné d'une clôture. Cette formule est peut-être retenue pour la garenne des bois de Mofflaines, possession des comtes d'Artois. À côté d'un acte de la première moitié du XIIIe siècle qui précise l'existence des bois de Mofflaines où le comte a droit de garenne, il faut ajouter un microtoponyme évocateur : les « Fossés du Bois ». Cependant, la Première Guerre mondiale a, comme c'est souvent le cas dans le nord et l'est de la France, perturbé le paysage pour effacer les informations pertinentes sur la question.

Divers types de haies sont aussi utilisés afin de fermer l'espace de la garenne. Haie vive arborescente, haute ou basse, arbustive ou mixte, haie vive avec des éléments « morts », haie morte et palissade. Des mentions microtoponymiques constituent d'intéressants indices. Par exemple, une « hayeure à lapins » qui correspond à la zone de la garenne médiévale du forestel d'Hesdin (Pas-de-Calais, actuelle commune de Wail). Une illustration du Maître aux boqueteaux peut nous donner une idée. S'intitulant *Le songe du verger : le débat du clerc et du chevalier* et datant de 1378, l'image implante des éléments de verger dans une garenne à lapins close d'une double rangée de ligneux. Arbres ou arbustes, on ne peut le dire. Cependant, deux détails tranchent en faveur de l'existence d'un talutage sur lequel s'implante la formation végétale linéaire. Tout d'abord, la ligne de démarcation colorée séparant l'herbe du verger et la terre des ligneux. Ensuite, le ruisseau ondulant, détail qu'affectionne le Maître aux boqueteaux, qui passe sous les cépées (et à travers le talus ?) avant de franchir le fossé matérialisé par une ligne de fond.

D'autres images, de garennes ouvertes cette fois, laissent moins sur la faim. Ce sont celles du Maître aux boqueteaux, *Nature présentant Sens, Rhétorique et Musique* dans les Œuvres poétiques de Guillaume de Machaut (fig. 13), du *Livre de Chasse* de Gaston Fébus, intitulée « Si devise du connill et de toute sa nature » (fig. 13), puis une tapisserie d'un atelier d'Arras conservée actuellement au musée du Louvre. Chronologiquement, les deux premières œuvres remontent au XIVe siècle, alors que la troisième fut tapissée dans les premières années du siècle suivant. É. Zadora-Rio a reconnu avec perspicacité dans l'ouvrage de Fébus l'illustration d'une garenne médiévale, passant ainsi du concept archéologique à la représentation des hommes de ce temps. Le traité de Fébus, daté par G. Tilander et P. Tucoo-Chala entre le premier mai 1387 et 1389, du début de sa rédaction à sa fin, contient donc une représentation de garenne à lapins de la seconde génération. C'est la garenne du Maître aux boqueteaux, datée vers 1372-1377 selon les spécialistes, qui serait la plus ancienne illustration de garenne française, du moins pour les régions septentrionales. Il convient de souligner la parenté stylistique et de composition de ces deux œuvres. Le paysage de monticule « écorché », les boqueteaux de ligneux et le moulin à vent sont des redites, voire des clins d'œil. Que penser du coin inférieur droit de la miniature de Fébus qui reprend la composition de la garenne du Maître aux boqueteaux ? Voilà donc quelques parentés de ce qui apparaît être un « carton » de garenne ayant voyagé.

Cas autrement différent avec la tapisserie attribuée à un atelier d'Arras. On assiste là, en tant que spectateur, plutôt à une rencontre galante entre un noble seigneur qui vient offrir un cœur à une noble dame, d'après la richesse des vêtements et des parures des personnages. Le cadre est bucolique : une haie d'arbustes aux feuilles composites ferme le second plan, alors que dans l'herbe diverses plantes sont en fleurs, dont un rosier aux boutons prêts à éclater. D'autres arbustes bas complètent le décor végétal. La faune (« seigneuriale ») ne demeure pas en reste puisque des lapins, au nombre de trois, folâtrent aux pieds des protagonistes, un petit chien s'adresse à ce qui semble être sa maîtresse tandis qu'un oiseau de proie reste impassible sur le gant de chasse au vol qui revêt la main gauche de sa propriétaire. Vénus est à un rendez-vous de vénerie... L'artiste ne pouvait mieux choisir pour implanter son décor que de prendre celui d'une garenne à lapins, dont l'évocation n'est évidemment pas innocente. Œuvre arrageoise, l'inspiration provient peut-être de la garenne comtale des bois de Mofflaines, sise à quelques kilomètres de la cité d'Arras. Hypothèse qui sous-entend une influence du lieu sur l'artiste. S'inspire-t-on d'un modèle physique ou uniquement de modèles qui voyagent dans les cartons des artistes ?

Les parcs

Dernière forme boisée d'espace cynégétique, elle est l'aboutissement des formes de garennes fermées. L'action de l'homme atteint son degré le plus élevé par son mode de gestion de l'espace et par les ressources vivantes que l'on y retrouve. Les parcs[42] correspondent à des espaces à dominante forestière qui sont fermés et dans lesquels sont implantées principalement des espèces animales non domestiques. Dans plus d'un cas, la faune sauvage en question est délibérément élevée en semi-liberté afin de conserver ses caractéristiques d'animaux non domestiqués. Cela est le cas pour les cervidés, le cerf, la biche et le daim. Des changements sont également opérés sur la flore.

[42] Un sujet de recherches qui bénéficie de récentes synthèses sous forme d'articles : « Une réserve particulière, les parcs à gibier » de F. Duceppe-Lamarre et « Résidences et environnement : les parcs en France du Nord (XIIIe-XVe siècles) » de C. Beck et M. Casset.

La surface intérieure du parc n'est pas constituée que de sylve. Les prairies ou les champs occupent une part non négligeable parce qu'ils sont partie intégrante du plan alimentaire des animaux élevés. D'autre part, des plantations diverses y prennent place ainsi que des recrues forestières. C'est dans ce type d'espace cynégétique que se rencontrent également les aménagements constructifs les plus importants. Ce type de réserve, à dominante forestière et dont l'animal occupe une grande place, émerge au XIe siècle et traverse tout l'Ancien Régime avec, bien entendu, des évolutions. Les recherches sont plus avancées en Angleterre où se dénombrent quelques milliers de sites dont la superficie varie de 40 à 120 hectares, d'après les données de J. Birrel-Hilton et de T. Beaumont-James. Ces parcs, très nombreux, sont aux mains de seigneurs laïques et ecclésiastiques dans le royaume d'Angleterre comme dans celui de France.

Quelle faune se rencontre dans ces parcs seigneuriaux ? Les traités de chasse et d'économie rurale permettent d'aborder les cas de figure les plus fréquents, bien que ce ne soit pas leur but premier. Les traités de Fébus et de Modus ne consacrent aucun chapitre aux parcs. Il faut effectivement chercher l'information chez les animaux concernés uniquement. On se rend alors compte que le cerf vit parfois dans les parcs. Il est cependant le seul des cervidés nommés par Fébus, puisque le « rangier », le « dain » et le « chevreul » ne sont pas cités comme hôtes de ce biotope anthropisé[43]. On devine la pratique courante de l'implantation de cerfs dans les parcs, puisque Fébus décrit leurs habitudes comportementales lors de l'appropriation des biches et ses répercussions. Un comportement en partie modifié justement par le confinement spatial. « Et l'en le peut bien prover aus parcs, quar il ne sera ja saison que touz jours le plus grant cerf ne soit tué par touz les autres, non pas tant comme il est au ruit, mais quant il est retrait et povre et megre. Es foresz ne le font il pas si souvent, quar il vont au large, là où il leur plaist. Et aussi il y a ruit en divers lieus de la forest, et ou parc ne peut estre en nul lieu fors que dedanz le parc ». Discrète invitation de l'auteur envers les

[43] Respectivement le renne, le daim et le chevreuil.

espaces davantage sauvages, voire thème de polémique. Outre le parc des cerfs, Fébus mentionne l'existence de deux autres parcs. L'un, temporaire, concerne un prédateur, le loup, et l'autre, des herbivores domestiques, les ovins. Le parc à loups n'est en fait qu'une forme de piège, car une fois les loups capturés vivants « puet on mettre dedanz aucun parc et les fere chascier à ses chienz et les fere tuer devant eulx ». La récolte animale est donc maigre dans les traités de chasse. Sans doute pour des raisons éthologiques, d'après les sous-entendus et les silences de Fébus et de Ferrières.

Les archives comptables demeurent les sources écrites les plus « vivantes » pour aborder ce sujet. L'élevage des cervidés est encore une fois confirmé. De manière éclatante, puisqu'on possède une mention de la construction du parc à cervidés d'Hesdin grâce à un compte artésien daté du jour de la Saint-Rémi 1294. « Item pour faire le parc as bichiaus, de toute fachons pour closre et pour karier : 19 livres 6 sous 9 deniers » (Arch. dép. Pas-de-Calais, A137[1]). Ce parc est lui-même compris dans un parc plus vaste. Des bâtiments existent et servent de remises de fourrage pour les herbivores qu'on y élève selon les textes et peut-être aussi selon les vestiges. Un bâtiment rectangulaire, de surface moyenne, a en effet été retrouvé dans l'environnement du site castral des Ichtenberg (Alsace) où des crottes de chevreuil étaient incorporées au foin. Y a-t-il également des chevaux dans ces parcs ? Pas à Hesdin en cette fin du XIIIe siècle, semble-t-il. Par ailleurs, un haras est confirmé au XVe siècle dans le parc ainsi que des lapins. Une faune aviaire est également élevée, en particulier des hérons, dans un espace spécialement conçu pour eux, la héronnière. La garenne à hérons, à ne pas confondre avec la « gayole », une volière, se trouve dans le parc pour des raisons de facilité d'élevage, pour protéger les oiseaux des prédateurs terrestres et pour profiter des zones humides. De plus, le compte artésien des dernières années du XIIIe siècle est allusif pour la faune aviaire. On donne un montant de 8 sous « pour couvrir **le loge as vissos** du parc ki est dedens le forest ». Parle-t-on encore des hérons ou d'une volière pour oiseaux de proie sylvestres ? La question demeure irrésolue. Il existe également des animaux de ménagerie. La comptabilité du bailliage d'Hesdin fait ressortir, dès les premières années du XIVe siècle, ces cas isolés, futur repas ou curiosité distrayante. Apparaissent un sanglier, un ours et un castor (bièvre), les deux premiers étant élevés et nourris à des fins gastronomiques (Arch. dép. Pas-de-Calais, A168[1]).

La comptabilité d'Hesdin traduit le soin apporté aux animaux sauvages élevés dans le parc, surtout en ce qui concerne leur nourriture. Une rubrique permet même de connaître le nombre de personnes s'en occupant et d'en retracer le régime alimentaire. Dans les dernières années du XIIIe siècle, les cervidés mangent du foin alors qu'on leur sert plutôt des vesces dans les décennies qui suivent (Arch. dép. Pas-de-Calais, A249[4] et A291[2]). Lors d'un hiver rude, la dose des animaux est augmentée afin qu'ils soient plus aptes à combattre le froid (Arch. dép. Pas-de-Calais, A234[3] et A813). Ce qui donne pour le registre daté de la Saint-Jean-Baptiste 1431 à celle de l'année suivante : « Pour le gouvernement et affouragement des dains et connins du parc de Hesdin », 134 jours de fourrage dont « 30 jours pour double affouraige tant de matin comme du vêpre ou plus fort temps de l'iver ». Dans ces conditions, du foin semble-t-il et certainement des vesces sont donnés, dont « 2000 de veiche », est-il mentionné. Les autres animaux ne sont pas négligés puisqu'on note les frais pour le « pain » de l'ours et du castor, le blé pour le sanglier, le « peuture » des hérons et le chènevis ou le blé des oiseaux (annexe III). On peut en retenir une alimentation qui se veut adaptée aux différentes espèces animales élevées, avec un souci particulier face aux aléas climatiques. Voilà une belle illustration de la compréhension des hommes aux idiosyncrasies animales et à leur environnement.

L'étude des frais afférents à l'alimentation permet aussi de tracer un portrait de l'importance financière des animaux favorisés. Les résultats sont évalués en deniers pour le terme comptable dit de l'Ascension 1301 (fig. 14). En terme de coût, trois classes se détachent dont une, marginale, varie entre 0 et un peu plus d'un pour cent. S'y trouvent les furets, qui ne doivent pas être nombreux, le porc sanglier et une classe d'oiseaux de volière, c'est-à-dire une faune nourrie avec des céréales non transformées. La deuxième classe, dont les coûts alimentaires sont inférieurs à 10 % regroupe les oiseaux de volière nourris au chènevis et deux animaux de ménagerie, le castor et l'ours. Cela coûte trois fois plus cher de subvenir aux besoins nutritionnels de l'ours (6 deniers par jour) qu'à ceux du castor (2 deniers par jour). Si ces deux individus, à eux seuls, procurent plus de dépenses que tous les oiseaux de volière, la réponse est à chercher dans le prix du pain, leur alimentation quotidienne d'après le document d'étude. Mais la ménagerie reste peu onéreuse car durant cette période-là elle n'atteint pas la moitié du montant dépensé pour les cerfs. La dernière classe incorpore évidemment les cerfs mais aussi les hérons dont les frais de nourriture frôlent les 85 % pour cette faune à poil et à plumes. La présence du héron, au premier rang, s'explique d'une part à cause de la cherté de sa nourriture composée, sans doute, à base de poissons et d'autre part grâce à leur nombre. Mais contrairement au reste de la faune qui se répartit dans des espaces restreints comme une ménagerie, une volière ou une furetterie où l'homme doit absolument nourrir les animaux, les hérons et les cerfs sont en semi-liberté, dans des « pâturages » humides et boisés où l'animal peut quérir par lui-même sa pitance. Ici entre le 3 février et le 11 mai 1301, au sortir de l'hiver et à l'émergence du printemps, l'homme complète au moins la ration alimentaire de ces troupeaux de volatiles et de ces hardes de macrofaunes et peut-être préserve-t-il aussi les repousses forestières de l'abroutissement des cervidés. Par cette analyse financière, il apparaît qu'un animal sort de l'ombre et compose un duo de premier plan dans l'imaginaire forestier médiéval au moins dans la réserve cynégétique du comte d'Artois à Hesdin.

Le parc d'Hesdin est exemplaire puisqu'il dénote un aspect particulièrement achevé de ce genre de réserve de faune. Il en existe cependant d'autres formes. Quels sont les types et les composantes matérielles des parcs médiévaux ?

Le *Livre de Chasse* détaille par l'image et le texte une forme de parc à loups usitée à la fin du XIVe siècle et dont la miniature est ici reprise (fig. 7). Circulaire et de petite taille, ce parc est fait exclusivement de clayonnages, hormis pour la porte. Aucun terrassement n'est nécessaire pour le réaliser. Constituée de matériaux périssables, cette formule présente une durée de vie éphémère. Facile à implanter dans des lieux fréquentés par les loups, qu'ils soient forestiers ou non, ce type de parc constitue une forme limite des parcs seigneuriaux étant donné qu'il sert en quelque sorte de réserve de gibier non domestique sur un plan étymologique, bien que sa fonction d'élevage ne soit pas du tout présente. Son intérêt en archéologie paysagère mérite qu'il soit mentionné, d'autant qu'on le retrouve assez fréquemment représenté sur les tapisseries des XVe et XVIe siècles et des siècles qui suivent.

Les autres types de parcs offrent par ailleurs un tout autre spectacle de monumentalité (fig. 15). J'ai choisi celui des comtes d'Artois (1237-1383), puis des ducs de Bourgogne (1384-1482) qui devient finalement impérial (1493-1553) après un intermezzo français (1482-1493) d'Hesdin, pour la richesse des sources écrites concernant la variété de ses aménagements. Une première phase de construction serait attestée par la *Chronique des Dunes* au XIe siècle. Une seconde phase, qui correspond à son extension, prend corps entre les années 1290 et 1300. À ce moment, Vieil-Hesdin est une des rares villes de cette région à être munie de franchises et à être fortifiée. C'est un petit ensemble urbain que surplombe le château comtal. Le décor est complété par l'installation d'un parc sur les flancs et les hauteurs de la vallée de la Canche, mais qui disparaît définitivement en 1553. La comptabilité atteste l'importance des travaux d'aménagements : des murs ceignent le périmètre intérieur, complétés par des fossés extérieurs « les fossés entour les murs du parc » (Arch. dép. Pas-de-Calais, A137^{1} ; fig. 16 et 17). Des bâtiments et hangars sont construits pour le fourrage et pour les animaux, une héronnière et une volière sont également aménagées ainsi que deux viviers. Le réseau viaire actuel dut prendre naissance, au moins en partie, en contournant les matérialisations des limites du parc.

Trois remarques doivent être énoncées à propos de ces aménagements. La première porte sur la durabilité des travaux, la seconde sur la gestion des matières premières et la dernière sur la connaissance matérielle de la muraille. Un tel ensemble monumental nécessite des travaux d'entretien réguliers, propres à la durée de vie des matériaux eux-mêmes et aux catastrophes naturelles. Ces campagnes de réfection, parfois minimes, parfois substantielles, apparaissent dès les premières décennies de vie du parc. Les comptes datés de la Chandeleur des années 1309 et 1310 citent des inondations et la chute de plusieurs pans de mur dans les environs des villages de Grigny et d'Auchy et vers le bois de monseigneur Jean. Parant au plus pressé, des haies mortes sont érigées afin de reboucher les parois manquantes (Arch. dép. Pas-de-Calais, A260[2]). L'année suivante, la héronnière est réaménagée et on construit des fours à chaux dans le « bois entre deux eaux » afin de réparer les murs du parc (Arch. dép. Pas-de-Calais, A277). On ne peut cependant évaluer l'importance des travaux, si ce n'est avec le compte daté de la Toussaint 1322, dans lequel les rubriques « maçonneries » abondent (Arch. dép. Pas-de-Calais, A404[4]). On apprend que 550 pieds des murs du parc furent réparés vers le « bois entre deux eaux » et vers Grigny, alors que 625 autres pieds l'étaient également vers Auchy. Est-ce à dire que les dégâts causés par les inondations de la décennie précédente n'avaient pas été réparés entièrement ? Plausible, mais non vérifiable à moins de lancer une vaste campagne de prospection de terrain.

Une panoplie de sites d'extraction est en activité dans la réserve cynégétique et aussi dans le bailliage d'Hesdin de la fin du XIIIe siècle à la première moitié du XIVe. Une première carrière se trouve dans le parc, une seconde est dite « du fossé ou parc », une troisième dans le « bois entre deux eaux », une quatrième à la Longue Haie puis une cinquième qui correspond en fait à un ensemble de sites d'extraction se localisant au Blanc Mont et aux bois d'Auchy près des murs du parc, tant autour du bois d'Amalis sis près d'Heudebour, comme en Coquièreaumont et près de la porte [du parc dite] de l'Estoquoy. Des archives au terrain, les prospections constatent que le lieudit de « Blanc-Mont » ne couvre plus qu'une parcelle de ce plissement de terrain où les bancs de craie s'érodent à la surface après avoir passé outre un niveau de sol brun décimétrique. Brisant cette monotonie de la stratification, des interbancs de silex blanc, cette fois, s'immiscent de manière linéaire. Dans les pâtures, trois petites carrières à flanc de coteau et un cône d'extraction furent repérés en plus d'une hypothétique carrière en hémicycle de grand diamètre (fig. 18). Une couche centimétrique de terre brune recouverte d'herbe s'est petit à petit constituée et sert d'unique masque à ces crevasses. Les exploitations, ponctuelles, sont manifestement abandonnées à ciel ouvert par leurs exploitants d'après la lecture faite des niveaux en place. C'est sur ce type d'environnement géologique que croissent les bois d'Auchy-lès-Hesdin qui n'existent plus nommément, ni biologiquement, hormis trois tout petits boqueteaux. Dans ces mêmes parages, les microtoponymes d'« au bois des Moines » et du « bois des Carrières » selon le cadastre actuel d'Auchy-lès-Hesdin voisinent avec celui du « Bois des Moines » selon la carte 2206E de l'IGN. Il est possible de tracer un lien de continuité topographique entre les « bois d'Auchy » médiévaux et les noms d'espaces boisés précédemment cités. Le boqueteau résiduel des bois médiévaux d'Auchy est actuellement subdivisé entre trois propriétaires fonciers. Plus d'une vingtaine d'extractions sont encore visibles dont certaines ont été rebouchées récemment (fig. 18). Entonnoirs et tranchées d'extraction voisinent dans leur quête passée pour la craie et les interbancs de silex. Les profondeurs varient de 2 à 4 mètres, alors que les tranchées peuvent atteindre 7 mètres de large et près de 25 mètres de longueur. L'ensemble des trois parcelles, malgré ces nombreuses perturbations microtopographiques, demeure boisé encore de nos jours.

Outre ces extractions de craie et de silex, le sable - le sablon des textes - est aussi recherché dans un des éléments orientaux de la réserve d'Hesdin. La comptabilité cite la sablière du forestel d'Hesdin que tient à ferme Gilles du Blé, l'espace de trois ans qui commence en 1429 pour un montant de 100 sous par an, chaque année à payer aux termes de l'Ascension, de la Toussaint et de la Chandeleur, en considérant que monseigneur [le duc de Bourgogne] puisse y prendre le sable qu'il a besoin pour ses travaux, mais à ses propres frais. Une « sauclonnerie » est donc exploitée sous forme de rente trisannuelle durant les premières décennies du XVe siècle qui se trouve incluse dans un forestel, un espace boisé existant de nos jours de façon amoindrie sur le terroir de la commune de Wail. Le lieudit « la Sablière » guida logiquement les prospections de surface à l'est de la départementale 98. L'actuel Forestel, situé sur les hauteurs d'un vallonnement bordé par un lieudit tel que la « hayeure à lapins », correspondrait à l'emprise forestière orientale de l'époque médiévale, ce qu'incitent à penser les cadastres anciens. Dans les champs et dans un boqueteau voisin, plus d'une demi-douzaine d'extractions de sable sont visibles grâce à la conservation des microreliefs par les pâtures. Trois types de microsablières sont présents : des cônes d'extraction, des tranchées et des hémicycles. Aucun n'est de grande taille, reflet de besoins limités mais peut-être également de l'environnement forestier, la présence d'arbres appartenant à un grand seigneur, le duc de Bourgogne, Philippe III le Bon (1419-1467) devait constituer un pensum de poids afin de respecter ses biens ligneux. Les niveaux sableux étant directement sous-jacents à la couche d'humus, l'activité extractive est alors facilitée, d'autant que l'horizon humifère ne dépasse guère les dix centimètres. Par ailleurs, de telles perforations favorisent l'érosion et constituent un facteur d'instabilité réel pouvant causer des chablis[44], état de fait qui ne peut passer inaperçu aux yeux des contractants. Les plus petites ponctions, de moins de deux mètres de diamètre environ, correspondent à des formes coniques dont le fond est évasé. Les tranchées sont sinueuses et varient entre deux et trois mètres de profondeur. Certaines font quelques dizaines de mètres de longueur, en particulier celles inscrites dans le boqueteau. Les extractions les plus importantes, en forme d'hémicycle, se sont accolées aux dénivellations douces du terrain afin d'en faciliter d'autant leur travail.

Avec le sable et l'eau à portée de main, il reste à fabriquer de la chaux pour produire du mortier afin de maçonner les murs du parc ou tout autre mur. La comptabilité cite fréquemment l'extraction de craie qui est ensuite cuite grâce aux ressources ligneuses environnantes. Il en résulte un oxyde de calcaire, la « cauch » des documents, qui est ensuite transportée entre autres par brouette jusqu'au chantier de construction. La cuisson avait

---

[44] Une glane documentaire va dans ce sens : « Item pour abatre I caisne à le saulonnière ou parc qui pendoit : XIII deniers. » Arch. dép. Pas-de-Calais, A166[4].

lieu dans des « cauffour », des fours à chaux qui se concentrent dans trois espaces, à proximité des zones où se trouvent les travaux à réaliser et où les ressources tant minéralogiques que ligneuses ne manquent pas, c'est-à-dire le « bois entre deux eaux », le parc et le Forestel. La massive forêt domaniale d'Hesdin n'est donc pas touchée alors que le parc voit s'installer deux à trois fours à chaux entre 1295 et 1301, le « bois entre deux eaux » au moins trois entre 1310 et 1322 et le Forestel, qui n'est pas en reste, deux à quatre dans la seule année de 1301 en prenant en compte les redites. Ces trois espaces boisés voient donc s'installer au minimum sept et jusqu'à plus de dix « cauffours » soit en leur sein, c'est-à-dire dans des clairières et des prés forestiers, ou sur leurs marges, cela en moins de trente ans, ce qui revient pratiquement à un rythme d'un four tous les trois ou quatre années. Cette intense activité chaulière explique d'une part l'existence d'un professionnel, Alleaume le Cauffourier, durant les années 1308-1322 à Hesdin et d'autre part la présence d'un traitement sylvicole en taillis ou de taillis sous futaie. Un tel paysage forestier devient nécessaire lorsque des mentions « pour faire 18 000 de fagots au bos d'entre deus yaues, 6 sous 8 deniers du millier sont pour faire deus caufours : 6 livres » apparaissent dans les sources (Arch. dép. Pas-de-Calais, A404[5]).

Arrive la dernière remarque. Que sait-on du bâti de ce parc ? Très peu de choses. Quelques renseignements peuvent être glanés dans les travaux de certains historiens locaux. On y apprend qu'il reste encore des vestiges des murs au début du XXe siècle sans en préciser toutefois la localisation et l'importance. Rien n'est d'ailleurs dit à propos des fossés et des talus. La qualité des informations est discutable, les sources et les localisations n'étant qu'épisodiquement citées. Concernant les murs, des découvertes ont été réalisées (fig. 16 et 17). Ces vestiges permettent d'apprécier les matériaux de construction et de les rapprocher de ceux qui permirent d'édifier les fortifications urbaines de Vieil-Hesdin et de son château comtal. Je propose une hypothèse de tracé selon les résultats des diverses campagnes de prospection de terrain. Une reconstruction qui confirme partiellement les précédents travaux des historiens locaux ayant travaillé sur la monumentalité du parc d'Hesdin (fig. 19). En revanche, il faut étudier en priorité les fluctuations de la clôture afin de comprendre les évolutions d'emprise de la réserve cynégétique en relation avec les terroirs environnants.

Pour terminer, quelques lignes sur la flore, en relation avec la faune. L'extension du parc au XIIIe siècle se fait par l'achat ou l'échange de terres et de droits avec les différents voisins en présence (paysans, religieux séculiers et réguliers, nobles). Il y eut acquisition de prés, une cressonnière, de nombreuses terres cultivées pour des céréales (blé, avoine) et des légumineuses tels les pois et les vesces (Arch. dép. Pas-de-Calais, A39[35]). Les terres cultivées encloses dans le parc ne sont plus mentionnées dans les textes qui parlent désormais des soins apportés aux prés, aux vignes et aux jardins. On a dû les laisser tourner en friche avec ou sans plantation d'arbres, dans le but de créer un milieu de vie qui soit favorable à la faune du parc. De même, dans certains secteurs du parc, des prairies sont favorisées pour le haras du XVe siècle, et certainement auparavant, des cultures adaptées au régime alimentaire des herbivores. Des champs de chanvre et de vesce existent pour certains oiseaux de la volière et pour les cervidés. Peut-être y trouve-t-on également de petites surfaces de céréales cultivées, autant pour les chevaux, élevés sur une base régulière, que pour les animaux de ménagerie.

Progression forestière, buissons et haies

Les trois types majeurs d'espaces boisés médiévaux ont été décrits en relation avec les chasseurs de ces temps. Les principaux aménagements ont été également abordés dans leurs différentes natures, bien qu'il reste encore certaines formes végétales non traitées jusqu'à maintenant, les haies cynégétiques. Auparavant, un mot sur le phénomène de l'accroissement des surfaces forestières. Des zones de colonisation forestière ont pu être favorisées sur d'anciennes terres agricoles ou des jachères, par exemple lorsqu'un seigneur désire exercer son droit de garenne. Cas de figure peu fréquent, il exige une reconversion partielle d'un terroir déjà humanisé, donc « plein », où il fallait laisser la nature reprendre ses rythmes... Ce cas se retrouve avec le territoire d'élevage et de chasse d'Hesdin (secteur de la commune actuelle du Parcq, Pas-de-Calais) où le comte d'Artois Robert II opère une telle conversion paysagère. Des échanges entre seigneurs ainsi que des achats avec les paysans ont lieu à cet effet dans les dernières années du XIIIe siècle. Œuvre de grands seigneurs, l'agrandissement de cette garenne murée concerne plusieurs dizaines d'hectares. Il est possible que les nombreuses garennes du domaine de chasse des comtes de Hainaut procèdent elles aussi, au moins en partie, d'une colonisation forestière volontaire. De taille moyenne, de l'ordre de la dizaine d'hectares, ces garennes forment un nuage boisé périphérique autour de la forêt de Mormal selon J.-J. Dubois. Au lieu d'un massif isolé dans la plaine environnante comme aujourd'hui, il existe au XVe siècle une configuration sous forme d'une couronne de satellites forestiers (fig. 8).

On peut estimer que les transformations des petits seigneurs pour se constituer des garennes boisées ou en friches engendrent des changements dans l'environnement de l'ordre de quelques hectares à quelques dizaines uniquement. Les exemples sont nombreux, par exemple celui du breuil urbain de l'évêché d'Arras qui relève de la formule de la plantation.

Une autre forme de traitement forestier existe : le buisson cynégétique. Cette dernière création forestière médiévale fait son entrée au cours des XIVe et XVe siècles. Son existence est clamée par les traités de chasse de Gaston Fébus et d'Henri de Ferrières. D'après les descriptions de ces auteurs, le buisson de vénerie correspond à une portion de terrain non boisée qui est laissée en friche quelques années. Pour les aspects environnementaux, cela correspond à un des aspects socio-économiques du *saltus*. Il est probable que l'on y plantait des arbustes ou des plants de jeunes arbres afin de favoriser un côté « broussailleux » outre les plantations de haies vives ou mortes qui servent à diriger le gibier vers les chasseurs embusqués. Un secteur de forêt peut également être aménagé en buisson : on y implante alors que les haies nécessaires à la chasse. Les officiers en charge des véneries ont entre autres missions de veiller à l'entretien des buissons. La plus grande concentration de tels aménagements forestiers cynégétiques de la France septentrionale se trouve dans le secteur de Mormal. La *Comptabilité des bois du Hainaut* les décrit les uns après les autres dans leur entretien et au rythme de leur utilisation lors des saisons de chasse.

Dernière forme de haie, elle doit sa raison d'être à la chasse, d'où l'appellation proposée de haie cynégétique. Formation végétale linéaire, haie morte, vive ou mixte, elle ne s'étale que sur quelques mètres de longueur et sur quelques décimètres d'épaisseur. Sa hauteur varie, raconte Fébus, proportionnellement à celle des animaux chassés. Elle sert à chasser les cerfs, les sangliers et les loups, dit Ferrières, ce que dit également Fébus, qui ajoute le daim, le chevreuil et le renard. C'est donc une formule matériellement malléable. De plus, elle s'implante dans différents milieux : lisières forestières, haie seigneuriale, buisson, défens, garenne ou parc, pourvu qu'on y retrouve des secteurs d'arbustes ou d'arbres. Car « **doit estre la haye fete en lieu couvert et bas**, quar, si elle estoit en cler pays et haut, les bestes, qui n'ont pas accoustumé de veoir illec endroit le boys qu'on y auroit abatu, ne se vendroyent mie voulentiers bouter dedanz la haye », dit Fébus. C'est un élément d'archéologie forestière généralement ignoré ou négligé. Il est vrai que ses traces matérielles sont pour le moins fugaces. Il faut en effet se reporter aux témoignages historiques des archives et de la microtoponymie, pour déceler d'éventuelles corrélations.

Fébus et de Ferrières décrivent entre autres les meilleures stratégies d'implantation des haies. Le *Livre de Chasse* reste cependant le plus intéressant pour sa description iconographique. Pas moins de huit types différents de haies sont illustrés (fig. 20). Certains se distinguent par leur maillage de cordes uniquement, mais dans l'ensemble la démarcation s'effectue entre ceux utilisant des végétaux vivants et ceux qui n'en utilisent pas. D'autres peuvent être constitués uniquement d'essences végétales plessées, c'est ce que l'on comprend lorsque Fébus écrit : « et mielx vaut fere haye de corde que de boys ». Choisit-on pour ce type des essences arbustives précises ? Les traités sont malheureusement trop généraux sur le sujet, bien qu'ils en ouvrent les possibilités. Il faut plutôt aller voir du côté de la *Comptabilité des bois du Hainaut* (annexe

IV). Datant des premières années du XVe siècle, elle relate le quotidien des chasses comtales. Certaines années, on trouve des renseignements sur les haies cynégétiques. Par exemple, le compte daté du 1er septembre 1406 au 1er septembre suivant décrit les travaux concernant trois d'entre elles, les haies du « Ferchnel » et du « Quaisne » et la forêt d'Englefontaine. Il fallait les réparer et les remettre en état pour de futures chasses et équarrir du bois « en plusieurs lieux en le foriest », quoique non nécessairement afin d'ériger des haies. Citons en exemple la haie de Guerlontreau (Arch. dép. Nord, B10650). Entre septembre 1407 et septembre 1408, une rubrique comptable note : « Pour **les paulfis de le haie de Jerlontreaul** avoir fait réparer par Jehan Robault dou command le baillieu des bos payet **pour aucuns pels fire replanter pour claux et lattez employés** au reclauwer les dis paulfis 5 mestiers estoit : 20 sous ». Réparations faites, les chasses ne reprennent que l'année suivante : « chasse à Guerlontrau durant la 3e semaine du mois d'août : 55 sous »[45]. On prend donc soin des buissons cynégétiques et de leurs aménagements en limitant les parties de chasse afin de ne point les abîmer, surtout après des travaux de réfection. La microtoponymie est parfois parlante, bien qu'il faille systématiquement lui apporter un calage chronologique. Le sart de Dourlers (actuel département du Nord) est un espace forestier à l'époque médiévale et aux suivantes, qui renferme un microtoponyme cynégétique, « les haies des Loups ». Si aucun vestige de réseaux de haies n'est à l'heure actuelle reconnu, nous pouvons cependant nous montrer positifs puisque les premières étapes d'un nouveau champ d'archéologie forestière viennent d'être franchies (fig. 10).

Trois types d'espaces de chasse boisés se distinguent après l'an Mil par leur contenu paysager et animal. Le défens ouvert prolonge la formule de la *forestis* du haut Moyen Âge, soit principalement des massifs forestiers de grande ampleur qui sont peu aménagés et dont la faune est diverse par elle-même.

---

[45] Arch. dép. Nord, B10650, datation : 1er septembre 1408 au 1er septembre suivant.

C'est donc une forme rustique, davantage « sauvage » que les deux autres. Les garennes, principalement à lapins, correspondent à de petites surfaces boisées dans lesquelles les animaux sont introduits par l'homme. Quelquefois incluant des terriers anthropogéniques, ses lisières sont souvent aménagées de fossés, parfois en eau, et de talus couronnés de haies bocagères, qui comprennent des éléments arbustifs et arborescents. Les parcs partagent avec les garennes une fonction d'élevage de faune non domestiquée en semi-liberté. Ils s'en détachent cependant par l'aménagement de leurs lisières et, dans une large mesure, par les bêtes qui s'y trouvent. En effet, les parcs sont ceints par des réseaux de clayonnages, des palissades ou des murs de maçonnerie et se spécialisent, outre les animaux de ménagerie, les poissons et les oiseaux, dans les herbivores quadrupèdes, essentiellement les cerfs, les daims et les chevaux selon C. Beck, P. Beck et F. Duceppe-Lamarre. Le parc, espace clos où est élevée une macrofaune chassée, continue en quelque sorte la formule celtique du breuil. Des haies cynégétiques, principale modification botanique, s'ajoutent, selon les tactiques de chasse employées, pour les trois types d'espaces boisés présentés.

Comment s'implantent et se répartissent les territoires de chasse ?

Les espaces boisés ayant une fonction cynégétique furent définis juridiquement et d'après leur paysage. En tant qu'unités de paysage, elles ont été classées selon une typologie des aménagements les plus signifiants, en l'occurrence leurs lisières, mais également en relation avec la faune. Par ailleurs, rien n'a encore été dit en ce qui concerne leur géographie. Est-elle aléatoire ou discrète ? Quelle est la part de l'un et de l'autre ? Mais aussi, comment s'inscrivent ces unités de paysage dans les milieux environnants ?

Après l'an Mil l'exercice du droit de chasse se définit juridiquement par le droit de garenne qui se pratique dans des espaces divers, de préférence boisés, que le chasseur en soit le propriétaire foncier ou non. Tendant dans la moitié nord de la France à se restreindre au sous-groupe seigneurial majoritairement laïque, la chasse se pratique dans des endroits parfois ouverts, forestiers ou non selon la faune rencontrée. Lorsqu'il est fermé, cet espace est alors désigné par la formule de garenne murée ou plus généralement de parc. Les seigneurs les plus importants – en l'absence du roi de France ou de l'empereur du Saint-Empire romain de nation allemande – possèdent donc les garennes les plus importantes sur les massifs forestiers les plus conséquents, alors que les seigneurs de moindre importance se limitèrent à des cantons de forêts ou à des espaces de petite taille. C'est dans le sens de leur distribution dans l'espace que nous utilisons l'expression de territoire de chasse, qui met en exergue les interrelations que possèdent les différentes zones de chasse. Ces relations sont interprétées par l'archéologue en reportant sur carte les mentions de défens, de garennes et de parcs. Souvent, elles peuvent être vérifiées par des témoignages écrits, soit de manière ponctuelle, soit de manière générale. Dans le premier cas, une attestation qui inclut un repère temporel certifie des liens existant entre des lieux qui sont nommés. Dans l'autre, seule la relation est attestée entre les différentes unités de paysage. À défaut de localisation, la chronologie peut cependant être abordée au regard de la date de rédaction de la source écrite.

Mais dans tous les autres cas, les relations inférées ne ressortent que de la logique de l'analyse spatiale. Une logique qui prend sa source dans les documents écrits traitant des lieux de chasse et servant de ligne de conduite à la réflexion qui est appliquée aux représentations cartographiques. Les cartes ne sont cependant pas innocentes, et les risques de surinterprétation et d'anachronismes qui en découlent sont grands. Il n'en demeure pas moins que la représentation sur carte et l'étude de répartition qui s'ensuit restent les meilleures visions pour aborder la construction des milieux anthropiques et « naturels ».

En terme de paysages, les garennes ouvertes côtoient les parcs mais peuvent également être isolées. Les comtes d'Artois utilisent plusieurs fois cette formule de juxtaposition où seulement une partie de la sylve se trouve emmurée comme à Hesdin, La Montoire ou Renti en Artois, etc. Dans le cas d'Hesdin, le parc à gibier est ceint d'un mur maçonné à son tour enserré d'un fossé puis d'un chemin de terre au nord-ouest avant de passer aux premières frondaisons de l'actuelle forêt domaniale. D'autres garennes, isolées les unes des autres, ponctuent les proches environs dans la vallée de la Canche comme au « Bois entre deux eaux », qui n'existe plus de nos jours, ainsi qu'à Wail et à Willeman. Une telle répartition spatiale nous amène à considérer ces espaces boisés, vu leur concentration et leur diversité, comme un ensemble cynégétique seigneurial centré sur les sols de la vallée de la Canche à la hauteur de Vieil-Hesdin (fig. 21).

Quittant l'Artois pour le Hainaut, le massif de Mormal et les bois périphériques sont exemplaires de cette idée d'ensemble cynégétique du XVe siècle. Si l'on dresse une carte sommaire des chasses comtales d'après la *Comptabilité des bois du Hainaut* (fig. 8), on s'aperçoit alors que la maison de Hainaut possède des droits d'élevage et de chasse, centrés sur la forêt de Mormal et débordant sur les bosquets environnants, conformément aux déplacements du gibier et aux tactiques de chasse alors usitées. Certaines des lisières sont limitées par des fossés et des talus d'après les textes. En Picardie, la forêt de Crécy relève sans doute du même type bien qu'actuellement, seul le cœur du massif forestier est encore boisé.

Les critères d'implantation sont au nombre de trois, à travers lesquels la part de la nature la dispute à celle de l'homme. Les zones de chasse boisées sont en effet tributaires des ressources naturelles, des causes historiques et de raisons stratégiques. Il faut entendre par ressources naturelles des caractéristiques abiotiques favorables, telles des vallées, des plaines ou des hauts de plateau, mais aussi les zones dites non attractives, comme les montagnes ou les marais. Les zones de chasse de Mormal et de Mofflaines en plaine, d'Hesdin pour les rebords de plateau et finalement des monts d'Aisin, des Cats et Faucon pour les quelques rares et modestes éminences topographiques de Flandre sont des exemples. C'est ainsi que l'ensemble de la diversité des biotopes forestiers est représenté en tant qu'espaces de chasse. L'attribution des quelques « montagnes » et de leurs sylves respectives est à cet effet particulièrement parlante. Les causes historiques décrivent une réalité subsidiaire. Elles expliquent davantage le pourquoi de la répartition des dons et des propriétés en invoquant des raisons politiques, économiques ou de démographie. On peut dès lors mettre, par exemple, en parallèle l'étendue et l'importance des zones des défens, des garennes et des parcs avec le monde seigneurial. Les aires de concentration de population expliquent au niveau local le grignotage des lisières et à une échelle plus vaste en déterminant des « vides cynégétiques ».

Et enfin les raisons dites stratégiques. Elles peuvent être dénommées ainsi parce qu'elles relèvent d'un choix opéré dans l'environnement (en général immédiat). Un cas concret, celui du parc à gibier d'Hesdin, dont l'existence est attestée dans la première moitié du XIIIe siècle, peut-être même depuis le XIe. À la fin du XIIIe siècle cependant, le parc se trouve enserré par les villages vicinaux et les cultures des paysans qui font reculer en partie la forêt. Il n'y a probablement plus de continuité physique avec le massif forestier avoisinant. Les comtes d'Artois décident alors d'agrandir leur parc en achetant des terres agricoles aux manants et en procédant à des échanges avec les ecclésiastiques présents. L'agrandissement des années 1290 permet de rejoindre les premières frondaisons du massif d'Hesdin au niveau des bois Saint-Jean et Tahon et donc d'unifier les espaces là où la maison d'Artois possède des droits de chasse. Sur le plan pratique, l'accroissement de surface interne peut profiter aux élevages préexistants, à de nouveaux aménagements et à une réorganisation de la mobilité des faunes de mammifères et aviaire vivant dans des milieux forestiers. En effet, diverses espèces sylvestres d'oiseaux de proie sont recherchées pour la chasse au vol, ce que confirment les sources comptables de ce bailliage médiéval.

Le choix peut être également motivé exclusivement pour des raisons cynégétiques. Une raison qui se trouve cette fois dans les traités de vénerie du XIVe siècle. Pour la chasse aux sangliers, Fébus comme Ferrières recommandent de sélectionner puis d'aménager des buissons, c'est-à-dire des bois de petite taille. Ferrières conseille au chapitre 60 de procéder selon les étapes suivantes : « Avant que l'en chassce, les veneurs doivent aller en la forest où l'en veut chassier pour veoir se il sont bien garnies de bestes, et doivent aller entour les buissons et es fustaies où les mengues sont ». Ensuite, « se les bestes qu'il aront parsuies sont entrées en fort païs, comme de(s) jenez ou de jenne bois, va entour le buisson et te preng garde tout entour comme le païs est reversé et se il entre guerez de bestes noires. Et ainsi doit l'en aller visiter les buissons des forés où l'en doit chassier ». Ce n'est qu'après « selon ce qu'il y entrera bestes et que le buisson sera bien garni, **taille ton buisson** greigneur ou mendre, et te pren garde se tu as assés gens et chiens et **fillé** pour les destraindre et **pour clore ton buisson** ». Puis vient une dernière recommandation : « Quant tu vas entour le buisson atout ton limier, tu dois prendre garde à deus choses. La première si est que se toute le(s) bestes qui s'enbochent u buisson traient à aller en un païs ; la seconde si est que tu prengnes garde que le païs où il se destournent soit païs où il doivent demourer, comme bois jenne, dru de bois ou de genez, et c'est car en tel païs demeurent volentiers noires bestes ». Méthode utilisée également par Fébus, qui la décrit en revanche beaucoup plus sobrement : « Et qui veult chascier pour les porcs, il est bon que sis ou huit jours devant on aille pour veoir le pays et pour veoir la couvine des bestes qui seront en la forest ou ou buisson, et pour veoir **où l'en pourra mieulx fere les hayes** et asseoir ses lévriers et mettre en deffenses et où les porcs sont plus demouranz ». On en retient l'observation préalable de l'écosystème forestier par la visite et la prise en compte de la répartition des diverses unités de paysage en relation avec les biotopes des porcins et leur densité de population. Puis dans un deuxième temps, d'après les résultats, le développement d'une tactique de chasse avec tri et élimination de certains espaces boisés en plus d'aménagements de haies de chasse dans les endroits jugés comme étant les plus propices. Ce procédé se retrouve aussi, dans ses grandes lignes, avec la traque aux loups.

Ferrières offre, cette fois encore, la description la plus complète de la technique du buisson au chapitre 61 de son ouvrage. Durant l'hiver et particulièrement en février, lorsque les loups sont maigres et affamés, il faut « les assambler en un buisson où l'en les veut destraindre et prendre, leur faut donner à mengier en ceste manière. Tu dois regarder es bois où les leus hantent, u buisson fort de bois et es(t) sec païs, uquel il ait dedens eaue, comme une mare ou flache, où il puissent boire, puis prenés une beste morte de nouvel, comme une vache ou un cheval, et soit porté(e) dedens le buisson et soit mise en une place... ». Fébus confirme ladite technique en deux lignes au chapitre 55. « Premièrement, il doit regarder un biau buisson, à une lieue et demie près d'autres grans forestz, où il ait biau titre de lévriers et belle plasce à l'environ et yaue dedanz ». La technique du buisson nécessite une connaissance préalable de l'éthologie des loups et de leur milieu de vie. De plus, elle implique une répartition dans la hiérarchie des espaces boisés, ce qui est également le cas pour les porcins. Ces techniques de chasse tardo-médiévales induisent alors un modèle paysager des espaces boisés. Le massif constitue le centre et la périphérie se compose de bois de petite taille, les buissons des traités. C'est ce genre d'organisation paysagère qui a été qualifiée auparavant de territoire de chasse.

Voilà la problématique des réserves cynégétiques forestières qui a été suivie. Il est possible de retracer l'ensemble des sites forestiers de chasse des maisons comtales d'Artois, de Flandre, de Hainaut ou d'autres régions. Les comptabilités du XIVe siècle le permettent pour l'ensemble des bailliages d'Artois et pour le XVe siècle en ce qui concerne le Hainaut et la Flandre. Ce qui n'est guère le cas des petits seigneurs ou de chasseurs non laïc dont on n'aperçoit que la pointe de l'iceberg de leurs réseaux de défens, de garennes et de parcs. Mais tel n'est pas le but recherché. Au lieu d'un inventaire, je veux faire ressortir les logiques et les formes des territoires de chasse médiévaux. Au lieu d'un épuisant répertoire de toponymie régressive, j'ai opté pour l'imbrication des unités de paysage entre elles. Cela, à travers trois cas divergents : Mofflaines, Hesdin et Mormal, qui éclairent chacun à leur manière les différentes implications environnementales qui en découlent (fig. 21).

D'abord le faux ensemble de Mofflaines (fig. 21, Pas-de-Calais). Trois espaces de chasse boisés le constituent, mais sans lien de continuité physique et sans posséder une étendue forestière notable qui aurait pu en être le centre. Les garennes se répartissent sur les terroirs de plusieurs communes voisines, essentiellement celles de Tilloy-lès-Mofflaines, de Fampoux et de Boiry-Notre-Dame. Les garennes de Mofflaines et de Boiry sont implantées en plaine sur des limons avec des affleurements de bancs de craie, contrairement à celle de Fampoux qui prit place sur les sols alluviaux et/ou sableux de la vallée de la Scarpe. Leur proximité respective fait que l'on y voit une concentration sur une carte à petite échelle. Sur le terrain, la discontinuité rend évident que les comtes d'Artois ne purent réussir à rassembler ces maigres morceaux de chasse ensemble, s'ils le tentèrent. D'où cet aspect de faux ensemble résultant de l'incrustation d'espaces de chasse de taille moyenne dispersés dans le paysage. Un paysage qui est fortement humanisé dès le Moyen Âge classique et dont la vocation agricole constitue la principale caractéristique.

Les cas d'Hesdin et de Mormal diffèrent sensiblement : tous deux affichent une emprise forestière nettement plus importante que pour Mofflaines. Mormal se définit comme étant un modèle centre/périphérie déséquilibré (fig. 21). À un massif forestier important, le plus important du département du Nord encore de nos jours (environ 9 000 hectares), correspondent des aréoles de sylves de petite, voire de moyenne taille. Certains de ces bois résultent des défrichements opérés sur le massif lui-même. D'autres furent aménagés afin de satisfaire aux exigences des véneries princières. Leurs modes cynégétiques, qui sont définis dans les traités de chasse du XIVe siècle, eurent cours tout au long du siècle suivant dans les forêts du

Hainaut. Cela, en particulier pour le massif de Mormal et de ses proches environs, où l'on assiste à la détermination d'un type paysager cynégétique. Un centre forestier est accompagné de nombreuses petites zones boisées en périphérie qui relèvent ici d'un désir humain. Ce qui explique également le pourquoi de sa conservation : une forme d'environnement à dominante sylvestre, anthropique et à vocation de chasse.

Hesdin est, pour certains de ses aspects, une formule hybride, quoique complète (fig. 21). Il se rapproche du modèle de Mofflaines par ses garennes forestières non connexes sur le terrain. En revanche, il est plus près du modèle de Mormal, puisqu'il se compose d'un massif forestier qui prend corps dans un environnement nettement plus boisé qu'agricole, comparativement à Mofflaines. De plus, il possède ses propres caractéristiques qui en font un type de paysage à part. Contrairement à Mormal, où le massif forestier constitue le cœur du système, le massif d'Hesdin n'est pas sollicité de cette manière. De centre (1 000 hectares aujourd'hui), il passe au statut de périphérie contre laquelle vient buter le parc (environ 900 hectares), véritable cœur de cet ensemble. La majeure partie des investissements en hommes, argent et travail concerne en effet cette entité qui reçoit naturellement les faunes les plus prisées de la culture aristocratique, les cervidés, les chevaux et les hérons. Autre particularité, le degré d'anthropisation. Avec la création d'un parc, on arrive au stade d'implantation et d'élevage d'une faune non domestique dans un milieu modelé par l'homme, c'est-à-dire que les ressources en eau et en nourriture sont le fait de l'homme, que le milieu est hermétiquement clos (ou du moins se voulant comme tel) et que les prédateurs en sont éliminés avec soin. Et enfin, cette formule de territoire de chasse diffère aussi des deux autres par l'amalgame de ses composantes, puisqu'elle lie les espaces de chasse de type défens à ceux de type garenne et de parc. Un des intérêts majeurs de cette formule réside justement dans la possibilité de diversifier les chasses, grâce à la juxtaposition savante des unités paysagères sur une brève échelle spatiale. Une formule qui eut un succès certain puisqu'elle existe à La Montoire, à La Buissière et à Renti durant la même époque en France septentrionale, à Vincennes en région parisienne et à Aisey-sur-Seine en France orientale par exemple, à Clarendon en Angleterre, etc. En fait, c'est par milliers que les parcs à gibier sont créés durant le Moyen Âge européen.

À partir des espaces de chasse de type défens, garenne et parc, les hommes du Moyen Âge constituent, en les agençant de différentes manières, ce qui est appelé des territoires de chasse. L'émergence de tels ensembles répond autant à des raisons environnementales qu'à des stratégies d'appropriation d'une multiplicité de biotopes ou à des tactiques de chasse. Trois physionomies des paysages boisés sont apparues en Artois et en Hainaut, qui peuvent être qualifiées de parangons des territoires de chasse de ces régions : ce sont Mormal, Hesdin et Mofflaines (fig. 21). Ces ensembles cynégétiques révèlent, chacun à leur manière, une connaissance approfondie des écosystèmes en place et des modifications qui y sont apportées par l'homme.

Les pièges, des aménagements microarchéologiques à ne pas négliger !

Il vient d'être vu comment se sont construits les ensembles paysagers médiévaux de chasse à travers trois grands types. Leur monumentalité ayant été préalablement discutée, il reste donc à aborder la réalité archéologique des chasses médiévales dans leur environnement et sous ses différents aspects.

La notion d'aménagement microarchéologique est une notion massivement délaissée dans les sciences historiques, dans la mesure où l'archéologie et l'histoire médiévale se sont peu intéressées aux implications matérielles de la chasse. Il faut comprendre ici les implications matérielles comme étant tout à la fois un artefact, soit un objet, et comme une partie d'un paysage, c'est-à-dire s'insérant dans l'environnement. On parle sciemment non pas d'ensembles paysagers, comme les types de territoires de chasse, ou d'unités paysagères, comme un défens, une garenne ou un parc, mais d'éléments de paysages, comme le sont les multiples sortes de pièges ou les bornes. Il faut donc descendre au bas de l'échelle d'analyse.

Cette échelle d'analyse est peu prisée puisqu'ardue, mais elle se révèle féconde. Les rares travaux d'histoire de la chasse portant sur les pièges – dont P. Ménard – vont dans ce sens. Ce niveau d'études permet de comprendre une part de la kyrielle des structures en creux qui sont révélées lors de décapages de surfaces et qui correspondent dans certains cas à des espaces consacrés à la chasse. Un objectif de recherche archéologique non encore pratiqué en France que je propose de développer. Pour ce faire, il convient de dresser un inventaire des types de pièges alors utilisés. Les traités consacrés à la chasse à courre et au piégeage sont des sources incontournables, en particulier lorsque l'iconographie prend le relais de l'information. Les sources comptables précisent pour leur part la réalité et la récurrence des pièges utilisés selon les endroits donnés. Ici aussi on a eu recours à Fébus et à Ferrières ainsi qu'au *Grand chartrier d'Artois* et à la *Comptabilité des bois du Hainaut*, en plus de la microtoponymie.

Les pièges en creux constituent le premier des trois groupes de pièges. Il se distingue des autres par sa manière d'attraper le gibier. Ici l'animal se fait emprisonner dans une fosse. Le piège s'adresse donc à de la macrofaune ; cerf, loup, ours et sanglier, peut-on lire dans Fébus, qui cite deux de ces pièges aux chapitres 61, fol. 85 v°, et 68, fol. 88 v°. D'un point de vue archéologique, ce genre de piège est le plus susceptible d'être retrouvé en coupe ou en plan surtout si le creusement a perturbé plusieurs horizons stratigraphiques. Il comprend souvent un réseau de claies dont les négatifs de pieux peuvent être perceptibles lors de décapages de surface, avec un différentiel de texture ou de composition de sol. Un type de piège en creux pour sanglier est illustré d'après une miniature du traité de Fébus, accompagnée d'une vue en plan, puis d'une en coupe (fig. 22).

Deuxième groupe, les pièges construits. Contrairement au premier, ce type n'utilise aucun terrassement. Il comprend différents « engins » pour reprendre la terminologie des textes, avec ou sans aménagements périphériques. Ces pièges, usuellement en bois, sont assemblés avec du métal ou des cordes. Des claies, des haies mortes ou des palissades peuvent être ajoutées afin de favoriser la venue du gibier. Un tel type est par deux fois illustré dans le traité de Fébus (chap. 63 et 64). Ces structures légères permettent de comprendre le schéma dessiné par les trous de poteau dans le sol et que retrouve l'archéologue quelques centaines d'années plus tard en plus des clous. À titre d'exemple, un piège est restitué : le « hausse-pied », d'après les enluminures d'une des versions de l'ouvrage de Fébus (fig. 23). La première illustration reprend la vue du piège médiéval, alors que la seconde donne en plan le tracé des trous de poteaux et de pieux.

Dans le *Livre de chasse*, seuls trois de ces pièges sont décrits par l'auteur et enluminés par un artiste. En plus du « hausse-pied », il faut rajouter la dardière et un type de piège utilisant une palissade et une mâchoire en métal (chap. 65 fol. 94 v°). Ces aménagements sont conçus pour attraper les loups, les renards, les blaireaux, les ours et d'autres bêtes, toujours d'après Fébus. Peut-être fait-on mention d'un de ces pièges dans le compte du bailli d'Hesdin, Pierre le Sene ? Daté de l'Ascension 1309, on paie 12 sous « pour aller querre **engiens** et ouvriers **à leus** à Aire et à la Anoech » (Arch. dép. Pas-de-Calais, A249[4]). C'est là un exemple pratique de transfert de savoir-faire régional et de spécialistes de la chasse au loup, qui constitue un autre type de veneurs professionnels. La comptabilité d'un autre bailli d'Hesdin, Martin de Noieletes, renseigne sur l'utilisation des pièges contre les loutres dans le parc d'Hesdin. Ces structures devaient être de bois auxquelles on ajouta 19 clous (spéciaux) au coût élevé de 12 deniers (Arch. dép. Pas-de-Calais, A277). Une pratique qui ne semble guère exceptionnelle puisque, dans les premières années du XIVe siècle, ledit compte mentionne par deux fois qu'il fallait « refaire les vies engiens à prendre les loutres ». Une telle notice démontre l'intérêt récurrent des seigneurs pour les prédateurs rôdant autour ou dans leur parc et complète pas à pas l'information parfois un peu figée des traités de chasse.

Troisième et dernier groupe de pièges, les indétectables par l'archéologie. Il rassemble tous les autres types de pièges, dont la caractéristique majeure est de posséder une réalité matérielle uniquement fugace. Je veux dire par là qu'ils ne nécessitent aucun creusement ou construction, tout au plus des cordes et parfois la disponibilité de troncs d'arbres ou d'arbustes. Leur réalité matérielle étant minime et périssable, leur probabilité de conservation est donc faible, à l'image de leur éventuelle réalité archéologique. Il est donc loisible de parler d'indétectables sur le plan de la démarche archéologique de terrain.

Des preuves existent cependant grâce aux sources écrites et iconographiques. Le *Livre de chasse* montre la prolixité des usages des cordages et des filets pour la capture de petit et de gros gibier. Bien qu'il rechigne à les utiliser, Fébus cite plusieurs méthodes de cordages (chap. 25), puis leurs usages pratiques sont répartis dans sept chapitres différents (60, 64, 67, 81, 82, 83 et 85) ! Les cordelettes, « las », harnais, réseaux, panneaux et poches tissent cependant une réalité quotidienne. Même dans les usages seigneuriaux. Les dépouillements de la comptabilité du bailliage d'Hesdin révèlent en effet qu'il ne se passe pratiquement pas une année au cours du XIVe siècle sans que soient utilisés des pièges faits de cordages pour les besoins de la chasse et ce, uniquement en ce qui concerne le parc comtal d'Hesdin. De l'usage courant des comtes d'Artois à la prise de position du comte de Foix, il n'y a que le masque du verbe tant les cordages sont similaires et usités envers la même faune... En l'occurrence, on chasse à Hesdin les jeunes lapins et ceux d'âge adulte, les renards et les loups. D'où cette mention « item pour trois fers à tordre **les cordes à prendre les leus** : 10 deniers » (Arch. dép. Pas-de-Calais, A277). On y pêche également des tanches. Les cervidés manquent curieusement à l'appel alors qu'une mention de traque aux blaireaux laisse perplexe quant à l'utilisation ou non de poches faites de cordages. Bref, c'est éminemment une catégorie de pièges à multiples usages et fréquemment employés.

Les pièges de chasse, dénommés ici sous la formule générique d'aménagement microarchéologique, constituent une réalité paysagère négligée. Leur présence sur le terrain est pourtant récurrente d'après les sources écrites, et leur étude archéologique permet de comprendre nombre de structures archéologiques qui demeurent énigmatiques sur le terrain et dans les relevés.

Conclusion de la seconde partie

La forêt, en tant que biotope de la faune d'époque médiévale, est partiellement une construction anthropique. L'homme y ajoute des hôtes, sauvages et parfois exogènes, en plus de diminuer la présence de certains indésirables : il se présente comme un régulateur de la faune. Cette régulation varie surtout en fonction des espèces animales mais aussi dans le temps. La popularité du daim peut être citée dans les Pays-Bas bourguignons et dans le duché de Bourgogne et auparavant l'introduction puis le succès du lapin, particulièrement en Flandre, en Artois et dans le Boulonnais.

En outre, les espaces forestiers sont soumis à une multiplicité de règlements, reflets du système seigneurial du Moyen Âge. Ce sont les cas des défens ouverts, des garennes et des parcs pour lesquels le monde paysan du nord de la France est exclu. Cette réalité sociojuridique et environnementale se retrouve également dans l'agencement des unités de paysages boisés qui sont conçues en fonction de certaines populations animales : l'homme se présentant alors comme un régulateur des écosystèmes forestiers. Cela est patent à travers les différents types de territoires d'élevage et de chasse.

Les milieux forestiers sont également des enjeux de pouvoir. Prenons le cas parlant de la réserve cynégétique d'Hesdin. Vu la prégnance de la topographie sociale et désirant malgré tout agrandir son parc à gibier, le comte Robert II n'a d'autre choix que de discuter avec les différentes catégories sociojuridiques présentes. Voici le portrait de la stratégie d'acquisition foncière entre 1293 et 1298. Robert II achète ou échange des terres avec les habitants des villages voisins d'Auchy-lès-Hesdin au nord-est, de Grigny au nord-ouest et de Vieil-Hesdin au sud. Hormis l'achat de terres à l'église sainte Gertrude de Grigny (pour des raisons de localisation ?), les religieux séculiers et les nobles préfèrent percevoir des rentes contre leurs possessions. C'est le cas de l'église de Marconne à l'ouest, des églises d'Auchy et de Grigny et d'Isabelle d'Auchy. Les religieux réguliers constituent un cas à part par l'ancienneté de leur implantation qui remonte au haut Moyen Âge et par l'importance de leurs possessions et de leurs droits. C'est ainsi que l'abbaye d'Auchy et le comte d'Artois, trouvent un terrain d'entente : les religieux réguliers renforcent leur temporel sur le terroir de Filièvres, un village voisin sis dans la vallée de la Canche, en échange de leurs nombreuses cessions pour la réserve cynégétique de Robert II. Le comte acquiert ainsi un ensemble d'un seul tenant quoique résolument disparate, puisque comprenant deux manoirs, des droits, des carrières, une pêcherie, des bois, des terres dont des prés, une cressonnière et de nombreuses terres cultivées pour des céréales (blé, avoine) et des légumineuses tels les pois et les vesces.

Le nouvel aménagement des terroirs, qui n'est pas autre chose qu'une ségrégation spatiale, s'organise selon deux voies. La première consiste à aménager les limites du parc par la constitution d'une clôture dont les principaux résultats ont déjà été présentés dans ces pages. La seconde voie de la ségrégation spatiale s'est ouverte par la transformation radicale de l'agro-sylvosystème. Les terres cultivées encloses dans le parc ne sont plus mentionnées dans les textes, sauf peut-être pour nourrir les cervidés, qui parlent désormais des soins apportés aux prés, aux vignes et aux jardins (ADPdeC, A166[4]). L'espace acquis boisé ou non est mis à la disposition des cervidés, des milieux humides servent aux hérons, des zones ouvertes sont dévolues sans doute à des chevaux et assurément aux lapins. À l'intérieur comme à l'extérieur du parc à gibier, des garennes sont créées, des garennières, les « conninières » des textes sont construites pour un important élevage en semi-liberté. Il y a donc une substitution radicale du paysage, passant d'un modèle régional de terroirs agraires avec une diversité sociojuridique à un ensemble aristocratique à dominante cynégétique composé d'accrues, de zones humides et d'espaces jardinés. Cela génère-t-il des mécontentements, voire des oppositions ?

Élément structurant du paysage, le pouvoir comprend plusieurs enjeux dont celui de la lisibilité. Cette lisibilité n'offre pas que des avantages. Le revers de l'éclat du pouvoir étant de cristalliser la contestation à son encontre. Cette situation, bien connue pour les centres urbains des comtés de Flandre et d'Artois, existe également envers les centres de pouvoir ruraux dont l'atteste, encore une fois, le cas de la réserve cynégétique d'Hesdin et de son nouvel aménagement.

Durant les années 1280 et 1300-1306, une série de conflits éclate entre le pouvoir comtal et les villes et aussi entre le comte de Flandre et le roi de France entre 1296 et 1304. C'est précisément après la première séquence conflictuelle que le parc du château d'Hesdin est agrandi à partir de 1293, alors que les dettes du comte d'Artois Robert II sont moins importantes. À partir de 1315, une part de la noblesse du comté se révolte contre la comtesse Mahaut. Je m'attarde à la contestation de la matérialisation des signes du pouvoir comtal, en milieu rural, auquel s'attaquent les nobles et je laisse volontairement de côté les dissensions dynastiques avec son neveu Robert III et l'aspect juridique de cette révolte. Tout d'abord, le pouvoir comtal de créer des garennes est reproché par « les nobles de notre comté… et de pluseurs autres nobles » d'après un document de l'automne 1315. Pour régler le conflit, la même archive précise que la comtesse s'engage à ce que « ne aucune guarenne estoit de nouvel faite que de fust ostée et abatue ». La promesse de supprimer les nouvelles garennes est-elle tenue ou le conflit se déplace-t-il vers les anciennes garennes ? Un texte de l'été

1319 affirme « que se aucuns desdiz nobles a chacié es garennes anciennes de ledicte contesse, elle le porra seur ce approuchier par droit et par loy et emporter tele amende comme elle devra et en ce lesdiz nobles ne mettront force ne empeeschement ». Le litige persiste cependant et la contestation use de violence. Cette fois, la cible est le parc à gibier du complexe palatial d'Hesdin. La communauté du bourg fortifié d'Hesdin (l'actuel Vieil-Hesdin) avec « pluiseurs nobles de le conté d'Artois aviens aouvert le porte que on dist du Val... et les murs de cele closture... ou le plus grant partie d'yceulz avions, avoec les dessusdis [nobles], abatus » d'après une archive datée du 10 novembre 1321.

La contestation porte donc aussi durant les années 1310-1320 sur les réserves cynégétiques des centres ruraux. Elle caractérise une opposition interne qui lutte contre la matérialisation paysagère de la maison d'Artois à partir des garennes et des parcs. On assiste bel et bien à une contestation qui porte sur des enjeux locaux ou microrégionaux, contrairement aux règnes qui suivent puisque le complexe palatial et la réserve cynégétique représentent dorénavant une cible pour les cours royales et ennemies. L'animal et la forêt apparaissent par cette démonstration comme un réel objet d'étude des relations nature/société au travers d'une lecture croisée entre les sciences historiques et les sciences de la nature.

CONCLUSION GÉNÉRALE

…et en extraire la sève nourricière !

Les résultats méthodologiques de l'archéologie forestière

L'archéologie de l'environnement quitte désormais sa phase de décollage : les sujets de recherche se multiplient, les programmes d'étude se constituent et les démarches d'approche se mettent en place progressivement. L'archéologie forestière s'inscrit méthodologiquement dans le cadre plus vaste de l'archéologie du paysage. On peut postuler que l'archéologie du paysage, ici forestier, implique intrinsèquement une réflexion écologique et est ainsi un équivalent de l'expression d'archéologie de l'environnement[46].

Afin d'aborder adéquatement la sylve, l'archéologie forestière doit partager certains postulats de recherche issus de la biogéographie. Niveaux de végétation et distribution floris-

---

[46] Bien qu'il puisse exister des différences d'école face à cette prise de position.

tique, lisières externes et internes, intérieurs et effets de clairière modulent, en effet, le regard de l'archéologue parti à la poursuite d'actions anthropiques et de réactions botanique et zoologique. Il a été choisi d'inscrire les archéologies du paysage et de la forêt au cœur de la démarche écologique. La forêt devient alors un biotope dans lequel l'arbre domine les autres formes de vie végétale. L'homme vient à son tour y moduler les diverses associations et la biodiversité, de sorte qu'il crée des écosystèmes souvent tronqués, mais parfois enrichis. L'archéologie, par l'étude de la distribution des espaces boisés, doit également une fière chandelle à la géographie. Tout d'abord pour la méthode de la multiplication des échelles d'analyse et de leur emboîtement, puis pour les principes d'analyse spatiale. C'est ainsi qu'émerge la notion de micropaysage archéologique et que s'enrichit celle de territoire d'élevage et de chasse, qui se sont jointes aux notions préexistantes de faciès forestier et de système forestier. Je rappelle que les sondages et les fouilles ne visent pas à proprement parler à découvrir un site mais des faits, des structures, des lignes de paysage en relation avec le milieu, qu'ils s'y insèrent, le circonscrivent ou le traversent. Pour cette raison essentielle, sondages et fouilles doivent couvrir les différents archéotopes (ou micropaysages archéologiques) présents. L'archéologie forestière s'éloigne ainsi de l'archéologie du bâti pour se situer résolument dans le champ de l'archéologie agraire de J. Guilaine et de G. Bertrand. Visuellement, le paysage forestier se démarque des autres paysages par sa singularité : imperméabilité au regard, agrégat de verticalités couvrant l'horizon, il est un « code barre » végétal. Cette difficulté, qui est une spécificité supplémentaire, ne doit cependant pas écarter l'intérêt de l'étude iconographique. Des générations d'artistes ou d'enlumineurs ont représenté le milieu forestier sous une multiplicité d'aspects : il ne faut pas négliger et encore moins récuser la kyrielle d'enseignements pouvant décrire certains aspects de la gestion des unités de paysage. S'il existe une démarche culturelle de se représenter à travers l'environnement, il faut toutefois mettre en œuvre une lecture anthropobotanique des sources iconographiques, dont certains linéaments ont été posés dans ce travail.

Les modifications anthropiques de l'écosystème forestier : un objet historique complexe

Grâce au début de rapprochement des sciences naturalistes et historiques durant les années soixante-dix, en France, les « premiers jalons d'une histoire des paysages et de l'environnement » ont pu être posés pour le Moyen Âge, pour reprendre A. Durand. Mais ce qui est vrai au sud de la Loire, ne l'est pas forcément au nord... En effet, cela vaut la peine de rappeler en terminant que les anciens Pays-Bas se caractérisent par une carence nette de travaux d'archéologie forestière à caractère environnemental. Aucune étude d'entomofaune médiévale, de carpologie ou d'anthracologie, deux séries de sondages d'archéologie forestière, trois études palynologiques, quelques rares monographies de massifs et un récent décollage biogéographique pour des époques plus récentes. La recherche est donc pionnière et doit s'adapter face à un tel hiatus qui n'est cependant pas rédhibitoire. En contrepartie, le nord de la France se voit doté, depuis la fin du XIIIe siècle, d'une documentation écrite très riche dont la « substance archéologique » décrivant l'action de l'homme reste véritablement considérable. S'ajoute à cela une densité de population qui marque déjà l'esprit des voyageurs, tel le célèbre abbé de Saint-Denis, Suger, au XIe siècle, et il y a là un potentiel d'archéologie forestière apte à discriminer certains pans de l'action de l'homme en forêt en fonction de l'animal. Maintenant, à partir de l'étude de la chasse et du pâturage, quels sont les résultats concernant l'écosystème, les milieux et les paysages forestiers et tout d'abord le bestiaire zoologique.

La faune forestière. La forêt, en tant que biotope de la faune, est partiellement une construction anthropique. L'homme y ajoute des hôtes, domestiques ou non, diminue la présence de certains indésirables : il se présente comme un régulateur des formes de vie animale. La hiérarchie sociojuridique du Moyen Âge et de la Renaissance se retrouve transposée dans l'agencement des unités de paysages boisés qui sont conçues en fonction de certaines populations animales : l'homme se présente alors comme un régulateur des écosystèmes forestiers. En effet, tout un pan de l'archéologie forestière se comprend sous les aspects de l'élevage et de la chasse. L'étude de ces deux relations à la faune s'avère déterminante pour la compréhension de la genèse et du devenir d'une partie des espaces boisés de cette époque ainsi que de la place de l'animal dans le regard des hommes. On peut s'en convaincre en regardant par exemple le coût financier consacré aux animaux forestiers dans la réserve cynégétique d'Hesdin à partir d'une analyse microhistorique. Les résultats, concernant les animaux favorisés uniquement, sont évalués en deniers pour le terme comptable dit de l'Ascension 1301 (fig. 14). En terme de coût, trois classes se détachent dont une, marginale, varie entre 0 et un peu plus de 1 %. S'y trouvent les furets, qui ne doivent pas être nombreux, le porc sanglier et une classe d'oiseaux de volière, c'est-à-dire une faune nourrie avec des céréales non transformées. La deuxième classe, dont les coûts alimentaires sont inférieurs à 10 % regroupe les oiseaux de volière, nourris au chènevis et deux animaux de ménagerie, le castor et l'ours. Cela coûte trois fois plus cher de subvenir aux besoins nutritionnels de l'ours (6 deniers par jour) qu'à ceux du castor (2 deniers par jour). Si ces deux individus, à eux seuls, procurent plus de dépenses que tous les oiseaux de volière, la réponse est à chercher dans le prix du pain, leur alimentation quotidienne d'après le document d'étude. Mais la ménagerie reste peu onéreuse car à cette période-là elle n'atteint pas la moitié du montant dépensé pour les cerfs. La dernière classe incorpore évidemment les cerfs mais aussi les hérons, dont les frais de nourriture frôlent les 85 % pour cette faune à poil et à plumes. La présence du héron, au premier rang, s'explique d'une part à cause de la cherté de sa nourriture, composée, – sans doute –, à base de poissons, et d'autre part grâce à leur nombre. Mais contrairement au reste de la faune qui se répartit dans des espaces restreints comme une ménagerie, une volière ou une furetterie où l'homme doit absolument nourrir les animaux, les hérons et les cerfs sont en semi-liberté, dans des « pâturages » humides et boisés où l'animal peut quérir par lui-même sa pitance. Ici entre le 3 février et le 11 mai 1301, au sortir de l'hiver et à l'émergence du printemps, l'homme complète au moins la ration alimentaire de ces troupeaux de volatiles et de ces hardes de macrofaunes et peut-être préserve-t-il aussi les repousses forestières de l'abroutissement des cervidés. Par cette analyse financière, il apparaît qu'un animal sort de l'ombre[47] et compose un duo de premier plan dans l'imaginaire forestier médiéval au moins dans la réserve cynégétique du comte d'Artois à Hesdin. Le corollaire de l'importance des activités pastorales et cynégétiques réside dans les structures archéologiques au sein des forêts. Des analyses typologiques ont été dressées ainsi qu'un début de repérage en conjuguant les données textuelles, iconographiques et de terrain : les travaux d'archéologie forestière ne font bel et bien que commencer sur ce thème. Les premiers résultats obtenus dans d'autres régions permettent d'envisager l'avenir sous de bons auspices. Cela est également vrai en ce qui concerne le thème suivant.

Milieux et paysages forestiers. Les milieux forestiers apparaissent particulièrement sensibles aux altérations environnementales ainsi qu'aux efforts de gestion pour leur entretien et leur préservation qui lui sont alternativement administrés par les hommes. Cela a été démontré lors d'une phase séculaire d'altérations des différents niveaux de végétation pendant les XVe et XVIe siècles qui reste tributaire, entre autres facteurs, du pâturage intensif. Les dégâts des pratiques pastorales sylvestres méritent cependant d'être étudiés dans le détail en étoffant d'une part le corpus des textes et en variant sa nature, d'autre part en corrélant les données archéologiques et environnementales. Il serait d'ailleurs judicieux de travailler à partir d'un

---

47 L'importance du héron est aussi perceptible par la présence d'un garde des hérons dans la comptabilité (annexe III).

couple d'animaux « sauvage » et « domestique » qui soit doté d'informations zootechniques sur l'environnement forestier. Le deuxième aspect concerne plus proprement les paysages forestiers. L'archéologie du paysage, au lieu d'apercevoir une forêt d'ordre général qui soit indifférenciée, permet de discriminer des espaces forestiers à partir des aménagements créés par l'homme. Par exemple, entre la fin du XIIIe et le début du XVe siècle, de nouvelles composantes paysagères prennent leur essor : les arbres d'alignement et, dans une moindre mesure, les buissons cynégétiques. S'ajoute aussi une action prégnante de l'homme sur les lisières externes des forêts dont certains éléments apparaissent dans les textes depuis le XIIIe siècle, ce qui constitue une caractéristique des régions de terroirs pleins. Les biogéographes travaillant dans une perspective historique, comme J.-J. Dubois pour la France septentrionale, ont démontré la spécificité et l'intérêt des lisières externes forestières afin d'évaluer l'âge et les variations de superficie en fonction des associations ligneuses et de leur traitement. Cet ouvrage propose de transposer et d'adapter cette démarche aux lisières externes des territoires d'élevage et de chasse dont la réalité paysagère pouvait se décliner sous la forme d'arbres de limite, de haies végétales, de bornes, avec ou sans talus et fossés. Voilà pour la part archéologique des limites forestières. Mais il existe un autre type de zone de contact qui est étudiée ici, soit la clôture des réserves cynégétiques qui se compose matériellement par des palissades et des murs, avec ou sans talus et fossés. Ainsi, se met en place une archéologie des interfaces forestières par l'étude des lisières externes et des clôtures puisque ces dernières constituent, assurément depuis le Moyen Âge, un triple marqueur. Elles sont en effet à la fois un marqueur sociojuridique, économique et territorial. Cette importance multiforme en fait un indicateur de confiance dans une démarche d'archéologie du paysage des milieux forestiers.

L'écosystème forestier. Sans être conceptualisé comme tel entre le XIe et le XVIe siècle, il se conçoit sous des considérations portant sur le milieu physique (sol, humidité, air/vent, altitude principalement), ainsi que sur les organismes vivants qui s'y trouvent ou que l'homme introduit (végétation composée d'herbacées et de mort-bois que dominent les arbres ; animaux sauvages et domestiques, principalement des mammifères et de l'avifaune) et qui interagissent entre eux. C'est un savoir naturaliste essentiellement descriptif et empirique, précurseur dans le lointain de certains aspects seulement de l'écologie scientifique. De nos jours, on remarque notamment l'absence de certaines formes animales (l'entomofaune en particulier) l'ignorance ou la méconnaissance de certains types de relations entre les organismes vivants (symbiose, saprophytisme, parasitisme). Parfois, le décalage épistémologique est immense, comme dans le cas de l'analyse des flux trophiques. Dans les faits, l'action de l'homme sur l'écosystème apparaît importante et diversifiée (fig. 30). Alors que certains niveaux de la végétation sont favorisés telles la futaie et l'herbe, des faciès paysagers sont créés comme la fermeture des lisières externes afin de répondre à la présence d'animaux qui sont introduits en plus grand nombre (pastoralisme intensif) ou introduits pour la première fois (implantation d'animaux exogènes). Pour ces animaux protégés, des « niches anthropogéniques » sont aménagées et l'homme tente de contrôler les flux de la faune par leur capture. De manière synthétique, l'écosystème est reconfiguré dans ses composantes, dans leur distribution et dans leurs relations. Cet écosystème anthropisé peut définitivement être analysé par l'archéologie forestière à partir de ses variations historiques.

Cet ouvrage s'inscrit dans le temps long à l'échelle humaine puisque couvrant un peu plus d'un demi-millénaire (du XIe au XVIe siècle). Les recherches font émerger des formes forestières en relation avec les règles de la propriété foncière de ce temps. Les structures sociojuridiques médiévales permettent d'analyser et de comprendre les paysages forestiers de cette époque. Les garennes, les défens, les parcs, la fermeture des espaces boisés par les lisières externes sont parlants à ce sujet. On pourrait, en l'état, proposer l'esquisse chronologique suivante pour la partie française des anciens Pays-Bas.

Sont constatées l'introduction du lapin, l'émergence des garennes et la constitution de certains types de territoires d'élevage et de chasse dotés de lisières externes fermant les espaces boisés ou ceints de clôtures durant le deuxième quart du XIIIe siècle. À partir de cette date commence justement une période de stabilité du couvert forestier jusqu'au premier quart du XVe siècle. Durant le XIVe siècle, les transferts de macro-faune sont pratiqués à diverses échelles, la charge animale par unité d'espace boisé et l'éthologie des cervidés sont bien observées et décrites sauf exception. Selon les travaux de M. Devèze et de G. Plaisance, qui ont étudié les sources législatives de la moitié septentrionale de la France, une période de dégradation forestière se met en place dans les années vingt du XVe siècle et durant l'ensemble du siècle suivant. Un tel cycle est causé en partie par la pratique de l'élevage intensif en plus d'une demande en bois plus élevée. Les interdictions et les limitations augmentent en nombre dans les sources écrites juridiques afin de freiner les altérations sur la végétation. La région d'étude s'intègre à l'échelle européenne, où des législations sont émises au cours des mêmes siècles afin de préserver la couverture forestière du royaume de France, du duché de Normandie et du royaume d'Angleterre selon R. Bechmann. Toutefois, il n'est pas possible d'avoir une idée précise de la place du pâturage forestier dans ce phénomène faute d'études interdisciplinaires. Les conflits d'usage ont-ils augmenté en nombre entre pratiques pastorales, cynégétiques et demande en bois ? Toujours est-il que ce mouvement de dégradation se caractérise par une préoccupation législative plus marquée et de nouveaux types d'espaces cynégétiques forestiers avec, semble-t-il, une stabilité de l'emprise de la sylve. Phénomène paradoxal ! L'enquête est donc en cours.

Il a été démontré que la notion de forêt en tant que paysage naturel uniquement est remise en cause au point de n'être plus scientifiquement valable. En effet, pour la période étudiée qui va du XIe au XVIe siècle, les milieux forestiers sont aménagés par l'homme, tant sur le plan végétal qu'animal, selon un empirisme propre aux préoccupations et connaissances de ces siècles. Le patrimoine forestier apparaît donc résolument comme un patrimoine mixte, qui est de nos jours un enjeu à la fois des politiques de cartographie archéologique et de l'aménagement du territoire français et européen.

L'homme au cœur des milieux forestiers médiévaux se révèle une quête interdisciplinaire dont l'archéologie retrace l'évolution parfois contrastée des paysages. Même si le nord de la France (en particulier la partie française des anciens Pays-Bas) n'a guère la réputation de posséder un fort potentiel forestier, on peut y voir *a contrario* le signe d'une action de l'homme marquée, d'où son intérêt au moins théorique et ses répercussions méthodologiques. Cette histoire forestière renouvelée par l'archéologie contribue à une histoire des idées et des pratiques dont l'environnement porte encore les marques qui redeviennent progressivement pour la recherche des repères signifiants. La forêt est donc un patrimoine vivant qui, depuis des siècles sinon davantage, se situe résolument à la croisée de la nature et de la culture.

À l'avenir, l'archéologie du paysage doit persévérer dans une démarche à la fois géohistorique et géo-archéologique des interactions homme/nature à partir de l'étude de la chasse et du pâturage et dans leurs représentations respectives. Dans cet ordre d'idée, le Moyen Âge et les débuts de la Renaissance constituent sans doute la période idoine pour la mise en place d'une archéologie historique contribuant à l'histoire de l'environnement. De nombreux aspects, qui ne sont pas des moindres, des dynamiques anthropiques sur les écosystèmes forestiers demeurent inconnus. C. Beck, A. Corvol et R. Delort l'ont signalé, la faune et la flore des périodes historiques nous échappent encore, la physionomie et la topographie forestière également, les zones humides aussi. Sur le plan de la méthode, l'optique interdisciplinaire doit continuer de se développer mais de manière critique et en intégrant de plus en plus la diversité des échelles d'observation comme le préconise G. Bertrand. Au cœur de ce renouvellement de la connaissance et de ce renforcement de l'approche, ce sont les notions de paysage et de territoire qui permettent à l'archéologie forestière d'extraire quelques savoureuses gouttes de sève à cet « environnement sauvage » comme on l'appelait naguère…

POSTFACE

Reprenons cette citation tirée du texte fondateur de Georges Bertrand, pour une histoire écologique de la France rurale (1975) : « *dès le Moyen Âge, le bois, l'herbe, la faune sauvage sont devenus des biens de consommation menacés, de plus en plus rares et précieux que les classes dirigeantes... s'efforcent de contrôler et de confisquer à leur profit et sur lesquels les communautés paysannes... essaient de maintenir des droits d'usage de plus en plus contestés* ». L'ouvrage de François Duceppe-Lamarre a le grand mérite de montrer que, si l'espace forestier n'existe pas en dehors de conditions géographiques naturelles, ces composants naturels sont une réalité vécue au sein des rapports multiformes entre communautés ecclésiastiques, seigneurs, paysans et sylvosystèmes médiévaux. Le deuxième grand mérite de cet ouvrage est de s'écarter délibérément du primat de l'écologie végétale pour traiter de l'évolution historique de la faune, à la fois appauvrie, déséquilibrée et protégée.

L'action de l'homme sur les forêts nordistes en fonction de l'animal revêt donc une importance trop longtemps laissée dans l'ombre par les historiens et les archéologues. Le géographe appréciera tout particulièrement le souci d'une cartographie des types de paysages forestiers qui en découlent, du XIe au XVIe siècle. Certains se lisent encore en filigrane dans le palimpseste des paysages actuels, là où les guerres contemporaines n'ont pas trop marqué le terrain.

C'est sans doute la principale conclusion qui ressort d'une lecture de cet ouvrage original par son parti-pris d'embrasser constamment la réalité écologique et la création humaine. Deux grands modèles de paysages forestiers découlent du sylvopastoralisme médiéval : les futaies de chênes et de hêtres nourricières des porcs, que l'on retrouve en Picardie comme en Hainaut, mais aussi les véritables pâtures boisées pour équins et bovins, marquées par l'importance des sous-bois herbacés. Deux types d'espaces forestiers à vocation cynégétique sont venus s'adjoindre sur le tard aux réserves cynégétiques naturelles : les garennes implantées dans les dunes ou sur les buttes sableuses, les parcs à gibier boisés et clos, où la faune sauvage est élevée en semi-liberté.

Finalement, cet ouvrage révèle ce que bien des naturalistes ont continué trop longtemps à ignorer. Dans le second Moyen Âge, il n'y a plus de forêts naturelles. Dès les XIe-XIIe siècles, les forêts sont domestiquées, à l'image des aménagements hydrauliques en ados de la forêt de Marchiennes, qui expliquent l'existence actuelle des mares intraforestières, source de diversité du vivant. Dès les XIIIe-XIVe siècles, les forêts sont fortement altérées, la charge en animaux dépassant largement le potentiel de régénération. Mais, dans le même temps, les seigneurs créent des paysages nouveaux, où les forêts empiètent sur les champs. Dans un monde plein, la lisière forestière longtemps indécise est circonscrite par une clôture, un mur, une haie tressée ou un buisson cynégétique. En somme, c'est bien de la reconstruction tardive de la forêt nordiste que cet ouvrage nous entretient : une nouvelle posture de la Société en face de la Nature, comme les prémisses de l'écologie moderne.

Jean-Jacques Dubois
Professeur de Géographie
Université des Sciences et Technologies de Lille

ANNEXES

Annexe I : Abbaye de Liessies (document complet, transcription de l'auteur)

Copie d'époque moderne d'une entente entre l'abbé Helgot de Liessies et Jacques comte d'Avesnes, au sujet des droits respectifs de chacun sur les forêts de Féron, de Fourmies, de Fontenelles et de Cartignies. Datation de l'original : 1189. Archives départementales du Nord, 9H635 pièce 1191. Dimensions : 30 x 21,4 cm. Une feuille recto verso de papier. Écriture à l'encre noire, onciale s'inspirant du texte d'origine.

1) Ego Helgotus dei gratia Laetiensis ecclesiae abbas dictus notitiae praesentium et futurorum transmitto, quod Iacobus dominus Avesnensis et ecclesia Laetiensis de quatuor silvis quae erant ipsius ecclesiae sub advocatia domini Avesnensis, in hanc formam concordiae et pacis convenerunt videlicet de Feron et de Formiis, de Fontenellis et de Carteniis. 5) Prius quidem silvas ipsas in xx^{ti} *partes diviserunt, et a Formiis venditionem et succisionem incipiendo vendere aggressi sunt, sicquidem venditione* xx^{ti} *partium ordine suo progrediente, iterum ad primam partem succisio et venditio repetetur, et ita uterque ecclesia scilicet et dominus Avesnensis medietate sua*

aequaliter potietur perpetuo. Et si quolibet casu acciderit quod silva in terram cultam redigatur, quod tamen fieri non potest nisi voluntate domini Avesnensis, garba erit ecclesiae, quia fundus est eius, et vas apum in silva : Venatio autem et volucres rapaces erunt ***10)*** *domini Avesnensis. Et ubicunque intra vel extra sylvam absque damno ipsius sylvae terra arabilis inventa fuerit, aratro subiacebit. Praedictae autem iiii*^{or} *curiae ecclesiae et duae domus domini Avesnensis Anora et Oysis in sylvis territorii sui omnes usus ignis et aedificii habebunt, fago, tilia et fraxino usque ad venditionem intactis* ***15)*** *manentibus : Sola vero quercus et in venditione et in omnibus usibus excipitur. Si autem dominus Avesnensis succiderit aut dederit aut vendere voluerit eandem quercum, ecclesia idem facere poterit. Hoc vero attendendum est quod in unaquaque sextelee per easdem sylvas quinque fagi de melioribus, si inventae fuerint, relinquentur, et de eisdem sylvis neutra pars absque assensu alterius partis dare poterit, et de earundem forisfactis* ***20)*** *et pignoribus aeque portione et bona fide participes erunt. De fraxinis ubicunque fuerint in ipsis sylvis si ecclesia indiguerit libere accipiet, ita tamen ut dominus Avesnensis tantumdem habeat. Custodes sylvae fide et sacramento interposito ab utrave parte statuentur, et emptores sylvae legitimo guionagio soluto per terram domini Auesnensis libere gradientur. In his etiam syluis propria pecora earundem curiarum pascua semper* ***25)*** *habebunt, et primis septem annis sylvae noviter incisae ab omni animalia custodientur. Huius pactionis et concordiae in perpetuum custodiendae testes sunt idem Iacobus et Vvalterus et Iacobus filii eius, Helgotus abbas Laetiensis, et totum capitulum ecclesie, Lambertus abbas Sancti Gisseni, Hubertus Hummolariensis abbas, Fastredus de Flamengerie, Ivo de Cysun, Rogenes de Faiel, Adam de Goi, Haieaus de* ***30)*** *Irun. Arnulphus villicus de Avesnis, Vvalterus Pesire, magister Petrus de templo, magister Obertus capellanus.*
Actum anno Incarnati verbi M° C° LXXX° nono.

Annotations marginales.
a) En tête du document : Copie
b) Ligne 1 : VII [rature] IIe *per libras*
c) Ligne 30 : Huic chirographo sigillum abbatis de conventus ecclesiae laetiensis, ac sigillum Iacobi domini Auesnensis et Guysie appendent.
d) Après le texte : Ce lettriage se poeult mettre en notre langaige vulgaire ainsy.
e) En pied de page : Tournes

Annexe II : Abbaye de Marchiennes (document complet, transcription de l'auteur)

Mandement en forme de charte de l'archiduc d'Autriche et duc de Bourgogne Philippe Ier le Beau (1478-1506), contre les délinquants forestiers des bois de Brullel et d'Abscon qui appartienent à l'abbaye de Marchiennes. Daté d'avril 1501 après Pâques (entre le 12 et le 30 avril 1501). Archives départementales du Nord, 10H51 pièce 850. Dimensions : 43,7 x 53,3 cm. Peau avec une écriture à l'encre brune. Sceau circulaire de cire brune pendant sur lacs de soie rouge et vert représentant l'archiduc à cheval épée au clair, un chien courant entre les jambes du cheval, allant à senestre. Cassé en deux morceaux, ce sceau est conservé quasi intégralement avec au revers un contre-sceau aux armoiries couronnées. Diamètre : 10,7 cm. Les pièces 851 et 852 sont attachées au document.

1) Phelippe, par la grâce de Dieu archiduc d'Austriche, duc de Bourgoingne, de Lothie, de Brabant, d'Estire, de Karinte, de Carviole, de Lembourg, de Luxembourg et d'Egheldrets, conte de Hasborg, de Flandres, de Tyrol, d'Artois, de Bourgoingne, palatin et de Haynneau, Lantgrave d'Elsatie, marquis de Burgouwe et du Saint-Empire, de Hollande, de Zellande, de Ferrette, de Fribourg, de Namur et de Zuytphem, conte, seigneur de Frise sur la Marche [rature] d'Esclavonnie, de Portenauwe, de Salins et de Malines.
Savoir faisons à tous présens et advenir. Nous avoir receu humble supplicacion de noz bien amez en Dieu les religieux abbé et couvent de l'église et abbaye de Marchiennes, scituée et enclavée en notre chastellenie de Lille contenant que entre aultres biens et hitaiges **5)** leur appartiennent d'ancienne fondacion et par admortissement fait au profit de ladite église, pluseurs terres, villes, villages, hameaux assavoir Marchiennes, Beuvry, Le Carnoye, Tilloit, Ere, Ascons, Aniet et Lensauch, tous situez en notredite chastellenie de Lille : en chacun desquelz villages et hameaulx ils ont toute justice et seignourie haulte, moyenne et basse et pour icelle excenter, entretenir et garder, bailly, hommes de fief, et coctiers, mayeur, eschevins, sergens et tous aultres officiers servans au fait de ladite justice et si leur compètent et appartiennent aussi avec lesdits villages et hameaulx dessudits et comme des despendences diceulx plusieurs cens, rentes, revenues,

bois, prez, aunnoys, sauchois, hallotries et aultres arbres qui se coppent par tailles et années selon les eages ordinaires et accoustumez mesmement en l'eschevinage dudit lieu d'Ascons ouquel ilz ont ung bois appellé le bois Bruslel qui se coppe quant à la rappe à **10)** son tour, en six ans et à six fois avec aussi plusieurs hallotries et aultres bois croissans sur les chemins et wairescais dudit lieu d'Ascons et eschevinage d'icellui et combien que selon les prévilleiges que lesdits supplians ont et les anciennes coustumes de tout temps observées par tous les eschevinnages de ladite terre de Marchiennes et aultres leurs terres et seignouries nul ne peult ou doit faire aucunes coppes, chasser ou envoyer leurs bestes pasturer, ne faire aultre dommage quelzconques esdits bois sans le gré, congié, consentement et voulenté desdits suppliants sur paine que à chacune fois que aucuns seroient trouvez avoir fait le contraire, d'en payer pour amende au prouffit diceulx supplians trente solz douysiens qui vallent seullement dix gros de notre monnoye de Flandres avec aussi d'estre tenus de rendre et restituer les dommages et intérestz qui ainsy par eulx ou leursdits bestiaulx seroient faiz et que en ensuivant **15)** ce les échevins dudit lieu d'Ascons ne deussent faire aucune difficulté ou reffus de adiuger lesdites amendes de trente solz douysiens avec la restitucion desdits intérestz toutes les fois qu'ilz en seroient requit et qu'il leur apparistroit desdits dommages et intérestz faiz au préiudice diceulx supplians et de leursdits prévilleiges néantmoingt iceulx eschevins d'Ascons plusieurs fois de ce sommes et requis n'en ont riens voulu faire ains adiugent seullement sur lesdits délinquans et malfaisans au prouffit que dessusdit une amende de dix solz douysiens qui ne vallent que trois gros quatre deniers de notredite monnoye de Flandres au moyen de quoy, et que lesdites amendes sont si petites plusieurs personnes se sont ingérées et avancées et font encoires journellement de plus en plus de copper, sarter, prendre et emporter le bois croissant oudit bois de Bruslel et aultres lieux dessudits mesmement y envoyer leurs bestes pour pasturer et autrement **20)** tout ainsy que se ledit bois fust communaul, tellement que icelluy bois est à présent comme du tout gasté, en ruyne et de petite valleur et prouffit ausdits supplians et ny sauroient iceulx supplians remédier tant à cause de ce que lesdites amendes sont si petites comme dit est comme aussi parce que ledit bois de Bruslel est longtain de deux lieues ou plus de ladicte église de Marciennes, pourquoy ilz n'y pevent avoir le regard à leur très grant regrert, intérest et dommage et plus sera se par nous n'est sur ce pourveu si comme ilz dient dont actendu ce qui dit est ilz nous ont très humblement supplié et requis. Mesmement qu'il nous plaise leur octroyer et accorder par forme de chartre et prévilleige perpétuel que d'ores en avant toutes les fois que aucuns seront trouvez avoir fait aucun mal ou dommage es bois dessus déclairez par l'un des moyens dessusdis qu'ilz escherront en ladite amende de trente solz douysiens avec la restitucion des intérestz et que icelle amende sera sur eulx adiugée, ainsi qu'il appartient et selon que es aultres lieux de ladite terre de Marchiennes est accoustumé de faire et sur ce leur faire expédier noz lettres patentes en tel cas pertinentes. Pour ce est-il que nous ces choses considérées et sur icelles en l'advis des lieutenants de notre gouverneur substitud du procureur et aultres noz officiers de ladite gouvernance de Lille à Douay, veues aussi en notre conseil les informacions sur ce faictes par notre ordonnance par lesdits officiers avons par la délibéracion de noz très chier et féaulx les chancellier, et gens de notre grant conseil ordonne, statue et déclare et de notre certaine science, autorité et plaine [sic] puissance, ordonnons, statuons et déclairons par forme de chartre et prévillège par ces présentes que d'ores en avant toutes et quanteffois, que aucuns quelz qu'ilz soyent seront trouvez et appréhender ou attains d'avoir fait auccun dommage esdits bois de Bruslel, ou es hallotries, sauchois et aultres arbres croissans et appartenans ausdits supplians par coppe, charterie, emportage et pasturage de leurs bestes ou autrement en quelconque manière que ce soit, iceulx délinquans escherront en amende et fourferont envers et au prouffit d'iceulx supplians lesdits trente solz douysiens dessusdit déclairez qui vallent dix gros de notredite monnoye de Flandres au lieu desdits dix sols douysiens valissans trois gros quatre deniers monnoye dicte et seront avec ce tenuz et contrains de rendre et restituer lesdits dommages et intéreste qui par eulx ainsi seront faiz esdits bois esquelles amendes et forfaictures ils seront condempnez et adiugées par lesdits échevins d'Ascon et aultres qu'il appartiend touteffois que requis en seront et qu'il leur apperra desdits dommages faiz par le rapport et affirmacion des sergens et aultres officiers desdits supplians ou auttrement deirement tout ainsis et par la forme et manière que font et ont accoustume faire, en semblables cas et amendes les officiers desdits supplians en leurs aultres terres et seignourie cy-dessus déclarées en vertu de certains prévillèges à eulx par ci-devant donnez et octroyez par feux noz prédécesseurs et que Dieu absoille ausquelz eschevins dudit lieu d'Ascons présens et advenir et autres qu'il appartient, mandons par cesdites présentes que ainsi le facent sans porter faveur ou dissimulacion quelzconques le tout jusques à notre rappel. Si donnons en mandement à nosdit chancellier, gent de notre grans conseil,

gouverneur de Lille, Douay et Orchies, bailly dudit Douay et à tout noz aultres justiciers et officiers quelzconques leurs lieuxtenans et chacun d'eulx en droit, loy et si comme à luy appartiend que ceste notre présente ordonnance et déclaracion ilz publient et facent publier chacun es méctez de leurs offices ou besoing sera et requis en seront et icelle notre ordonnance **40)** et tout le contenu selon et par la forme et manière que dit est, ilz entretiennent, gardent et observent, et facent entretenir, garder et observer, inviolablement et estroictement sans au contraire faire ou aller ne souffrir estre fait ou allé ores ne pour le temps advenir, en manière quelzconques, car ainsi nous plaist-il estre fait. Et afin que ce soit chose ferme et estable à tousiours nous avons fait mectre notre scel à ces présentes.
Saulf en aultres chose notre droit et l'autruy en toutes. Donné en notre ville de Bruges ou mois d'avril l'an de grâce mil cincq cens et ung, après Pasques.

Annotations marginales :
a) Sur le pli : Par monseigneur l'archiduc à la relation du conseil.
b) Bas : Signature.

Annexe III : Comptabilité d'Artois (extraits, transcription de l'auteur)

Compte du bailliage d'Hesdin par Robert du Plaissié, bailli d'Hesdin. Rouleau de compte complet avec des traits de lignes pour le texte. Datation : Ascension 1301 (3 février au 11 mai 1301). Archives départementales du Pas-de-Calais, A166^{4}. Dim. : 31,9 x 153,2 cm. Composé de trois peaux. Document en français, encre noire. Annotation au verso au pied du rouleau, en latin, dont le texte se lit comme suit : *Compotus domini Robertus de Plesseyo, militis, baillivi Hisdinensis de termine Ascensionis Anno millesimo trecentesimo primo.*

(§ 1) Chest comtes monseigneur Robert du Plaissié, chevalier, bailliu de Hesding. Fais l'an de grasce mil CCC et I, du terme del'Ascention.
(§ 2) Somme de rentes en deniers : II^{C}IIII^{XX}V livres XI sous.
(§ 3) Somme des bos vendu : III^{C}IIII^{XX}VIII livres IIII sous IIII deniers.
(§ 7) Somme de gros esplois : IIII^{XX}II livres XVI sous VI deniers.
(§ 8) Somme de menus esplois : XXIII livres IIII sous X deniers.
(§ 9) Somme de toute recoite : VIII^{C}IX livres XI sous VIII deniers.
(§ 10) Somme de gages, fiés et aumosnes : IX^{XX}XI livres XVII sous IIII deniers.
(§ 11) Somme : IIII^{XX}V livres XIIII sous X deniers [ce montant est totalement raturé].
(§ 12) Somme : LIII livres XVI sous II deniers [ce montant est totalement raturé et suivi d'un autre]. **Somme de despens de baillie :** VI^{XX}XIX livres XI sous I denier.
(§ 13) Et pour œuvres faites ou chastel et ou parch de Hesding dont il a conté particulèrement en I autre rolle : IIII^{C}XVII livres XII sous IIII deniers.
Somme de tous despens et œuvres : VII^{C}XLIX livres et X deniers.
Einsi demeure que li baillis doit de ce conte : LX livres X sous X deniers.
De ce a paié li baillis en la main monseigneur par les lettres dou seel secré monseigneur faites le jour de la Nativité Saint-Jehan Baptiste C et I livres.
Einsi doit on au bailly de ce conte IIII^{XX}IX livres IX sous I denier.
Est [sic] il doit d'avoine V sestiers et demi et III boistiers d'avoine.

(§ 2) Item pour IIII^{C} de connins vendus devant le Toussains X deniers le connin et pour VI^{C} vendus depuis le Toussains XII deniers le connin, dont on rabat IIII connins au C : XLVIII livres XV sous. Item pour LXIX connins que li baillius a euus : LXIX sous.

(§ 10) Item pour les gages Olivier le veneur par tel terme : II sous VI deniers pour iour : XVI livres XVII sous VI deniers tournois. Item audit Olivier pour le tierch de X livres que monsieur li a donné outre ses gages, LXVI sous VIII deniers. Item pour les gages Remont, sergant à cheval des bois par tel terme II sous par iour : XIII livres X sous. Item pour les gages Colart, garde du marés pour cel terme XII deniers pour iour : VI livres XV sous. Item pour les gages Phelippe le portier, par tel terme VIII deniers par iour : IIII livres X sous. Item audit Phelippe du don monsieur LX sous à chest conte. Item pour les gages Guillaume, neveu Olivier, sergant as bos par tel terme VIII deniers pour iour : IIII livres X sous. … Item pour les gages Estevenon, garde des yaues et sergant as bos par tel terme XII deniers pour iour : VII livres VII deniers. … Item pour les gages Clabaut le veneur par tel terme VIII deniers pour iour : IIII livres X sous. … Item à bouchier pour XX livres de rente à vie que monsieur li a donné à prendre sour le prévosté de Hesding à II termes : X livres à chest conte.

(§ 11) Despens de baillie. A Clabaut par VIII chiens quil tient pour les goupiex des octaves de le Chandeleur iusques au iour Saint-Iehan par VI^{XX}XV iors II deniers par ior pour chien : IX livres. A Clabaut le braconnier pour IIII chiens quil garde au commant monsieur, des octaves de le Chandelier iusques au iour Saint-Iehan Baptiste par VI^{XX}XV iours II deniers par iour pour chien : VIII livres X sous. Item pour le pain à l'ours par cel terme VI deniers par iour : LXVII sous VI deniers. Item par le pain à la bièvre par tel terme II deniers par iour : XXII sous VI deniers. Item pour le peuture des hairons par tel terme IIII sous VI deniers par iour : XXX livres VII sous VI deniers. Item pour les gages du garde des hairons par tel terme, VI deniers tournois par iour : LXVII sous VI deniers valent à parisis : LIIII sous. Item pour I sestier et I boistelé de blé pour le porc sangler : VIII sous VI deniers. … Item pour III mencaus de canewis acheté à Boeusi pour les oiseles que Colars Cardons fist venir : XXII sous VI deniers. Item pour autres VII boistelés de canewis acetés à Hesding pour les oiseles : VI sous VII deniers. … Item pour char de chevaus acetée à Cachemarée pour faire amorsé as leus : XXI sous VI deniers. … Item à Iehan et Volant qui prist I ostoir en le forest qui fu porté à monsieur : LX sous. Item audit Iehanet pour ses despens du porter à monsieur : VI sous. … Item pour III mines de blé as oiseles : XV sous. Item pour mener III des grans chevaus monsieur à Damfront pour saillir les iumens : IIII livres. … Item à Brillart pour aller querre les cacheurs des loutres : XX deniers. Item pour les II caceurs de loutres pour leur despens par IIII iours, chacun VIII deniers par iour : V sous IIII deniers. Item pour le pain à leurs chiens par ches IIII iours : V sous IIII deniers. Item pour II loutres quil prirent ou parc : XVI sous III deniers. Item pour affourrer les cers ou parc depuis le Chandelier baillié par la main Perrot le vissatier et Lorin : LXVIII sous. Item au prévost de Saint-Martin pour $\mathrm{XVI}^{\mathrm{C}}$ et demi de vèche prise pour les chers, VIII sous le C : VI livres XII sous. Item à Colart du marés pour I^{M} et demi C de vèche prise pour lesdis cers, X sous le C, rendu as loges : CV sous.

(§ 12) Item mises par Colart du marés. … Item pour I caler au mastin du marés : XII deniers. Item pour le pain du mastin par $\mathrm{VI}^{\mathrm{XX}}$ et onze iours, III deniers par iour : XXXIII sous IX deniers. … Item à Thumas du pont pour amener le bos de le tere Troisson et de l'annoi du bos as escouffles pour faire les sois des gardings desous et desseus pour se charete à II chevaus par XXIIII iours, IIII sous par iour : IIII livres XVI sous.
Item mises par le bailliu pour VII hommes qui ont aidié à harier as blariaus chascuns I iour : IIII sous. Item à Olivier pour XI chiens quil a gardé des octaves de la Chandelier iusques au iour Saint-Iehan par $\mathrm{VI}^{\mathrm{XX}}$XV iours, II deniers par iour pour chien : XII livres VII sous VI deniers. Item pour IIII lévriers quil a gardé des octaves de le Chandelier iusques au mardi de le semaine penense [sic] qui sont XLVII iours, III deniers par iour pour lévrier : XLVII sous. Item pour II lévriers qui vindrent de Damfront du iour Saint-Perre en yver iusques au iour Saint-Iehan par $\mathrm{VI}^{\mathrm{XX}}$II iours, III deniers par iour pour lévrier : LXI sous. Item pour lait à fuirons de che terme : IIII sous. … Item à Engerran, sergant des bos pour une cote gamboisie pour ce quil n'en eut nule quant li autre les eurent : XXX sous. Item à Geuffroi le lacheur pour refaire XII peniaus à connins : IX sous. Item pour la fachon de XLVIII roiseus à goupiex : XXIIII sous. Item à Geuffroi le lacheur pour faire les rois as connins : XII sous [phrase raturée]. …

Annexe IV : Comptabilité du Hainaut (extraits, transcription de l'auteur)

Comptabilité des bois du Hainaut avec insistance pour le massif forestier de Mormal. Daté du 1er sept. 1406 au 1er sept. 1407. Archives départementales du Nord, B10649. Registre de peau comprenant 37 folios non numérotés. Dimensions : 28,3 x 20,4 cm. Écriture utilisant une onciale à l'encre noire. La somme des mises s'élève à 844 livres 18 sous 5 deniers, celle des recettes à 791 livres 6 sous 10 deniers et le solde représente une dette de 53 livres 11 sous 7 deniers.

(f°1 r°) M IIII^{C} VII.
Comptes de noble homme, Jacque de Floion, clamer baillieu des bos de Haynnau, depuis le premier jour dou mois de septembre l'an quatre cens et sys jusques au premier jour dou mois de septembre enssuiant l'an quatre cens et siept. C'est par le tierme de un an enthir.
Pour le court.

[RECETTES]
I. Recepte d'argent… de le foriest de Mourmail et d'aultre bos environ : XVI livres XVII sous.
II. Encore recepte d'argent… de le foriest de Vicongne et des bos environ : XIII livres XI sous.
III. Item recepte d'argent… de le foriest de Mons et des bos environ : XXIIII livres XV sous IX deniers.
IV. Encore recepte d'argent… des bos d'enthour Ath : LV sous.
V. Encore esplois de le foriest de Mourmail et des bos environ : LI livres V sous VI deniers.
VI. Encore esplois de le foriest de Vicongne et des bos environ : IIII^{XX}IIII livres XIII sous II deniers.
VII. Encore esplois de le foriest de Mons et des bos environ : IIII^{XX}V livres XV sous X deniers.
VIII. Encore explois des bos d'enthour Ath : CXI livres XIII sous VII deniers.
Toute somme de le recepte d'argent de ces p(rése)ns comptes : VII^{C}IIII^{XX}XI livres VI sous X deniers.

[DEPENSES]
I. Mises d'argent… : CIIII^{XX}V livres XIIII sous V deniers.
II. Waiges d'argent… de le foriest de Mourmail… : CIIII^{XX}IX livres VIII sous.
III. Aultres mises pour les waiges… de le foriest de Vicongne : XXXII livres II sous IX deniers.
IV. Aultres mises pour les waiges… de le foriest de Mons : CIIII livres IX sous.
V. Aultres mises pour les waiges… des bos d'enthour Ath : XXIX livres XIII deniers.
VI. Aultres mises d'argent délivrées en l'année de cest compte pour frais de cacheries et aultres parties ainschi chi apriès s'enssieult : II^{C}XVII livres VIII sous I denier.
VII. Ouvraiges et aultres parties : LIIII livres VIII sous IX deniers.
VIII. Communes mises : XXXII livres VI sous IIII deniers.
Toute somme… : VIII^{C}XLIIII livres XVIII sous V deniers tournois.
Et li recepte… : VII^{C}IIII^{XX}XI livres VI sous X deniers.
Ainsi appert que les mises montent plus que li recepte monnoie ditte : LIII livres XI sous VII deniers tournois.

(V. f°11 v°) De Jehan de le Petite court demorans au foyaul dampt [sic, lire Dampiere] Alard liquels I jour qui passés est avoit vendut à Colart Conneriel demorans à Noyelle le somme de XXXVIII pourchiaulx ou environ que il avoit en paisson en le petite faingne de Trellon, lesquels pourchiaulx lidis petite court debvoit faire warder jusques en fin de leditte paisson. Si fu que lidis Petitte court en chou meux de petit advis vendi aucunne partie d'iceulx pourchiaulx et en ce lieu il restaubli sans le seubt doudit Conneriel aultres pourchiaux de même pris lequeil cose vint à le cougnissanche dou baillieu des bos. Et pourtant lidis de le Petite court en fu callengiés au command doudit baillieu par Jehan le thieullieur, siergant. Et dou fait, fait juiste ymfonrmation par lequeille lidis de le petite court fu trouvés couppables. Et pour celui meffait fu composés apriès ce que fait eubt restitution audit Conneriel de sen marquiet que emfraint avoit par le manière que dit est. En XXVIII couronnes dou Roy qui vallent à XXX sous le pièche : XLII livres.

(VI. f°27 r°) A Pierart Broustart, corduwannier, demorans en Vallenchiennes pour VIII paires de sollers pris à lui liqueil furent delivret as bracquemers et varlés des biautres ou terme que il cahièrent as pors en le foriest de Vicongne. Et avoecq pour cuir qui fu employés à faire collers pour les biautrez, monte li somme compté par Willemet de Somaing : XLVI sous.

(VI. f°27 v°) Pour despens fais par Jacque de Floyon, baillieu des bos et ses chevaux en le maison le maurée à Comdet ou mois d'apvril l'an IIII^{C} et VII pour le racach des chierfs dou bos de Comdeit et d'aultres bos environ recachier en le foriest. Se y furent Willemes de Sonmaing et ses chevaux, trois sergans de Vicoingne et leur chevaux, li bracquemers, chiens et lévriers de monsseigneur le ducq, li bracquemers, chiens et lévriers de Gonmegnies et li bracqueners [sic], chiens et lévriers d'Ath. Montent li despens pour le tierme de II jours pour lesdis bracquemers, chiens et lévriers doudit Willemet de Sonmaing, des siergans et leur chevaux : VII livres VIII sous IX deniers.

(VI. f°28 r°) Audit Simon le queux pour despens fais en se maison par le tierme de XX jours ou mois d'aoust l'an IIII^{C} et VII par Thiery de Marsen, boutillier, Willemet de Sonmaing et leurs chevaux, Andrieu Pronnier, sen cheval, Watelet dou Puch et Gilot Wibaille qui menoient les chiens de sancq de monsseigneur le ducq ouquel tierme il conquisent au traire XI chierfs. Monte li somme : XIX livres X sous.

(VI. f°28 v°) Pour oteil fais en le maison doudit maieur [d'Englefontaine] par ledit Collenare, lui, III^{C} et les chiens de madame, lendemain dou jour Saint-Andrieu qu'il avoit estet sur le foriest pour les renars et taissons. Monte li somme : VIII sous IX deniers.
(VI. f°28 v°) Pour otel fais en le maison doudit de Bousies par ledit Collenare, lui, IIII^{C}, les lévriers et chiens de madame, le lundi apriès les Rois. Et adont avoient pris I renart en vie qui fu portés à monsseigneur de Touraines et à madame. Monte li somme : XI sous VI deniers.

(VI. f°29 r°) Pour despens fais en le maison doudit maieur à Engleffontaine, le miercquedi prochain devant le Saint-Pol, par Willemet de Sonmaing qui adont avoit trait pour les bisses en le foriest par ledit Collenare et II varlés qui menoient les chiens de sancq de madame. Monte li somme : XVIII sous IX deniers.
(VI. f°29 r°) Pour oteil fais en le maison doudit maieur par Willemet de Sonmaing, sen cheval, aucuns siergans de Mourmail, leur chevaux, les bracquemers, kiens et lévriers de monsseigneur le ducq, les bracquemers, chiens et lévriers de Gonmegnies, qui le nuit de may

l'an IIII^{C} et VII retournèrent oudit hostel. Et adont on fu brisier le haie de Fontaines et le bos de Bousies. Monte li somme : XXXIIII sous IIII deniers.

(VI. f°29 v°) Pour otels frais fais en le maison ledit Jehan de Bousies le samedi prochain devant le jour Saint-Jehan-Baptixte et lendemain doudit jour Saint-Jehan, par Willemet de Sonmaing, Jacquemart Pottier, Collenare et pluisseurs aultres compaignons. Et avoecq les lévriers de monsseigneur le ducq et adont furent rawarder pour les chierfs sur les camps de Engleffontaine et de Roccourt. Monte li somme pour celui tierme : XVIII sous.

(VI. f°29 v°) Pour oteil fais en le maison doudit de Bousies, lendemain dou jour Saint-Piere et Saint-Paul par ledit Willemeit de Sonmaing, les bracqueners [sic] et lévriers dessusdis. Et adont prisent I cerf au rawarder qui fu envoyés à court. Monte li somme : XIII sous IIII deniers.

(VI. f°29 v°) Pour otel fais en le maison doudit de Bousies le sabmedi [sic] prochain devant le jour de le Magdelaine par ledit Willemet de Sonmaing, Jacquemart Pottier, Collenare et pluisseurs aultres compaignons. Et avoecq les lévriers de monsseigneur le ducq et adont prisent I chierf ou buisson de Roccourt qui envoyés fu à court. Montent li despens pour tant qu'il demorèrent le nuit : XVI sous VIII deniers.

(VI. f°30 r°) Pour otel frais fais en le maison doudit Jehan de Bousies, maieur d'Engleffontaines, le nuit Saint-Christofre que li bracquemer dessusdit et li chien et lévrier de monsseigneur le ducq furent cachier ou bos le Borgne, ou bosquet de Robiersart et ou buisson de Rocourt. Montent : XIIII sous VIII deniers.

(VI. f°30 r°) A Jehan le Waite demorans à Robiersart pour despens fais en se maison tant par Willemet de Sonmaing, les bracquemers, chiens et lévriers de monsseigneur le ducq comme de Gonmegnies, tant le nuit de may que on fu brisier le haie de Fontaines et les bos de Bousies, comme le nuit Saint-Christofre que il cachièrent ou bos le Borgne et ou bosquet de Robiertsart. Monte li somme : XXXVIII sous IIII deniers.

(VI. f°30 v°) Pour despens fais par Estienene Huppart, Willemet de Sonmaing et leur chevaux et VI ouvriers fais ou mois d'aoust l'an IIII^{C} et VI pour aller viseter le haye dou Ferchnel, pour ycelle faire réparer et remettre en estat. Monte li somme par III jours qui oublyé fu à compter par les comptes précédens doudit offisce : LXV sous.

(VI. f°31 r°) A Martin Warnet, hoste à Vymy dales Mons pour despens fais en se maison par les bracquemers, chiens et lévriers de monsseigneur le ducq, les bracquemers, chiens et lévriers de madame la ducesse, les bracquemers, chiens et lévriers de Lens, chiaux dou Ruelx, les monsseigneurs le bailli de Haynnau, de Soingnies, de Saint-Denis et de Biaurien par V jours ou mois d'aoust l'an IIII^C et VII. Et adont cacha madame la ducesse en Popiomont, en gard de Mons, en Robinsart et es bos de Saint-Denis. Monte li despens comptet par Willemet de Sonmaing et paiiés par ledit lieutenant à Mons : XXIII livres XIII sous IIII deniers.

(VI. f°31 v°) A Martin Warnet demorans à Vimy pour despens fais par Willemet de Sonmaing et sen cheval, Gillot Wibaille et les chiens de sancq de monsseigneur le ducq fais par IIII jours en le darraine sepmaine dou mois d'aoust de ce compte que il fu sur le foriest de Mons dou command de madame la ducesse pour traire as chierfs. Monte li somme : XL sous.
(VI. f°31 v°) A Melscior, cabareteur demorans à Mons, pour sen cheval que Estienenes Huppars eubt par III jours al aler viseter le haie dou Ferchnel : X sous VI deniers.
(VI. f°31 v°) Pour despens fais au Loscignot tant en le maison Maigne Nagle comme en le maison Gille Wibaille par pluisseurs fois que li bracquemer de monsseigneur le ducq et de ma dame, leur chien et lévrier y ont retournet en l'année de cest compte tant en allant au bos Saint-Humbert, à haies de Mastaing, comme au raward pour les chierfs en le haie d'Avesnes, auquel rawart il prisent III chierfs qui menet furent à court par le harnas de Renalfolie. Monte li somme : LXI sous VI deniers.

(VII. f°33 v°) Audit Jehan le Pot pour avoir desplantet, replantet et relattet XVIII^C de pels à paulfis dou bos de le porquerie à VI sous VI deniers le cent sont : CXVII sous.
(VII. f°33 v°) Pour V milliers et demi de claux de X livres pris tant au Quesnoit comme à Berlaimont liquel ont esté mis en oevre as réparations des paulfis devantdis. Faire à XI sous VI deniers le millier sont : LXIII sous III deniers.
(VII. f°33 v°) A Colart de Belegnies pour demi ^C de latte d'ausne qui a estet employé à clauwée les paulfis de Gerlontrau : IX sous.

(VII. f°34 r°) A Hostelet Brissot demorans à Miecquegnies pour le fachon de IIII^{C} demi de pels de kayne lesquels il planta et latta as paulfis de Gerlontrau à XIII sous le cent sont : LVIII sous VI deniers.

(VII. f°34 r°) Audit Hostelet pour I cent de pels mouvans desdis paulfis avoir desplantés, reswisiés, replantés et relattés : VI sous VI deniers.

(VII. f°34 r°) Pour XLIII^{C} de claux de X livres qui ont estet mis en œuvre à clauwer les paufis devantdis comme ailleurs asdis paulfis ou mestiers estoit à XIII deniers le cent sont : XIX sous VI deniers.

(VII. f°34 r°) A Jehan Lalard dou Quesnoit délivret ou mois de julle de cest compte pour aucuns manouvriers qui ouvret avoient à le fontaine au truyliaul en Mourmaol dou command madame la ducesse. Monte li somme : XXX sous.

(VII. f°34 r°) A Labouriaul, esquareur demorans à Englefontaines, pour XIIII pièches de gros bos avoir esquaret en pluiseurs lieux en le foriest liquels a estet mis en oevre par Jehan Alauannie, carpentier, à l'ordennance de leditte fontaine et pour III jours avoir aidiet à quierquier celui bos sur le harnas qui le mena à le fontainne : XL sous.

(VII. f°34 v°) Pour le réparation de le haye dou Quaisne à le batte de le haie des Conchinx et de le haie dou mont d'Aisin donnet as ouvriers qui chou fisent pour les despens diaux : LXV sous VI deniers.

(VIII. f°35 r°) A Jehan le Pot demorans à Sassegnies, pour I hostoir que il prist en le foriest de Mourmail ou mois de octobre de cest compte, liquels fu délivrés à madame la ducesse. Paiiet et plus ne monte VI livres blans qui vallent tournois VI livres VIII sous VII deniers.

LEXIQUE

Ce lexique est issu de la rencontre entre l'archéologie et l'histoire d'une part, avec l'écologie et la biogéographie d'autre part.

Accrue, accrues : Buissons, puis bois qui se développent naturellement en bordure extérieure des forêts dans les champs et les prés et s'étendent progressivement, ou alors en bordure des cours d'eau dont le lit se déplace.

Acours : Les endroits découverts et d'un parcours facile, vers lesquels on dirige le gibier, afin qu'il puisse facilement y être atteint par les laisses de lévriers ou par les hardes de chiens qu'on y a préalablement disposées. Plusieurs auteurs [des XVIIIe et XIXe siècles] signalent que les accours sont des plaines situées entre deux bois.

Agrosystème : Correspond à la destruction des équilibres naturels et à leur remplacement par des équilibres secondaires, instables, directement liés au type et au rythme de la mise en valeur par l'homme. Il comprend les espaces boisés et les non boisés, les eaux courantes et stagnantes en plus de leurs interfaces respectives.

Ambiance forestière : Ensemble des conditions écologiques liées à la forêt, d'autant plus marquée qu'elle est plus fermée : ralentissement du vent, état hygrométrique plus élevé, oscillations thermiques plus faibles, températures moyennes plus basses, etc.

L'ambiance forestière est sujette aux modifications par l'homme dans le temps quant aux peuplements, traitements forestiers, etc.

Aménagement : Consiste en la réglementation des opérations culturales et d'exploitation en vue de donner au bénéficiaire un revenu annuel soutenu. En général, la superficie de la propriété forestière est divisée en un certain nombre de coupes (secteurs de forêt). Chaque année, on coupe ou on récolte dans une ou plusieurs coupes selon un plan à long terme (plan d'aménagement, règlement d'exploitation). Au sens étroit habituel des forestiers, comprend l'ensemble des règles d'exploitation précisant la date, la nature, le lieu et la quotité des coupes de bois. Compris dans un sens large, soit sous l'angle de l'archéologie forestière, l'aménagement correspond aux modifications par l'homme du milieu forestier.

Anthropisation (ou humanisation) : L'anthropisation définit la place de l'homme dans les écosystèmes qu'il fréquente et module (construction, altération).

Anthropobotanique : Aussi appelée ethnobotanique par J. Guilaine. Domaine de recherche consacré aux relations entre l'homme et la végétation à travers le temps et l'espace.

Anthropozoologie : Étude des relations entre l'homme et l'animal à travers les facteurs temps et espace. Terme utilisé par F. Poplin dont l'équivalent est l'ethnozoologie de J. Guilaine.

Arbre : Végétal ligneux dépassant généralement 6 mètres de haut, à tige simple formant un tronc et surmonté d'une cime ramifiée. Élément végétal essentiel de la forêt.

Archéologie forestière : Domaine de l'archéologie du paysage qui étudie les milieux forestiers de façon synchrone avec les modifications humaines qui y sont portées. Pour des raisons logistiques uniquement, elle comprend également les vestiges qui ne furent pas implantés dans ce type de milieu mais qui s'y retrouvent au moment où sont effectuées les recherches. Le premier niveau d'analyse en archéologie forestière est constitué par l'archéotope. Avant le sylvofaciès, qui correspond à une approche locale, l'archéotope est une approche microlocale. Il englobe la notion de site archéologique dans ses relations avec le milieu en plus d'inclure tout procédé anthropique altérant de quelque manière que ce soit l'environnement (gestion des ressources, aménagements des limites, créations d'unités de paysages...). C'est donc une archéologie de paysage non coupée de son milieu d'étude, interdisciplinaire et dotée de plusieurs échelles de réflexion.

Archéozoologie : Aussi dénommée zooarchéologie par certains auteurs. Spécialité archéologique dont l'étude des relations homme/ animal passe par l'analyse des restes animaux, surtout osseux ainsi que par leur distribution. L'archéozoologie cherche actuellement à étendre son corpus de travail aux sources écrites. Dans une perspective environnementale, l'archéozoologie est l'étude des relations entre l'homme et l'animal en fonction du milieu d'étude.

Beste : Désigne principalement le gibier qui est classé en plusieurs catégories. Les grosses bestes : le cerf, le daim, le chevreuil, le sanglier, l'ours, le loup ; menues bestes : le lièvre, le lapin, la loutre, le blaireau, le chat sauvage ; bestes rousses ou bêtes fauves : le cerf, la biche, le daim, le chevreuil et le lièvre ; bestes noires : le sanglier, la laie et leurs petits ; bestes mordanz : le sanglier, la laie, le loup, le renard, la loutre, l'ours ; puantes bestes : le sanglier, la laie, le loup, le renard, la loutre, le blaireau.

Biogéographie : Étude de la distribution des êtres vivants dans l'espace à la surface du globe.

Biotope : Station particulière. Ensemble des facteurs physiques et chimiques du milieu de vie d'une espèce : essentiellement sol et climat.

Bocage : Région où les champs et les prés sont enclos parfois par des levées de terre portant des haies ou des rangées d'arbres, et où l'habitat est souvent dispersé généralement en fermes et en hameaux. Petit bois touffu et agréable ; en général il est naturel, tandis que le bosquet a été embelli artificiellement.

Bois : D'abord « groupes d'arbres », puis « petite forêt » ; évoque l'idée d'un peuplement plus clair, plus agréable, moins étendu qu'une forêt ; la notion est moins précise, elle englobe des formes plus variables, plus ou moins dégradées. Élément essentiel de toute seigneurie foncière. Le matériau bois est, avec la chasse, le produit de la forêt qui constitue souvent la plus grande partie de la réserve seigneuriale. Un bois défensable est un bois ouvert aux usagers, en particulier aux divers pâturages (suffisamment âgé et en bon état). Un bois en défends ou en défens est un bois mis en réserve (ni coupe, ni paisson). Interdiction de pâturage, coupe, exercice de divers droits d'usage.

Brisiée : Branche brisée pour indiquer la voie de l'animal poursuivi.

Brogilus, broglius, broilus, broill-, broll-, brugil-, bruil-,bruill-, bruel, bruell-, bruol-, brul-, brull-, -um, -ius, -ium, broil, broeil, broel, broal, brueil, bruel, breuil, breul, breil, briel, bril, bruil, brul : Les définitions sont nombreuses. Bois clos. Bois taillis. Bois marmentaux. Pré, pâturage (résultant d'un déboisement ?). Bois, forêt, taillis, fourré, buisson, parc dans lequel on enfermait des bêtes fauves. Breuil est resté un terme d'eaux et forêts désignant un bois taillis ou des buissons fermés de haies servant de retraite aux animaux. Breuil, parc clôturé servant de remise, de réserve de gibier. Herbage enclos pour les chevaux et les bêtes de somme, faisant partie de la réserve seigneuriale. Le breuil est la graphie savante et l'équivalent paysager du parc à gibier du Moyen Âge classique. Son origine terminologique remonte à la culture celtique ou aux langes germaniques alors que son usage est en déclin à partir du XIe siècle au profit du parc. Exemple : le breuil urbain de l'évêché d'Arras.

Brunir la teste : Frotter la tête, après qu'elle a été frayée et la peau qui la couvrait pendant sa croissance enlevée, dans l'argile, les places à charbon ou contre les arbres. Voir charbonnière.

Buisson : Canton de bois. Prendre son buisson, se retirer dans le fourré. S'en venir hors du buisson, sortir du fourré. Arbrisseau. Les formations buissonneuses font partie intégrante des tactiques de chasse en milieu forestier que décrivent les traités de vénerie des XIVe et XVe siècles. Ces dernières sont donc favorisées et parfois aménagées de haies cynégétiques.

Canton : Portion de forêt identifiée par un microtoponyme. Bien que l'extension des cantons ait subi des modifications aux époques moderne et contemporaine, leur disposition résulte le plus souvent des modes d'exploitation et des droits d'usage du Moyen Âge. Canton défensable : partie de forêt pouvant être soumise au pâturage des bestiaux.

Charbonnière : Place à charbon où les cerfs étaient censés brunir leur tête. Il n'est pas sûr que les cerfs allaient au XIVe siècle brunir leurs bois de cette manière ainsi que le rapporte Gaston Fébus. Par ailleurs, il apparaît certain que les charbonnières étaient fréquentes dans les espaces boisés et que leur présence a été rapprochée, sans doute abusivement, d'un trait comportemental des cervidés. Les charbonnières étaient également présentes dans les réserves cynégétiques, en Artois par exemple.

Communaux, bois communaux ou forêt communale : Espace boisé dans lequel les droits d'usages paysans – ou certains d'entre eux – pouvaient s'exercer (pâturage, bois de chauffage, bois de clôture, droit d'épave).

Conninière : Lieu peuplé de lapins, terrier. La conninière est une structure archéologique tenant lieu de terrier. À ne pas confondre avec une garenne qui est elle le lieu peuplé de lapins à la fin du Moyen Âge, ou avec le droit de garenne qui représente la forme juridique de l'exercice de la chasse. Son équivalent médiéval en Anjou est la « motte à connils ». Le terme usuel contemporain est celui de garennière.

Défrichement : Destruction d'une friche embroussaillée. Selon l'historiographie, destruction volontaire d'un espace boisé par le fer ou par le feu. Lieu ou période qui a subi cette destruction, par exemple, les grands défrichements du XIe au XIIIe siècle. Cependant, il faut des ligneux arboréens pour que le terme de défrichement soit synonyme avec ceux de déboisement et de déforestation, ce que ne permettent pas toujours d'affirmer les textes.

Dune boisée : Ancienne (avec chênes) ou moderne (avec pins maritimes plantés). Le terme de *dunae* est utilisé au Moyen Âge pour désigner les dunes de la côte du Boulonnais et de la Flandre. C'est un élément de géomorphologie maritime servant de pâturage pour les animaux domestiques ainsi que de garennes à lapins au cours des XIVe-XVe siècles dans le secteur des villes de Lécluse, Ostende et Blankenberghe. Le type précis de végétation de cette unité paysagère pose cependant problème (broussailles, *saltus*, garenne ?).

Écologie : Étude du milieu, sol et climat, qui entretient la vie des êtres. Selon l'inventeur du terme, E. Haeckel, « par écologie nous entendons la science des rapports des organismes avec le monde extérieur, dans lequel nous pouvons reconnaître d'une façon plus large les facteurs de la « lutte pour l'existence ». Ces facteurs sont en partie de nature inorganique ; les caractéristiques physiques et chimiques de l'habitat, le climat (lumière, température, humidité et électrisation de l'atmosphère), les caractéristiques chimiques (aliments non organiques), la qualité de l'eau, la nature du sol, etc. Sous le nom de conditions d'existence, on comprend l'ensemble des relations des organismes les uns avec les autres, relations soit favorables, soit défavorables. L'écologie est aussi définie comme la science qui étudie les rapports d'un être vivant ou d'une communauté d'êtres vivants avec leur milieu. Ce terme est pris ici dans le sens plus large d'analyse globale d'un environnement naturel du point de vue de ses structures spatiales et de son fonctionnement biologique.

Écosystème : Ensemble formé par l'habitat et les êtres vivants qui l'occupent, considéré d'un point de vue dynamique. Ensemble formé d'après R. Lindeman « par les processus physiques, chimiques et biologiques à l'œuvre pendant une unité de temps déterminée de n'importe quelle longueur, ou encore comme la communauté biotique plus son milieu abiotique ». Selon E. P. Odum, « une entité ou unité naturelle qui inclut les parties vivantes pour produire un système stable dans lequel les échanges entre les deux parties s'inscrivent dans des cheminements circulaires ». Selon P. Duvigneaud, « Quel que soit l'écosystème étudié... il s'agit toujours, en définitive, d'un problème d'élaboration, de circulation, d'accumulation et de transformation (énergie potentielle) par l'action des êtres vivants et de leur métabolisme ». L'écosystème est la représentation globale et énergétique, d'une part des réseaux d'êtres vivants entre eux, d'autre part des relations de ces êtres vivants et leur environnement matériel. Il est bâti sur l'analyse des transformations de la matière et sur les bilans énergétiques qui unissent les différents éléments de la biosphère. En tant que transformateur de la matière selon ses propres seuils métaboliques et technologiques et comme modulateur des bilans énergétiques, l'homme prend donc une part active dans l'analyse écosystémique. Il en découle donc une historicité des écosystèmes.

Édaphique : Causé par le sol, ses caractéristiques actuelles et son évolution antérieure. Lié au sol. Les facteurs édaphiques sont les facteurs externes liés au sol et qui ont une influence profonde sur la répartition des êtres vivants, de concert avec les facteurs climatiques et biotiques.

Environnement : Concerne l'ensemble de l'espace à la lumière de la somme des connaissances humaines, principalement par référence à l'homme.

Espace rural : C'est le milieu naturel aménagé pour la production agricole au sens large, animale ou végétale, par des groupes humains qui fondent sur lui la totalité, ou une partie, de leur vie économique et sociale. Il correspond à l'ensemble des milieux (champs, prairies, forêts, marais...) transformés peu ou prou par l'homme, d'où l'expression d'un système agrosylvopastoral.

Espines : Arbrisseau épineux, aubépine.

Éthologie : Étude des actions et réactions du vivant dans son milieu (surtout employé par les zoologistes). Science des mœurs des organismes, de leurs besoins vitaux et de leurs relations avec les autres organismes.

Faune sauvage : Majorité de la faune, elle définit les animaux non domestiqués mais qui peuvent cependant être familiers. Il existe pour le second Moyen Âge un accaparement de la faune sauvage – que G. Bertrand qualifie de protection aristocratique de la macrofaune –, comme il existe pour les arbres des essences nobles, le pendant végétal de ce phénomène sociojuridique aux conséquences environnementales. La majeure part de la faune sauvage est chassée, alors qu'une minorité est introduite et protégée par l'homme avant d'être chassée et le plus souvent dépecée ou mangée.

Finage : D'après M. Bourin-Derruau « l'ensemble des champs, des landes, des forêts exploités par un village, par un hameau, même par une exploitation isolée, constitue un finage ».

Forest, *foresta* : Forêt réservée comme territoire de chasse ou dont la glandée est réservée au seigneur. Ses synonymes sont haute forêt et futaie.

Forestel, -al : Diminutif de forêt. Dans la vallée de la Canche (Artois), le forestel de Wail et le fortel de Willeman, par exemple.

Forestis, forast-, -a, -ia, -us, -um, -e : Territoire soustrait à l'usage général et dont le roi se réserve la jouissance, notamment la chasse et la pêche. Spécialement forêt royale, territoire de chasse ou territoire dans lequel la glandée est réservée au roi. Désigne en particulier une pêcherie royale, un ensemble d'eaux de pêche réservé au roi. Spécialement forêt seigneuriale, territoire de chasse réservé à un seigneur. Généralement forêt, région boisée. Espace boisé désignant une zone de chasse, ce terme émerge dans le milieu du VIIe siècle en relation avec le pouvoir royal. Le terme se propage au point de devenir synonyme de la forêt seigneuriale, c'est-à-dire un bois en défends au cours des Xe-XIIe siècles.

Forêt : Formation arborescente dense (sens usuel) ; un peuplement d'arbres naturels est dit une ancienne forêt par opposition à une plantation qui est alors qualifiée de nouvelle forêt selon P. Arnould. Le terme est parfois étendu à toute formation fermée, même basse ou encore à toute formation d'arbres, même ouverte. Territoire dont la vocation est d'être boisé ou encore territoire soumis au régime juridique forestier. Terrain boisé de grands arbres sur une vaste étendue. Lorsque dans un périmètre forestier se trouvent des parties non boisées ou des plantations nouvelles, clairières, étangs, rochers, semis, pépinières, parties incendiées ou coupées à blanc, ces surfaces doivent êtres estimées à part (ce critère n'est valable que pour les économistes). Évoque généralement l'idée d'un peuplement plus étendu, plus sombre qu'un bois ; souvent un peu plus précis que bois ; en particulier concerne souvent des peuplements d'une essence unique et cultivée pour son utilité, en meilleur état, plus élevés ; la distinction n'est pas rigoureuse. Certains fixent à 10 hectares la surface minimale d'une forêt. Formation végétale comprenant plusieurs niveaux de végétation dans laquelle les arbres prédominent au point de modifier les conditions écologiques régnant au sol. Communauté vivante, constituée par un certain nombre de populations végétales et animales liées par des relations intra- et interspécifiques. Les individus échangent entre eux et avec le milieu extérieur de l'énergie et de la matière ; ils entretiennent des processus biologiques cycliques. L'ensemble structuré et fonctionnel constitue un écosystème. La forêt est, avant les grands défrichements des XIe-XIIIe siècles, une véritable frontière entre les finages habités et cultivés selon J. Favier. Elle alimente une consommation seigneuriale et villageoise qui est aussi proto-industrielle et artisanale. À partir des grands défrichements, la forêt n'est plus qu'un élément du paysage rural, dont les parcelles apparaissent beaucoup plus comme un complément des espaces cultivés que comme la formation naturelle par excellence. Les forêts des réserves seigneuriales laïques, et notamment celles du domaine royal, sont en premier lieu des territoires de chasse, et c'est comme tel qu'elles sont souvent préservées. La forêt est cependant, en tout temps, le lieu de nombreuses activités villageoises liées à l'exploitation du bois ou à la liberté de pâture concédée aux communautés villageoises. Les activités forestières et les droits juridiques liés à la forêt justifient la création d'une véritable police confiée à des agents spécialisés, généralement nommés garde, verdiers, *custos nemoris* ou *forestarius*.

Formation végétale : D'après Flahaut et Grisebach, c'est l'expression actuelle de conditions de vie déterminées. Elle se compose d'associations qui, dans leur composition floristique sont différentes, mais qui correspondent à des conditions stationnelles semblables et revêtent des formes de végétation analogues. Communauté de plantes présentant une certaine homogénéité physionomique et biologique (forêt, lande).

Fousse : Fosse creusée dans la terre pour prendre les animaux. Plusieurs pièges en creux, selon la typologie proposée, sont décrits dans les traités de vénerie du XIVe siècle qui utilisent des fosses creusées dans la terre afin d'attraper le gibier et dont l'étude archéologique reste quasi-inexistante.

Froyeïs : Partie des arbres où le cerf a enlevé l'écorce et rompu les branches en se frayant la tête, frayoir. L'expression émonder un arbre est également utilisée. Synonyme : portées.

Futaie : Ensemble de fûts ; haute forêt ; peuplement de grands arbres. Elle peut être équienne (arbres de même âge) ou inéquienne (arbres de divers âges, mêlés). Peuplement d'arbres tous de semis (sauf dans le cas de futaie sur souche). État réalisé lorsque les arbres présentent des fûts plus ou moins longs et des cimes plus ou moins développées (ou houppiers). La futaie jardinée est une forêt d'âges multiples qui comprend des arbres de tous âges et de toutes dimensions et aussi de divers genres comme dans les parcs et les gards.

Gaiole : Cage. Désigne dans certains cas une volière.

Garenage, garannage, garonnage : Droit de garenne.

Garene, garenne, garengne, garaine, gaierenne, garende, garande, varene, waresne : En ancien français, bois ou bruyère réservé pour toute chasse au petit gibier ou parfois au chevreuil. Actuellement, plus spécialement réservé pour la chasse au lapin. Par extension, paysage boisé à sol souvent podzolique. Prairie artificielle plantée d'arbres. Futaie. Lieu dans lequel il était défendu de chasser ou de pêcher sans la permission du seigneur. Bois réservé pour la chasse, en général non clos. Le mot de forêt (*forestis*) a perdu le sens de territoire de chasse mis en défends au Xe siècle et a été remplacé dans son acception initiale par celui de garenne. Lieu peuplé de lapins et de lièvres ou lieu peuplé de lapins uniquement. La garenne est une création cynégétique du Moyen Âge classique. Sa diffusion spatiale reflète le succès de l'introduction du lapin (*Oryctolagus cuniculus*) lors de cette période. La garenne est parfois un lieu boisé doté de haies avec éventuellement des fossés en eau. Dans cet espace vivent les lapins pour lesquels des terriers pouvaient être aménagés afin de favoriser leur reproduction et leur préservation. Les garennes arrivent en Artois et en Flandre au cours de la première moitié du XIIIe siècle mais ne prennent leur essor qu'au cours du XIVe siècle. Il existe dans les traditions plusieurs types de garennes dont la garenne forcée qui est close par des murs ou par des fossés remplis d'eau, où l'on élève le lapin, la garenne ouverte, qui est close de haies ou de fossés à sec et la garenne privée qui est close de murs ou de haies. Voir aussi conninière.

Garenier, garennier, garannier, garendier, warennier, varenner, varanier : Garde d'une garenne.

Gart : Verger. Plantation d'arbres. Dans un contexte seigneurial, le gart ou jardin, est assimilable à un espace clos à la végétation jardinée et comprenant aussi des animaux. Exemples : Le Quesnoy, gard comtal et celui épiscopal d'Arras.

Glandée : Fructification du chêne. Droit de faire paître des porcs en forêt.

Haga, hagia, haja, haya, heia, haie, haye : (ancien français) Forêt close ; forêt réservée au seigneur (futaie). Bois particulier accru sur les rains d'une forêt. Clôture désignant une haie vive d'arbres, d'arbrisseaux ou sous arbrisseaux souvent épineux ou à feuillage dense ; soit une haie morte, sèche ou encore une haie mixte. Forêt close, mise en défends (sens initial au haut Moyen Âge). Clôture composée d'éléments vivants, arbres de haut jet, étêtés ou plessés, arbustes, lianes et plantes herbacées (sens actuel). Haie. Palissade. Terrain boisé servant de zone de défense, glacis. Parc clôturé pour le gibier, breuil. Espace clôturé dans une ville. Rangée de buissons coupés à travers le bois, munie de pertuis où on met des filets ou des lacs. Sens actuel. Portion de forêt assez étendue et clôturée pour les besoins du seigneur. Le terme de haie, polysémique et plurifonctionnel au Moyen Âge, peut être regroupé en deux catégories selon le type d'espace occupé. Certaines haies recouvrent une surface, alors que les autres dessinent une ligne. Dans la première catégorie sont regroupées les haies seigneuriales et certaines haies défensives, alors que dans la seconde on retrouve les haies bocagères, les lisières externes, des haies défensives et les haies cynégétiques. La haie cynégétique correspond à l'aménagement de buissons munis de filets de chasse dans des espaces boisés. La haie bocagère, la plus courante, seule survivante de ce patrimoine paysager, correspond à la haie usuelle des pays bocagers pratiquant l'élevage. Celui qui fait des haies et qui en a soin est le haieteur alors que le garde se nomme le haieur ou hayeur.

Haiée, hayée : Synonyme de haie, portion de forêt entourée de palissades.

Haier, haiier, hayer, hayyer : Neutre, faire une haie. Actif, garnir d'une haie, barrer au moyen d'une haie. Figuré, garnir comme d'une haie. Neutre, chasser dans certaines parties de bois interdites au droit d'usage et réservées pour y enfermer les bêtes fauves. Haié, participe passé, disposé en haie. Forêt haiée, bois réservé pour la chasse, garenne.

Haieure, hayeure, hayure : Haie. Microtoponyme fréquent en Artois et désignant soit une haie, soit une garenne à lapin de type ouverte.

Hospes : Hôte, en général tenancier de statut personnel libre. Il semble aussi être un terme servant à désigner « les hommes de ». Par exemple ceux de l'église de Marchiennes.

Houppier : Désigne l'ensemble des branches et des rameaux d'un arbre ou d'un arbuste.

Huriax : Buissons coupés et arbres disposés devant les chiens et les chasseurs qui les gardent à leurs côtés de façon à empêcher le cerf de les voir et de les flairer.

Hydromorphie : Sol caractérisé par la présence de l'eau.

Laie, laye : Forêt aménagée. Bois revenant. Coupe. Sentier. Route étroite, chemin tracé en forêt.

Lisière forestière : Ligne de paysage boisé servant de transition avec soit un type de végétation différent, soit un autre secteur forestier doté de caractères de gestion similaires ou non. Dans le premier cas, on parle de lisière forestière externe et de lisière forestière interne pour le second. La lisière externe, véritable interface, s'étale naturellement en un front de colonisation forestier à moins d'être aménagée par l'homme. Ses modifications humaines, selon l'archéologie du paysage, comprennent une levée de terre et un fossé sec ou en eau. La végétation, d'après les travaux des biogéographes historiques, comporte la plupart du temps des arbres têtards ou des arbres servant de repères (arbres de parois, pieds-corniers) accompagnés d'arbustes de préférence épineux. Ainsi les lisières et les clôtures constituent les éléments de base d'une réflexion sur les mécanismes de constitution et de perpétuation des territoires d'élevage et de chasse médiévaux.

Loge : Habitation, logis. On peut préciser que les loges sont des logements de veneurs dont l'occupation des lieux n'est qu'épisodique. Un exemple de ces relais de chasse : la commune de La Loge au nord de l'actuelle forêt domaniale d'Hesdin, correspond d'après les textes à une ancienne loge cynégétique des comtes d'Artois.

Milieu : Ensemble des conditions dans lesquelles vit un groupement végétal. Correspond à l'environnement physique et chimique d'un être vivant ou d'une communauté d'êtres vivants avec lequel ces derniers entretiennent des échanges permanents de matière et d'énergie. Du point de vue des communautés rurales, le « milieu naturel » correspond aux données physiques et chimiques agissant avec les végétaux et les animaux qui concourent à la structuration de l'espace rural.

Mort-bois : Essences secondaires, arbustes et arbrisseaux, tels que saule marsault, épine, épine noire, aulne, sureau, genêt, genévrier, ronce, fusain, troène, cornouiller, coudrier, houx, etc., ne servant qu'à brûler. Ils sont longévifs et de peu de valeur économique. Disséminés (saules, cornouillers, etc.) ou sociaux (coudrier, ajonc, cytise, prunellier, buis, ronce, houx, bruyères, airelles, busserole, etc.). Arbustes et arbrisseaux du sous-bois (aubépine, houx, noisetier, saule, bourdaine, prunellier, sureau, genêt, etc.). On y ajoute parfois le bouleau et le tremble.

Nemus, -oris : Bois, forêt.

Niche : Concept écologique largement ignoré des sciences historiques. Ce mot désigne essentiellement la position de l'animal dans son environnement biotique et, souligne Ch. Elton, « ses relations à la nourriture et à ses ennemis ». Hypervolume d'un espace à n dimensions, dont chacune représente une ressource pouvant être utilisée par la communauté selon G. E. Hutchison. La niche écologique, d'après Blondel, est « l'ensemble des besoins requis par un organisme pour vivre dans son biotope et des actions réalisées pour les satisfaire » (régime alimentaire, habitat, espace vital...).

Paisnagium, pasnadium, pasnagium : Redevance due pour la paisson des porcs dans une forêt.

Parc (forestier), parc à gibier : Grande étendue de terrain boisé entouré de murs, fossés, palissades ou haies réservées pour la chasse ou la promenade. Bois d'agrément. Pâtis ou pâturage clos où l'on met les animaux à l'engrais selon G. Plaisance. Sens actuel : peuplement de grands arbres, souvent irrégulier, et enclos. Sens au Moyen Âge : forêt close par des levées de terre, surmontées d'une palissade ou d'une haie, et constituant une réserve à gibier. Synonyme : breuil. L'opposition parc/garenne prolonge celle breuil/forêt de l'époque carolingienne. Clôture, lieu clos où l'on enferme les loups, lieu clos où l'on enferme les cerfs, lieu clos pour les brebis. Le parc, dans la seconde moitié du Moyen Âge, est un espace clos. Constitué de levées de terre surmontée d'une palissade ou d'un plessis, il est en milieu forestier une zone protégée pour le bétail qui sert également de pièges de chasse. Les murs maçonnés remplacent les clôtures de bois pour les espaces boisés dont la vocation seigneuriale reste l'élevage de faunes sauvages tenues à l'écart de leurs prédateurs. Y sont élevés surtout des cervidés (cerfs, daims), des chevaux, des animaux sauvages et de ménagerie (ours, sanglier, castor...), en plus d'animaux exotiques (oiseaux, mammifères) et des auxiliaires de chasse variés (chiens, furets) et de nombreux poissons.

Pâturage : Correspond à la pratique de l'élevage d'animaux domestiques dans n'importe lequel des éléments de l'agrosystème. Le pâturage forestier médiéval et moderne se consacre en priorité aux porcins.

Paysage : D'après P. Georges, « portion d'espace analysée visuellement. Le paysage est le résultat de la combinaison dynamique d'éléments physico-chimiques, biologiques et anthropiques qui, en réagissant les uns sur les autres, en font un ensemble unique et indissociable en perpétuelle évolution ». Selon le *Dictionnaire de la géographie,* le mot s'applique à un ensemble de signes caractérisant une unité géographique sur le plan physique et humain. D'acception originellement descriptive – mais déjà globale –, il a pris récemment une signification synthétique rassemblant l'ensemble des traits issus de la géographie naturelle et des apports des civilisations qui ont façonné successivement le cadre initial et sont entrés dans la conscience du groupe des occupants. De nouveau selon P. Georges, « pour résumer, le paysage est donc l'expression observable par les sens à la surface de la terre de la combinaison entre la nature, les techniques et la culture des hommes. Il est essentiellement changeant et ne peut être appréhendé que dans sa dynamique, c'est-à-dire dans le cadre de l'histoire qui lui restitue sa quatrième dimension. Si l'écologie rappelle que la nature a ses lois fondamentales et qu'il en coûte de les transgresser, l'histoire enseigne que l'homme a ses raisons que la nature ignore ». En archéologie du paysage, on parle de paysage actuel, de paysage ancien, archaïque ou relique et de paysage fossile ou fossilisé. Le premier se caractérise par la majorité de ses éléments constitutifs qui ont une fonction dans la vie rurale. Il recouvre souvent un paysage ancien ou archaïque. Le suivant, tellement chargé d'éléments archaïques ayant conservé plus ou moins leur fonction originelle, est peu adapté cependant aux exigences de la vie rurale moderne. Le dernier n'a plus aucun rapport avec le paysage actuel et sous lequel il est seulement conservé par enfouissement. On distingue également un paysage agraire ou rural qui, selon le *Dictionnaire de la géographie* apparaît comme une combinaison concrète où interviennent un grand nombre de faits : l'habitat, le parcellaire, les chemins, etc. Le paysage rural est un ensemble géographique que caractérisent moins des éléments ponctuels comme en ville (maisons, monuments), que des traits de structure (parcellaire, dispositif agraire) à travers des aspects de quelque étendue, constitués par la végétation, les cultures, la disposition et la forme de l'habitat.

Peuplement : Ensemble de plantes sur pied, mais surtout l'ensemble des individus de même taille. Ensemble d'arbres soumis à un règlement d'exploitation (par contenance ou par volume).

Pied-cornier : Arbre limite situé à l'angle d'une coupe.

Pièges : Reliés au monde de la chasse, les pièges n'ont guère été pris en compte en tant que structure archéologique par la recherche française, contrairement à plusieurs pays du nord de l'Europe, dont l'Irlande et l'Angleterre mais aussi l'Allemagne. Une typologie est proposée selon leur matérialisation (construits, en creux et indétectables par l'archéologie) qui prend en compte leur dimension culturelle et environnementale dans une histoire des modifications anthropiques des milieux forestiers.

Plessis : Haie entrelacée. Forêt close. Clos. Clos cultivé dans une lande.

Porc : Désigne les suinés domestiques. Les hommes du Moyen Âge les classent en plusieurs catégories en Flandre et Artois. Le *bacco* qui désigne le porc de boucherie, le *hofporcus* qui est un porc élevé et engraissé dans une ferme, le *porculus* et le *verres*, soit le jeune porc et le verrat et bien entendu, le *porcus*, le porc. Correspond parfois également au sanglier. Il existe un certain flou sémantique dans la désignation du porc et du sanglier, qui est à mettre en relation avec la parenté anatomique des sangliers et de certains cochons au moins durant les XIVe et XVe siècles. Le traité de vénerie de Gaston Fébus parle de chasse au sanglier comme de chasse aux porcs, alors que la *Comptabilité des bois du Hainaut* recense les sangliers et les cochons chassés. Une parenté que l'on retrouve également affirmée par les sources comptables du XIVe siècle, qui utilisent l'expression de porc-sanglier en Artois.

Portées : Synonyme : froyeïs.

Prébois, pré-bois : Paysage mixte de pré ou pelouse avec arbres isolés ou en bouquets, il résulte généralement de la dégradation de la forêt par le pâturage. Avantages : la production est plus variée, les arbres forment des abris pour les bêtes et un écran protecteur contre les vents et le soleil, les feuilles apportent un complément de nourriture, le sol est protégé et retenu. Inconvénients : le sous-bois, parfois très utile à l'équilibre forestier, disparaît, les arbres sont bas branchus, abroutis, frottés par les animaux, ils sont aussi mutilés par les bergers ou sujets à pourriture par suite du piétinement des racines saillantes, la propagation des maladies cryptogamiques est favorisée, le tassement du sol nuit aux arbres, l'ombre des arbres nuit au pâturage.

Pretium, precium : Prix (d'achat) ; somme versée à l'abbaye pour pouvoir exercer une activité artisanale dans ses bois un temps convenu ; ou pour le pacage d'un troupeau ; ou pour cultiver une terre.

Production nette : Il existe deux productions nettes forestières. La primaire englobe toutes matières végétales, alors que la secondaire comprend le gibier.

Progression végétale : Lorsque cessent les dégradations (déforestation, pâturage, feu...), la nature reprend ses droits. L'évolution est progressive : elle est généralement constituée par des végétations de plus en plus hautes, de plus en plus serrée, de plus en plus sciaphiles. La progression s'arrête sous l'effet des conditions de sol, de climat et sous l'action de l'homme. Changements accompagnant la progression : diminution de la lumière, augmentation de l'humidité, amortissement des extrêmes climatiques, élongation des fûts, approfondissement des systèmes radiculaires, ameublissement du sol, amélioration du drainage, augmentation de la matière organique du sol, remontée en surface d'éléments nutritifs profonds, consolidation des sols mobiles, remontée du permafrost en pays subarctique, etc. Son contraire est la régression, qu'elle soit naturelle ou causée par l'homme.

Rapaces : Les rapaces sont associés au monde de la chasse au moins depuis le haut Moyen Âge chez les populations germaniques d'après les données de l'archéologie funéraire. La transformation en auxiliaires cynégétiques de cette avifaune prédatrice est remarquable par les nombreux témoignages écrits et enluminés dès le XIe siècle et dont la symbolique occupe une part importante du discours entre l'homme et l'animal. La chasse au vol est la forme par excellence de la chasse féminine en France septentrionale.

Régime : Manière de traiter la forêt en fonction du mode de régénération. Régime de taillis : régénération par rejets de souche et drageons. Régime de futaie : régénération par germination de graines. Régime de taillis-sous-futaie : combine sur une même surface les modes précédents. Voir taillis.

Révolution : Le temps écoulé entre la naissance et la coupe des arbres mûrs.

Ripisylve : Forêt ou buisson des berges, souvent fourré ; comprend des types marécageux non inondés et des types inondés périodiquement ; il y a des transitions avec l'estisylve, la brousse, la roselière.

Rudéral : Plante qui pousse dans les détritus et les ordures.

Saltus : Terrain en dépaissance, pâturage (ipsu ou moins embroussaillé, ou même boisé), souvent montagneux ou en coteau. Bois. Propriété rurale. Gorge, défilé. Une division territoriale. (latin savant moderne) Ensemble des terrains de pâturage d'une région. Représente l'ensemble des terrains qui ne sont pas régulièrement cultivés et qui n'ont pas de couvert forestier continu et fermé. Il correspond donc à toutes les formations herbacées et buissonnantes ni tout à fait naturelles, ni tout à fait anthropiques.

Silva, -ae : Bois, forêt.

Silvaticus, salv-, -agius : Sauvage.

Silvaticus, -agium : Droit d'usage dans une forêt. Redevance à acquitter pour prix du glandage ou de l'affouage dans une forêt.

Silvestris, (-ter), -tris, -tre : Couvert de bois, boisé. Produit dans les forêts. Végétation appartenant aux bois, espaces boisés. Dans un espace boisé. Activités ayant lieu dans les espaces boisés. Ce qui vit dans les milieux forestiers, avec une implication de sauvage. Désigne les animaux, les oiseaux vivant dans les espaces boisés. Caractérise ce qui est sauvage, non domestiqué pour les animaux ou non cultivés pour la végétation.

Station : Ensemble des facteurs édaphiques, climatiques et biotiques agissant sur la végétation et caractérisant un lieu déterminé ; la station est l'unité écologique, la localité est l'unité géographique. Circonscription d'étendue quelconque, le plus souvent restreinte, présentant un ensemble complet et défini de conditions d'existence.

Sueil : Endroit où le sanglier se vautre dans l'eau boueuse stagnante des mares et des marais forestiers.

Sylviculture : Il est plus adéquat de parler des formes médiévales de la sylviculture, plutôt que d'une sylviculture médiévale proprement dite. L'exploitation des arbres passe du furetage à la gestion par genres au cours du XIIe siècle, avant d'adopter la formule des peuplements dans le premier tiers du XIVe siècle. D'après les documents écrits, surtout juridiques, la mutation du pâturage forestier extensif à l'intensif cause un préjudice aux formations forestières tardo-médiévales.

Sylvofaciès : Unité de base d'une cartographie à grande échelle que l'on peut définir comme une portion d'espace forestier, couvrant de quelques hectares à quelques dizaines d'hectares, caractérisée par sa position topographique, une formation superficielle et un sol, un bioclimat stationel, le traitement actuel et passé et un ensemble floristique spécifique.

Sylvosystème : Portion d'espace forestier, couvrant de quelques dizaines à quelques centaines de kilomètres carrés, insérée dans un cadre régional et traduisant une combinaison et une dynamique particulières liées aux éléments de relief, au bioclimat, aux substrats, à la nature des peuplements et au régime de propriété forestière.

Taille : Flandre, Ancien Régime. Portion d'une forêt ou d'un bois délimité par des repères physiques (chemin, fossé, arbre ou cépée-limite, layon, borne) et soumis à une exploitation périodique, plus ou moins régulière (la taille ne coïncide pas forcément avec l'assiette des ventes annuelles). Coupe dans un bois.

Taillis : (sens actuel) Tout peuplement de rejets ou drageons résultant de la coupe d'arbres ou de cepées, généralement rez de terre. Le mot taillis est employé souvent improprement, pour désigner des peuplements arbustifs naturels, non exploités en taillis, issus de semis, à nombreux brins ou perches de hauteur relativement faible : cet usage est à proscrire. Il faut dire forêt basse, hallier, buisson, sous-étage, etc. Après coupe, le taillis se rajeunit naturellement par rejets de souches ou par drageons (chêne, charme, érable, frêne, bouleau). Dénommé *ligna ad focum faciendum*, *minora ligna* ou *silvestria virgulta* en latin, bois de raspe en bas français, le taillis médiéval est coupé selon des rythmes variables. En général de 8 à 12 ans, mais on pouvait descendre de 3 à 6 ans pour les rythmes les plus courts selon des pratiques locales ou régionales. On distingue également un taillis composé (régulier) ou taillis-sous-futaie voire taillis avec réserves. C'est un peuplement formé de deux strates de végétation : une strate inférieure constituée d'un taillis simple régulier et de baliveaux (nés de graines) de l'âge du taillis et une strate supérieure correspondant à une futaie claire comportant des arbres d'âges divers multiples de celui du taillis. Le taillis simple (régulier), lui, est un peuplement exploité régulièrement à courts intervalles (autrefois 5 à 20 ans, actuellement 20 à 30 ans), et se régénérant par rejets et drageons (généralement de faible hauteur et souvent touffu). S'oppose à futaie. Peuplement constitué uniquement de cépées dont tous les brins ont à peu près la même grosseur.

Terrasce : Levée de terre servant de clôture.

Territoire d'élevage et de chasse : Portion d'espace qui se caractérise par la juxtaposition d'unités paysagères à dominante boisée à des fins pastorale et cynégétique. En général ce type de territoire déborde sur plusieurs finages. Trois types ont été relevés : celui de Mormal, celui d'Hesdin et celui de Mofflaines qui correspondent chacun à des permanences et des évolutions des faunes chassées en relation avec l'utilisation des milieux forestiers. Il s'étale sur quelques dizaines à quelques milliers d'hectares.

Terroir : Ensemble des terres où on cultive le même produit et où il a la même qualité. Ensemble de compartiments agraires diversifiés et groupés, capable d'entretenir une société humaine relevant d'un genre de vie défini (Champier). Selon P. George, espace exploité par une collectivité agricole. Étendue limitée considérée du point de vue de ses aptitudes agricoles. Le terroir est une unité écologique à l'intérieur d'un finage, exploité comme telle par les divers propriétaires qui y possèdent une ou plusieurs parcelles. Celles-ci représentent les mêmes potentialités moyennes et portent souvent la même culture permanente ou le même assolement. Le terroir est donc un ensemble de parcelles homogènes, caractérisé par une même structure et une même dynamique écologiques (agrosystème) ainsi que par un même type d'aménagement agricole. C'est la combinaison historique entre des facteurs naturels de localisation et de minutieux aménagements agricoles qui constituent un terroir.

Têtards : Arbres dont on étête le houppier selon des cycles pluriannuels afin de procurer du petit bois de chauffage ou de clôture. Cette pratique est attestée dans diverses régions de France telles la

Bretagne, la Normandie, l'Artois, la Flandre, le Hainaut, etc. Synonyme : halos, halots.

Traitement : L'ensemble des opérations que l'on pratique dans le but d'obtenir de la forêt, de façon soutenue, les services les plus adéquats : production de bois, de gibier, de fruits, protection du sol et des eaux, loisirs, utilités sociales. Ensemble des opérations culturales appliquées à un peuplement.

Unité de paysage : Toute entité géographique distincte dont la nature peut être soit physique, soit humaine ou résultant des deux. Le critère physique comprend les éléments abiotiques et biotiques environnementaux. Synonyme : biotope.

Vautrier, veautrier de nuiz : Type de chasse nocturne. Six chasseurs au moins vont de nuit à l'endroit où les sangliers mangent les glands. Chacun doit avoir deux ou trois chiens, mâtins, alants et lévriers, dont il laisse partir un, qui trouve les sangliers et aboie. Quand les chasseurs l'entendent, ils laissent aller tous leurs chiens, les suivent et tuent les sangliers avec leurs épieux. À l'origine, la chasse s'est faite avec des vautres. Des exemples de ce type de chasse se retrouvent dans les traités de vénerie et dans les comptabilités seigneuriales.

Warenna, ga-, gua-, -anna, -ennia, -endia, -enna : Terrain réservé à la chasse, garenne. Voir garenne.

Warenne, garenne : Réserve de chasse. Voir garenne.

Wast, wastina : Étendue non cultivée, couverte de bruyère et de broussailles. Wast des connins, dégâts faits par les lapins.

SOURCES

Abréviations utilisées au cours de cet ouvrage :

Arch. dép. : archives départementales
Bibl. nat. : Bibliothèque nationale de France.

A. Sources manuscrites

1. Archives nationales

KK395 : Rouleau de liasse, compte de la vente et de l'exploitation des bois du bailliage d'Éperlecques (microformes).

2. Archives départementales du Nord

Série B

B903 pièce 4774^{-1} : Usage et règlement de la forêt de Nieppe.
B906 n°12732, 12733, 13929 et 13929bis : Eaux et forêts (garennes de lapins dans les dunes de Lécluse, Blankenberghe et Ostende).
B907 n°14802, 14802^{-2} et 18953 : Eaux et forêts (bois de Nieppe, garennes).

B909 pièce 15517 et 15559-2 : Requête et état forestier dégradé (Nieppe).
B910 n°16490 et 19097 : Eaux et forêts (Vicoigne et garennes de Crécy).
B911 n°17007 : Eaux et forêts (forêt de Mormal).
B912 pièce 17002 : Règlement de la forêt de Nieppe.
B918 n°1021, 1022 et 3482 : Guémy (62, litige à propos d'une vente forestière, hommage féodal avec épervier).
B998 n°15101bis : Forêts (règlement de la châtellenie d'Hesdin).
B1422 n°17451 : Vénerie de Flandre, chiens aux renards.
B1491 n°2708bis : Helpes, forêt entre les Helpes avec droit de chasse relevant de l'évêché de Cambrai.
B5385 fol. 44 v°- 45 : Vénerie, braconnage en Flandre.
B5389 n°147940 : Bail de la furetterie de West-Dunes (Flandre).
B7812 : Nieppe (compte incomplet).
B10647 ; B10648 ; B10649 ; B10650, B10651 et B10652 : Registres de la *Comptabilité des bois du Hainaut.*
B13596 ; B13597 : Registres de comptes du bailliage d'Hesdin.
B15280 ; B15294 : Registres de comptes du bailliage d'Hesdin.
B17612 : Garenniers de West-Dunes.
B18749 : Office du Grand fauconnier de Flandre.
B19932 fol. 78 v°, 27, 28 v°, 28 v° et 90 v° : Comptes de vénerie.

Série H

1H301 n°3067, 3068 et 3071 : Abbaye Notre-Dame de Vicoigne et couvent d'Oisy-le-Verger.
1H610 : Abbaye d'Anchin.
5H25 pièces 249, 250, 251, 251 a, 252, 253, 254, 255, 256, 257, 258, 259 et 260 : Abbaye Saint-Pierre d'Hasnon (Broqueroie, Belgique).
8H553 : Abbaye Saint-André du Cateau.
9H630 ; 9H635 pièces 1190c ; 1191 à 1191f ; 1192 à 1192b, 1194 ; 9H636 et 9H654 : Abbaye de Liessies.
9H1474 ; 9H1475 ; 9H1477 ; 9H1478 ; 9H1479 ; 9H1480 ; 9H1481 ; 9H1482 ; 9H1500 ; 9H1501 ; 9H1502 ; 9H1526 ; 9H1527 ; 9H1528 ; 9H1529 ; 9H5157 ; 9H1558 ; 9H1720 ; 9H1721 ; 9H1722 ; 9H1723 ; 9H1724 ; 9H1725 ; 9H1726 ;9H1727 et 9H1728 1ère, 2e, 3e, 4e, 5e et 6e année : Abbaye de Liessies.
10H50 pièces 810, 812, 812a, 812b, et 815 : Abbaye de Marchiennes.
10H51 pièces 832, 833, 834, 835, 837, 842, 850, 850a, 853 ; 854 ; 855, 857, 861, 862, 877, 878, 879 et 880 ; 10H53 pièces 909, 911, 912, 912a, 913 et 913a ; 10H176 pièces 2842, 2846 et 2847 : Abbaye de Marchiennes.

27H21 pièces 319, 320 et 321 : Abbaye de Loos.
28H41 pièce 1140 ; 28H220 : Abbaye de Vaucelles.
31H13 pièces 174, 174a et 191 ; 31H469 ; 31H470 ; 31H472 ; 38H13 pièces 57, 59, 60 et 61 : Abbaye de Flines.
38H15 pièces 57, 59, 60 et 61 : Abbaye Saint-Calixte de Cysoing.
40H73 pièces 544 et 546 : Abbaye Saint-Jean-Baptiste de Valenciennes.
62H22 pièce 296 : Chartreuse de Valenciennes.
132H1pièces 1, 5 à 5c, 6 et 6a ; 132H20 : Couvent Notre-Dame de Beaumont à Valenciennes.

3. Archives départementales du Pas-de-Calais

Série A

A7^{23} : Entente entre le couvent de Saint-Vaast et le comte d'Artois (garenne de Mofflaines).
A26^{9} : Assignations sur les bois de Rihoult et de Mentque.
A34^{15} : Ventes aux enchères de bois (Hesdin).
A35^{18} : Autorisation de vente de bois (Hesdin).
A39^{35} : Chirographe de ventes (agrandissement du parc d'Hesdin).
A39^{37} : Lettres de caution (agrandissement du parc d'Hesdin).
A39^{39} : Chirographe de ventes (agrandissement du parc d'Hesdin).
A40^{4} : Échange de terres (agrandissement du parc d'Hesdin).
A67^{10} : Engagement de remboursement (dommages au parc d'Hesdin).
A98^{19} : Mandement de la comtesse d'Artois (bois de clôture).
A98^{19bis} : Attestation du mandement précédent.
A137^{1} ; A155^{9} : Rouleaux de comptes du bailliage d'Hesdin.
A161 : Payement de Louis, clerc du roi de Sicile, à un valet de la comtesse de Hainaut « qui présenta un blanc espervier ».
A166^{4} ; A166^{5}; A168^{1} ; A168^{2} : Rouleaux de comptes du bailliage d'Hesdin.
A175 : Gages pour quatre chiens appartenant à Baudoin « le pertriseres madame » ... « pour tendre as predris ».
A178 : Registre de compte de l'hôtel.
A180^{3} ; A188^{3} ; A190^{4} ; A196^{3} ; A198^{3} ; A213^{1} ; A221^{4} : Rouleaux de compte du bailliage d'Hesdin.
A221^{6} : Rouleau de compte du bailliage de Saint-Omer.
A234^{3} ; A237^{1} ; A239^{2} ; A239^{6} ; A246^{2} : Rouleaux de comptes du bailliage d'Hesdin.
A249^{4} : Cahier, compte du bailliage d'Hesdin.
A259^{1} : Rouleau de compte du bailliage d'Arras.

A260^{1} ; A260^{2} ; A277 : Rouleaux de comptes du bailliage d'Hesdin.
A289^{1} : Rouleau de compte du bailliage d'Arras.
A291^{2} : Rouleau de compte du bailliage d'Hesdin.
A291^{3} : Rouleau de compte du bailliage de Saint-Omer.
A291^{4} : Rouleau de compte général du receveur d'Artois.
A294^{2} : Rouleau de compte du bailliage d'Arras.
A294^{4} : Rouleau de compte du bailliage d'Hesdin.
A304^{2} : Rouleau de compte de Langlée.
A304^{5} : Rouleau de compte du bailliage d'Hesdin.
A326 : « Despens des pourcheaus qui furent mis en paisson à Hedin ».
A322 : Rouleau de compte du veneur de la comtesse d'Artois (salaisons de macrofaune).
A324 : « Esturjon » qui fut donné à Arras.
A328^{2} ; A331^{3} ; A333^{1} ; A333^{2} ; A371^{2} : Rouleaux de comptes du bailliage d'Hesdin.
A404^{1} : Rouleau de compte du bailliage d'Arras.
A404^{4} : Rouleau de compte du bailliage d'Hesdin.
A414^{2} : Rouleau de compte du bailliage d'Arras.
A425^{3} : Rouleau de compte du bailliage de Saint-Omer.
A427^{1} et A436^{1} : Rouleaux de comptes du bailliage d'Hesdin.
A472^{2} et A533^{1} : Rouleaux de comptes du bailliage d'Arras.
A561^{6} : Rouleau de compte du bailliage de Saint-Omer.
A569^{1} : Rouleau de compte du bailliage d'Arras.
A606^{5} : Rouleau de compte du bailliage de Tournehem.
A622^{4} : Rouleau de compte du bailliage d'Hesdin.
A623^{5} et A632^{3} : Rouleaux de comptes du bailliage de Saint-Omer.
A632^{4} : Rouleau de compte du bailliage de Tournehem.
A719^{17} : Mandement de la comtesse d'Artois et de Flandre (envoi de gibier).
A729^{9} : Quittance de gibier (lapins des garennes d'Hesdin).
A757^{26} : Quittance pour les gardes de la garenne de Mofflaines (prise de carnassiers).
A765^{13} : Quittance concernant la garenne de Mofflaines (prise de carnassiers).
A765^{134} : Quittance concernant la garenne de Willeman.
A803 : Liasse de travaux effectués à la maison de Boiry-Notre-Dame (garenne de Mofflaines).
A813 : Registre, compte du bailliage d'Hesdin.

Série B (partiellement détruite)

2B771 : Registre, droit de franche garenne au bois de Mofflaines (1605-1640).

Série H (quasi-intégralement détruite)

1H1 fol. 195 v° à 196 v° : Extraits du *Cartulaire de Guiman*, lettres de Philippe VI, duc de Bourgogne au couvent Saint-Vaast d'Arras (bois de Mofflaines).

Microformes, collection Normand

Normand 16 ; 17 ; 18 ; 19 et *20* : Rouleaux de comptes, bailliage d'Hesdin.

B. Sources graphiques

1. Bibliothèque nationale

Atlas de Cassini.
Ge BB 567 (67) : Vieil-Hesdin et ses environs, datation : 1738.
Ge D4507 : Secteur forestier de Tournehem, sans date (carte inachevée).

2. Archives départementales du Nord

C1340 Cysoing : Bois appartenant à l'abbaye de Cysoing, datation : 1720.
C1340 Cysoing : Bois appartenant à l'abbaye de Cysoing, sans date (vers 1680-1700).
PL Avesnes 32 : Terres, pâtures et jardins de diverses communes, datation : 1750.
PL Douai 120 : Bois de la ville de Marchiennes, datation : 10 avril 1687.
PL Douai 328 : Bois de la ville de Marchiennes, sans date (1er tiers du XVIIIe siècle).
PL Douai 331 : Bois de la ville de Marchiennes, datation : XVIIIe siècle.
PL Hazebrouck 12 : Bois des environs de Nieppe, datation : XVIIe siècle.

3. Archives départementales du Pas-de-Calais

C&Pl 47C : Plan du bois de la garenne de Frévent, datation : octobre 1769.
C&Pl 73C : Route du Parcq à Hesdin, datation : 28 avril 1747.
C&Pl 215C : Cadastre de la commune de Fampoux (inachevé), datation : 27 septembre 1806.
C&Pl 1011C : Terroir de la commune de Willeman, datation : fin XVIIIe - début XIXe siècle.

4. Plans cadastraux

Département du Nord : Baives ; Beuvry-la-Forêt ; Bruille-lez-Marchiennes ; Cysoing ; Erre ; Fenain ; Fontaine-au-Bois ; Hecq ; Le Quesnoy ; Marchiennes ; Raucourt-au-Bois ; Rieulay ; St-Aubin ; Somain ; Tilloy-lez-Marchiennes ; Villereau ; Wandignies-Hamage ; Warlaing-Alnes.

Département du Pas-de-Calais : Le Parcq ; Neuville-Vitasse ; Wancourt.

5. Cartes IGN

Échelle 1/100000 : n°1 ; 2 ; 5 ; 10.
Échelle 1/50000 (Nord) : n°2304 et 2404 : Nieppe ; n°2605 et 2606 : Marchiennes ; n°2707 : Cartignies ; n°2708 : Fontenelles ; n°2807 : Fresseau (Féron) ; n°2808 : Fourmies, Fresseau (Féron)
Échelle 1/50000 (Pas-de-Calais) : n°2206 et 2306 : Vieil Hesdin et Le Parcq ; n°2305, 2405 et 2406 : Houdain ; n°2406 et 2506 : Tilloy-lès-Mofflaines.
Échelle 1/25000 : n°2304E et 2404O : Nieppe ; n°2504E et 2505E : Cysoing ; n°2605O et 2606O : Marchiennes ; n°2707E : Cartignies ; n°2708E : Fontenelles ; n°2807O : Fresseau (Féron) ; n°2808O : Fourmies, Fresseau (Féron)
Échelle 1/25000 (Pas-de-Calais) : n°2203E et 2204E : Tournehem, Mentque et Éperlecques ; n°2206E et 2306O : Vieil Hesdin et Le Parcq ; n°2305E : Houdain ; n°2406E : Tilloy-lès-Mofflaines.

C. Sources imprimées

Audoin-Rouzeau F., *Hommes et animaux en Europe de l'époque antique aux temps modernes. Corpus de données archéozoologiques et historiques*, Paris, CNRS Éditions, 1993.

Dom Bétencourt, *Collection des chartes de l'abbaye d'Auchy-lez-Hesdin, ordre de Saint Benoît, dépendante immédiatement du siège épiscopal de Boulogne-sur-mer, depuis la fondation de cette abbaye en 1079 jusque et compris l'an 1300*, t. I, 1788.

Crescenzi, Pietro dei (dit Pierre de Crescence), *Opus Ruralium Commodorum*, 1320. Traduit en français en 1373, sous le titre : *Le Livre des prouffits champestres et ruraux*, Paris, éd. Jean Bonhomme, 1486.

Dancus rex, Guillelmus falconarius et Gerardus falconarius. Les plus anciens traités de fauconnerie de l'Occident publiés d'après tous les manuscrits connus, par Gunnar Tilander, Lund, Carl Bloms Boktryckeri A.-B., *Cynegetica* IX, 1963.

De Coussemaker I., *Cartulaire de l'abbaye de Cysoing*, 1883.

De Loisne A., *Le cartulaire du chapitre d'Arras publié ou analysé avec extraits textuels d'après le manuscrit de la Bibliothèque nationale*, Arras, Imprimerie Rohard-Coutin, 1896.

Delmaire B., *Le compte général du receveur d'Artois pour 1303-1304. Édition précédée d'une introduction à l'étude des institutions financières de l'Artois aux XIIIe-XIVe siècles*, Bruxelles, Commission royale d'histoire, 1977.

Delmaire B., *L'histoire-polyptyque de l'abbaye de Marchiennes (1116/1121). Étude critique et édition*, Louvain-la-Neuve, Centre belge d'histoire rurale, 84, 1985.

Fossier R. (éd.). *Cartulaire-chronique du prieuré Saint-Georges d'Hesdin*, Paris, CNRS Éditions, 1988.

Gaston Phébus, *Livre de chasse édité avec introduction, glossaire et reproduction des 87 miniatures du manuscrit 616 de la Bibliothèque nationale de Paris*, par Gunnar Tilander, Karlshamn, *Cynegetica* XVIII, 1971.

Guesnon A.-H., *Le cartulaire de l'évêché d'Arras, manuscrit du XIIIe siècle avec additions successives jusqu'au milieu du XVIe. Analysé chronologiquement*, Arras, Imprimerie Rohard-Courtin, 1902.

Guesnon A.-H., *Inventaire chronologique des chartes de la ville d'Arras*, sans lieu, sans maison d'édition, sans date.

Hautcœur É., *Cartulaire de l'abbaye de Flines*, Bruxelles, Lille et Paris, Imprimerie Lefebvre-Ducrocq, 1873.

Henri de Ferrières, *Les Livres du roy Modus et de la royne Ratio publiés avec introduction, notes et glossaire*, par Gunnar Tilander, Paris, Société des anciens textes français, 1932.

Jehan de Brie, *Le Bon Berger, Traité de bergerie (XIVe siècle)*, réédition, Paris, 1879.

Olivier de Serres, *Le théâtre d'agriculture et mesnage des champs*, (1600), Paris, 1804.

Tock B.-M., *Les chartes des évêques d'Arras (1093-1203)*, Paris, Éditions du Comité des Travaux historiques et scientifiques, vol. 20, 1991.

Verhulst A. et Gysseling M., *Le compte Général de 1187, connu sous le nom de « Gros Brief », et les institutions financières du comté de Flandre au XIIe siècle*, Bruxelles, Commission royale d'histoire, 1962.

BIBLIOGRAPHIE

A. Outils de travail

Bautier R.-H. et Sornay J., *Les sources de l'histoire économique et sociale du Moyen Âge*, vol. 2, « Les principautés du Nord », CNRS Éditions, 1984.

Bonnier G. et De Layens G., *Nouvelle flore du Nord de la France et de la Belgique pour la détermination facile des plantes avec 2282 figures accompagnée d'une carte des régions botaniques*, Paris, Librairie générale de l'enseignement.

Delmaire R., *Pas-de-Calais, Carte archéologique de la Gaule. Pré-inventaire archéologique*, sous la responsabilité de Michel Provost, 1994.

Département du Nord, Résultats du 2e Inventaire Forestier, Ministère de l'Agriculture, Direction de l'espace rural de la forêt, Inventaire Forestier National, Imprimerie Nationale, 1986.

Flatrès P., *Atlas et géographie du Nord et de la Picardie*, Paris, Flammarion, 1980.

Gadant J. (dir.), *L'atlas des forêts de France*, Paris, Éd. Jean-Pierre de Monza, 1994.

Gamblin A., *Le Nord*, Paris, Larousse, 1973.

Gauvard Claude, Libera Alain de et Zink Michel (sous la direction de), *Dictionnaire du Moyen Âge*, Paris, PUF, 2002.

Godefroy F., *Dictionnaire de l'ancienne langue française du IXe au XVe siècle*, 10 vol., Paris, 1881-1902.
Godin et Cottel, *Inventaire-sommaire des archives départementales antérieures à 1790 du Pas-de-Calais*, Série B, t. 1, Paris, Imprimerie et librairie administratives de Paul Dupont, 1875.
Haigneré D., *Inventaire-sommaire des archives départementales antérieures à 1790 du Pas-de-Calais*, Archives ecclésiastiques, Série G, 2 t, Arras, Imprimerie P.-M. Laroche, 1891.
Histoire des forêts françaises. Guide de recherche, Institut d'histoire moderne et contemporaine (CNRS) - Laboratoire d'économie forestière et agricole (INRA), Paris, CNRS Éditions, 1982.
Le Goff Jacques et Schmitt Jean-Claude (sous la direction de), *Dictionnaire raisonné de l'Occident médiéval*, Paris, Fayard, 1999.
Loriquet H. et Chavanon J., *Inventaire-sommaire des archives départementales antérieures à 1790 du Pas-de-Calais*, Archives ecclésiastiques correspondant au fond de l'abbaye Saint-Vaast, Série H, t. 1, Arras, Imprimerie de la Société du Pas-de-Calais, 1902.
Niermeyer J. F., *Mediae latinitatis lexicon minus. Lexique latin médiéval-Français/anglais*, Leiden, E. J. Brill, 1976, suppl. Biblio.
Oxford Latin Dictionary, Oxford, at the Clarendon Press, Edited by P. G. W. Glare, 1976, fascicle V.
Plaisance G., *Les formations végétales et paysages ruraux. Lexique et guide bibliographique* (publié avec l'aide du CNRS), Paris, Gauthier-Villars éditeur-imprimeur-libraire, 1959.
Richard J.-M., *Inventaire-sommaire des archives départementales antérieures à 1790 du Pas-de-Calais*, Archives civiles, Série A, 3 t, Arras, Imprimerie de la Société du Pas-de-Calais, 1878.
Thumerelle P.-J., *Atlas du Pas-de-Calais*, Lyon, Éditions Horvath, 1993.
Tison G., *Inventaire-sommaire des archives départementales antérieures à 1790 du Pas-de-Calais*, Archives ecclésiastiques correspondant au fond de l'abbaye Saint-Vaast, Série H, t. 2, Arras, Imprimerie moderne, 1906.

B. Histoire rurale et forestière

Bechmann R., *Des arbres et des hommes. La forêt au Moyen Âge*, France, Flammarion, 1984.
Birot Y. et Lacaze J.-F., *La forêt*, Évreux, Flammarion, 1994.

Bourin-Derruau M., *Temps d'équilibres, temps de ruptures (XIIIe siècle)*, Paris, Éditions du Seuil, 1990.

Braudel F., *Écrits sur l'histoire*, Saint-Amand-Montrond (France), Flammarion, 1989.

Cointat M., « L'administration des Eaux et Forêts et les archives forestières », *Les Cahiers haut-marnais*, 39, 1954, pp. 169-173.

Deffontaines P., *L'homme et la forêt*, Paris, Librairie Gallimard, 1933.

Deléage J.-P., *Une histoire de l'écologie*, Paris, Éditions la Découverte, 1991.

Delort R., « Percevoir la nature au Moyen Âge. Quelques réflexions », *Campagnes médiévales. L'homme et son espace. Études offertes à Robert Fossier*, Paris, Publications universitaires de la Sorbonne, 1995, pp. 31-43.

Devèze M., *La vie de la forêt française au XVIe siècle*, t. 1, Paris, SEVPEN, 1961.

Duby G., *Féodalité*, coll. Quarto, France, Éditions Gallimard, 1996, 1537 p.

Duby G. et Wallon A. (dir.), *Histoire de la France rurale*, Tours, Éditions du Seuil, 1975 et 1992.

Les eaux et forêts du 12e au 20e siècle, Paris, CNRS Éditions, 1987.

Guilaine J. (dir.), *Pour une archéologie agraire à la croisée des sciences de l'homme et de la nature*, Paris, Armand Colin, 1991.

L'histoire rurale en France, Actes du colloque de Rennes, *Histoire et Sociétés Rurales*, 3, 1995.

Lebecq S., *Les origines franques (V^e-IXe siècle)*, Paris, Éditions du Seuil, 1990.

Maury A., *Les forêts de la Gaule et de l'ancienne France. Aperçu sur leur histoire, leur topographie et la législation qui les a régies suivi d'un tableau alphabétique des forêts et des bois de l'empire français*, Paris, Librairie philosophique de Ladrange, 1867.

Munaut A.-V., « La forêt gauloise dans le Nord de la Gaule Belgique. Enquête palynologique préliminaire », *Revue du Nord*, t. LXX, 1988, pp. 5-21.

Muxart, T., Vivien, F.-D., Villalba, B. *et alii.*, *Des milieux et des hommes : fragments d'histoires croisées*, Paris, Elsevier, 2003.

Plaisance G., « Les caractères originaux de l'exploitation ancienne des forêts », *Revue de géographie de Lyon*, vol. XXVIII, 1, 1953, pp. 17-26.

Rackham O., *Trees and Woodland in the British Landscape*, Londres, 1976.

Sivéry G., *Terroirs et communautés rurales dans l'Europe occidentale au Moyen Âge*, France, Presses universitaires de Lille, 1990.
Symposium international d'histoire forestière, Nancy, École nationale du génie rural des Eaux et Forêts, 1982.
Van der Leeuw S. (éd.), *L'homme et la dégradation de l'environnement*, Actes des XVe rencontres internationales d'archéologie et d'histoire d'Antibes, Sophia Antipolis, Éditions APDCA, 1995.
Vernet J.-L., *L'homme et la forêt méditerranéenne de la Préhistoire à nos jours*, Paris, Éditions Errance, 1997.

C. Paysage, environnement, végétation

L'archéologie du paysage, Actes du colloque de Paris de 1977, t. 2, *Caesarodunum*, 13, 1978.
Beck C., Beck P. et Duceppe-Lamarre F., « Les parcs et jardins des résidences des ducs de Bourgogne au XIVe siècle. Réalités et représentations », dans Renoux A. (dir.), *« Aux marches du palais » Qu'est-ce qu'un palais médiéval ?,* Actes du VIIe Congrès International d'Archéologie Médiévale, Le Mans - Mayenne, 9–11 septembre 1999, Publications du LHAM, Université du Maine, 2001, pp. 97-111.
Beck, C. et Casset, M., « Résidences et environnement : les parcs en France du Nord (XIIIe – XVe siècles) », dans Cocula, Anne-Marie et Combet, Michel (textes réunis par). *Le château et la nature*, actes des rencontres d'archéologie et d'histoire en Périgord, Bordeaux, Presses universitaires de Bordeaux, *Scripta Varia* n°11, 2005, pp. 117-133.
Beck C. et Delort R. (éd.), *Pour une histoire de l'environnement. Travaux du programme interdisciplinaire de recherche sur l'environnement*, Actes du programme scientifique et du colloque de mars 1991 sur l'histoire de l'environnement et des phénomènes naturels, Paris, CNRS Éditions, 1993.
Le bois et la forêt en Gaule et dans les provinces voisines, Actes du colloque de Tours, de 1984, *Caesarodunum*, 1985, t. XXI.
Colardelle M. (dir.), *L'homme et la nature au Moyen Âge*, Actes du Ve Congrès International d'Archéologie Médiévale de 1993, Grenoble, Errance, 1996.
Colardelle M. et Verdel É. (dir.), *Les habitats du lac de Paladru (Isère) dans leur environnement. La formation d'un terroir au XIe siècle*,

Paris, Éditions de la maison des sciences de l'homme, coll. Documents d'Archéologie Française, 1993.

Dion R., *Essai sur la formation du paysage rural français*, Paris, Flammarion, 1991.

Dubois J.-J., « Les plans des forêts de la région du Nord aux XVIIe-XVIIIe siècles. Quelques remarques sur leur utilisation », *Bulletin de la Section de géographie*, Comité des travaux historiques et scientifiques, t. 82, 1978 (1975-1977), pp. 101-126.

Dubois J.-J., « Les lisières forestières d'après les anciens plans des forêts de la région du Nord aux XVIIe-XVIIIe siècles », *Colloques phytosociologiques*, VIII, 1979, pp. 273-285.

Dubois J.-J., « L'évolution des paysages forestiers de la région du Nord. L'intérêt de l'analyse régressive des paysages », *Hommes et Terres du Nord*, 3, 1980, pp. 27-63.

Dubois J.-J., *Espaces et milieux forestiers dans le nord de la France. Étude de biogéographie historique*, thèse d'État, Université de Paris I, 1989.

Dubois J.-J., « Espaces et paysages forestiers du Nord-Ouest de la France du XIIe au XVIIIe siècles. L'apport de la biogéographie historique », *XXVII Settimana di Studi « L'uomo e la foresta, seccoli XIII-XVIIII »*, Prato, 1995, pp. 1-21.

Duceppe-Lamarre F. et Engels J.I. (dir.), *Environnement et pouvoir en France et en Allemagne/Umwelt und Herrschaft in Frankreich und in Deutschland*, Paris, Les Ateliers de l'Institut historique allemand de Paris, 12 juin 2006 (à paraître).

Duceppe-Lamarre F., « L'archéologie du paysage à la conquête des milieux forestiers ou l'objet paysage vu par l'archéologue de l'environnement », *Hypothèses 1998 : Travaux de l'École doctorale d'Histoire*, Publications de la Sorbonne, n°2, pp. 85-94.

Duceppe-Lamarre F., « Le complexe palatial d'Hesdin et la structuration de l'environnement (nord de la France, XIIIe - XIVe siècles) », *Centre, Région, Périphérie*, 3e Congrès international de l'Archéologie médiévale et post-médiévale, « Medieval Europe Basel 2002 », Bâle, 10 au 15 septembre 2002, Editors Guido Helmig, Barbara Scholkmann, Mathias Untermann, Hertingen (Suisse), 2002, vol. 2, pp. 96-101.

Durand A., *Paysages, terroirs et peuplement dans les campagnes du bas Languedoc (X^{e}-XIIe siècle)*, thèse universitaire, Université de Paris I, Sorbonne, 1991, 3 vol.

Fourteau A.-M., « Botanique et paysage. Les haies d'une commune du Berry (Sagonne) », *Archéologie médiévale*, Paris, CNRS Éditions, t. XIII, 1983, pp. 155-183.

Galop D., *La forêt, l'homme et le troupeau dans les Pyrénées. 6000 ans d'histoire de l'environnement entre Garonne et Méditerranée*, Toulouse, Université de Toulouse Le Mirail, 1998.

Meuret J.-C, *Peuplement, pouvoir et paysage sur la marche Anjou-Bretagne (des origines au Moyen Âge)*, Laval, Société d'Archéologie et d'Histoire de la Mayenne, 1993.

Mornet É. et Morenzoni F. (travaux réunis par), *Milieux naturels, espaces sociaux. Études offertes à Robert Delort*, Paris, Publications de la Sorbonne, 1997.

Paillet A., « Étude archéologique des haies de bocage bourbonnaises », *Revue d'archéologie moderne et d'archéologie générale*, 5, 1987, pp. 47-77.

Le paysage rural : réalités et représentations, Actes du Xe congrès des historiens médiévistes de l'enseignement supérieur public, 18-19 mai 1979, *Revue du Nord*, Numéro spécial, Lille, Imprimerie de l'Université de Lille III, 1980, LXII, 244.

Pitte J.-R., *Histoire du paysage français. t. I Le sacré : de la préhistoire au XVe siècle. t. II Le profane. Du XVe siècle à nos jours*, Paris, Tallandier, 1983 et 1989.

Du pollen au cadastre..., Actes du colloque de Lille des 10-12 octobre 1985, Université de Lille, *Hommes et Terres du Nord*, 2-3, 1986.

Rougerie G., *Les milieux forestiers*, Paris, Presses Universitaires de France, 1983.

Verhulst A., *Histoire du paysage rural en Flandre de l'époque romaine au XVIIIe siècle*, Bruxelles, La renaissance du livre, 1966.

Verhulst A., *Le Paysage rural. Les structures parcellaires de l'Europe du Nord-Ouest*, Typologie des sources du Moyen Âge occidental, Turnhout, Brepols, fasc. 73, 1995.

D. Faune

Audoin-Rouzeau F., « Bêtes médiévales et familiarité. Animaux familiers de l'esprit, animaux familiers de la vie », *Anthropozoologica*, 20, 1994, pp. 11-40.

Bökönyi S., *History of domestic mammals in Central and Eastern Europe*, Budapest, Akadémiai Kiadó, 1988.

Brunel G., « Bêtes sauvages et bêtes d'élevage. L'exemple de la forêt de Retz (XIIe-XIVe siècles) », *Campagnes médiévales. L'homme et son espace. Études offertes à Robert Fossier*, Paris, Publications de la Sorbonne, 1995, pp. 157-162.

Burg A.-M., « Le droit de glandée et l'élevage du porc en forêt de Haguenau au début du XVIe siècle », *Bulletin philologique et historique (jusqu'à 1610) du Comité des travaux historiques et scientifiques*, Actes du 92e Congrès national des Sociétés savantes, Paris, Bibliothèque Nationale, année 1967 (1969), vol. 1, pp. 129-136.

Buridant J., « Les aménagements cynégétiques en forêt dans les traités de chasse et d'agronomie des XVIe-XVIIIe siècles », dans Corvol A. (dir.). *Forêts et Faune, Cahier d'études Environnement, Forêt et Société, XVIe-XXe siècle*, IHMC-CNRS, 12, 2001, pp. 33-40, 91-92.

Callou C., *De la garenne au clapier : étude archéozoologique du lapin en Europe occidentale*, Paris, Publications scientifiques du Muséum, 2003.

Callou C., « Modifications de l'aire de répartition du lapin (*Oryctolagus cuniculus*) en France et en Espagne, du Pléistocène à l'époque actuelle. État de la question », *Anthropozoologica*, 21, 1995, pp. 95-114.

Champême L.-M., Fernandez L. et Germond G., « Le problème archéologique des Garennes », *Archéologie Médiévale*, Paris, CNRS Éditions, t. XVIII, 1988, pp. 239-254.

La chasse au Moyen Âge, Actes du colloque de Nice, Publications de la Faculté des lettres et des sciences humaines de Nice, 20, 1980.

Le château, la chasse et la forêt, Cahiers de Commarque, Bordeaux, éd. Sud-Ouest, 1990.

Clavel B., *L'animal dans l'alimentation médiévale et moderne en France du nord (XIIe-XVIIe siècles), Revue archéologique de Picardie*, n° spécial 19, 2001.

Combérieux X., *Exploitation cynégétique et déplacements de cervidés depuis la Préhistoire*, Université de Paris I, 1991 (mémoire de maîtrise).

De Lagrange-Ferrègues G., « Nérac. Notes sur la Garenne », *Revue de l'Agenais*, a. 89, 1, 1963, pp. 11-15.

Delort R., *Les animaux ont une histoire*, Paris, Éditions du Seuil, 1984.

Delort R., « Zoologie et histoire des animaux à la fin du Moyen Âge et au XVIe siècle », *Anthropozoologica*, 1, 1984, pp. 38-42.

Desse J. et Audoin-Rouzeau F. (dir.), *Exploitation des animaux sauvages à travers le temps*, Juan-les-Pins, Éditions APDCA, 1993.

Devèze M., « Le pâturage au XVIe siècle dans la moitié Nord de la France d'après les « coutumes » », *Bulletin philologique et historique (jusqu'à 1610) du Comité des travaux historiques et scientifiques*, Actes du 92e Congrès national des Sociétés savantes, Paris, Bibliothèque Nationale, année 1967 (1969), vol. 1, pp. 29-41.

Duceppe-Lamarre F., « La fonction cynégétique des espaces boisés médiévaux à travers l'exemple des cervidés et lagomorphes du Nord-Pas-de-Calais (XIe-XVe siècles) », *Anthropozoologica*, 28, 1998, pp. 35-43.

Duceppe-Lamarre F., « Une génération de gestion animale au début du XIVe siècle : la comptabilité du territoire d'élevage et de chasse d'Hesdin (Pas-de-Calais, France) », dans *La gestion démographique des animaux à travers le temps, VIth International Conference of the Association « L'Homme et l'Animal, Société de Recherche Interdisciplinaire »*, 16-18 september 1998, Torino (Italia), *Anthropozoologica,* MNHN-CNRS Ed., 31 et *Ibex Journal of Mountain Ecology*, 5, 2000 (2001), pp. 125-135.

Duceppe-Lamarre F., « Éliminer les indésirables à Hesdin (Artois, XIIIe-XVe siècles) », dans Corvol A. (dir.). *Forêts et Faune, Cahier d'études Environnement, Forêt et Société, XVIe-XXe siècle*, IHMC-CNRS, 12, 2001, pp. 5-10, 87-88.

Duceppe-Lamarre F., « Une réserve particulière, les parcs à gibier », dans Corvol A. (dir.). *Forêts et Réserves cynégétiques et biologiques, Cahier d'études Environnement, Forêt et Société, XVIe-XXe siècle*, IHMC-CNRS, n°13, 2002, pp. 11-16, 75-76.

Duceppe-Lamarre F., « Une économie de l'imaginaire à l'œuvre. Le cas de la réserve cynégétique d'Hesdin (Artois, XIIIe-XVe siècles*), Les forêts d'Occident du Moyen Âge à nos jours*, 24e journées internationales d'Histoire de Flaran, Presses universitaires du Mirail, 2004, pp. 39-55.

Duceppe-Lamarre F., Lepetz S. et Yvinec J.-H., « Caractériser la faune sauvage par l'apport conjoint des os et des textes (nord de la Gaule, Antiquité-haut Moyen Âge) », dans Corvol A. (dir.). *Forêts et Faune, Cahier d'études Environnement, Forêt et Société, XVIe-XXe siècle*, IHMC-CNRS, 12, 2001, pp. 11-24, 89-90.

Durand R. (dir.), *L'homme, l'animal domestique et l'environnement du Moyen Âge au XVIIIe siècle*, Colloque de Nantes du 22 au 24 octobre 1992, Ouest Éditions, Université de Nantes, 19, 1993.

Garrigoux A., « Chasse et pêche en Haute-Auvergne au XIVe siècle. Transaction entre le seigneur Louis de Dieuse et ses tenanciers au sujet de la chasse et de la pêche », *Nouvelle Revue historique de droit français et étranger*, 4e série, 18e année, 1939, pp. 259-265.

Germond G., « Salles, Le Parc. Sondage, levée de garenne », *Bulletin de liaison et d'information Préhistorique-Historique*, 15, 1986, p. 58.

Guizard-Duchamp F., « Les parcs à gibier carolingiens d'après les sources narratives », dans Corvol A. (dir.), *Forêt et Chasse (Xe-XXe siècle)*, Paris, L'Harmattan, 2004, pp. 17-27.

Husson J.-P., « Vaîne pâture et glandée dans les forêts lorraines », *Revue lorraine populaire*, a. 9, 54, 1983, pp. 293-294.

Mac Gregor A., « Deer on the move. Relocation of stock between game parks in the sixteenth and seventeenth centuries », *Anthropozoologica*, 16, 1992, pp. 167-179.

Mane P., « Abeilles et apiculture dans l'iconographie médiévale », *Anthropozoologica*, 14-15, 1991, pp. 25-48.

Muratova X., « Aspects de la transmission textuelle et picturale des manuscrits des bestiaires anglais à la fin du XIIe et au début du XIIIe siècle », *Comprendre et maîtriser la nature au Moyen Âge : mélanges d'histoire des sciences offerts à Guy Beaujouan*, 1994, pp. 579-605.

Pelosse V. (dir.), Sauvage et domestique, *Études rurales*, Paris, ÉHÉSS, 129-130, 1993.

Pesson P. (dir.), *Écologie forestière. La forêt. Son climat, son sol, ses arbres, sa faune*, Paris, Bordas, 1974.

Ponel P. et Yvinec J.-H., « L'archéoentomologie en France », *Les Nouvelles de l'Archéologie*, 68, 1997, pp. 31-37.

Poplin F., « La vraie chasse et l'animal vrai », *Anthropozoologica*, 13, 1990, pp. 45-47.

Salisbury J. E., *The beast within. Animals in the Middle Ages*, Routledge, New York, 1994.

Schnerb B., *Jean sans Peur. Le prince meurtrier*, Paris, Payot, 2005.

Van den Abeele B., « Les aigles pourvoyeurs de l'évêque de Mende Adam de Heurteloup (1586-1608) », *Chroniques de Haute Provence, Bulletin de la Société scientifique et littéraire des Alpes de Haute Provence*, n°347-348, 2002, pp. 81-92.

Vigne J.-D., « Des animaux introduits par l'homme dans la faune de l'Europe », 5e Colloque d'histoire des connaissances zoologiques, *Les transferts anciens de mammifères en Europe occidentale. Histoire, mécanismes et implications dans les sciences de l'homme et les sciences de la vie*, Université de Liège, 1994, pp. 15-38.

Yvinec J.-H., « La part du gibier dans l'alimentation du haut Moyen Âge », *Exploitation des animaux sauvages à travers le temps*, Actes

des XIIIe Rencontres Internationales d'Archéologie et d'Histoire d'Antibes, Juan-les-Pins, 1993, pp. 491-504.
Zadora-Rio É., « Viviers et parcs à gibier en Anjou », *Dossiers Histoire et Archéologie*, 106, 1986, pp. 74-77.

E. Monographies régionales et études de cas

Bécourt H., *Histoire de la forêt de Mormal*, Lille, Imprimerie L. Daniel, 1887.
Bougard P., Hilaire Y.-M. et Nolibos, A. (dir.), *Histoire d'Arras*, Éditions des Beffrois, 10, 1988.
Boutry L., « La forêt d'Ardenne », *Annales de géographie*, année XXIX, 157, 1920, pp. 261-279.
Broez A., Dumont T., Garin J.-L. et Schuermans M., *Étude du site de l'abbaye de Liessies*, Association du Pays d'Helpe, Écomusée de la région de Fourmies-Trélon.
Brunel G., « L'implantation des ordres religieux de Prémontré, Cîteaux et Fontevraud dans la région de Villers-Cotterêts au XIIe siècle. Une réponse à de nouveaux besoins ? », *Société Historique Régionale de Villers-Cotterêts*, 1986, pp. 195-224.
Chapelot J., *Le château de Vincennes. Une résidence royale au Moyen Âge*, Paris, CNRS Éditions - Caisse nationale des monuments historiques et des sites, 2001 (réédition).
Delmaire B., « Thérouanne et Hesdin ; deux destructions (1553), une reconstruction », In : *Destruction et reconstruction de villes, du Moyen Âge à nos jours*, Actes du 18e Colloque international, Spa, 10-12 septembre 1996, Bruxelles, Crédit communal, Collection Histoire, n°100, 1999, pp. 127-153.
Derex J.-M, *Histoire du bois de Vincennes. La forêt du roi et le bois du peuple*, Paris, L'Harmattan, 1997.
Derville A. (dir.), *Histoire de Béthune et de Beuvry*, Westhoek-Éditions, 8, 1985.
Derville A., « Somain et les *Brevium exempla* », *Revue du Nord*, t. LXXVII, 309, 1995, pp. 7-11.
Dœhaerd R., *Note sur l'histoire d'un ancien impôt. Le tonlieu d'Arras*, Arras, Nouvelle Société Anonyme du Pas-de-Calais, 1946.
Dubois J.-J., « Influences humaines sur l'évolution des paysages et des limites de la forêt de Mormal », *Hommes et Terres du Nord*, 1973, pp. 73-106.

Duceppe-Lamarre F., « Le parc à gibier d'Hesdin. Mises au point et nouvelles orientations de recherches », *Revue du Nord – Archéologie de la Picardie et du Nord de la France*, t. LXXXIII, 343, 2001, pp. 175-184.

Escallier E.-A., *L'abbaye d'Anchin (1079-1792)*, Lille, L. Lefort Libraire, 1852.

Grippari-Piganiol M.-N., « Religieux et biens temporels. Le prieuré de Saint-Georges d'Hesdin (1094-1553) », *Revue du Nord*, t. LXXIV, 1992, pp. 239-257.

Hautcœur E., *Histoire de l'abbaye de Flines*, Bruxelles, Douai, Lille et Paris, 1874.

Laverne X., « La forêt domaniale d'Orléans », *Revue forestière française. Forêts, chasse, pêche, nature*, 10, 1968, pp. 653-664.

Lefèvre S., « Haies, bois clos, défens et garennes dans la région parisiennc au Moyen Âge », *La Forêt privée*, Paris, 148, 1982, pp. 73-87.

Lefèvre S., « La politique forestière des monastères de l'Île-de-France (XIe-XIIIe siècles) », *Actes du Symposium International d'Histoire forestière*, Nancy, École nationale du génie rural, des eaux et forêts, t. 1, 1982, pp. 19-36.

Leymarios C., « Le massif forestier de Marchenoir et ses fortifications en terre », *Bulletin de la société d'art et d'archéologie de la Sologne*, 2, 1974, pp. 7-9.

Machut R., « La cense du Defois dans la communauté de Fenain », *Revue du Nord*, t. XLV, 1963, pp. 5-29.

Machut R., « Une cause singulière de défrichement forestier : la difficile répression des délits à Fenain », *Mémoires de la Société d'agriculture, sciences et arts de Douai*, sér. 5, t. 1, 1965 (1956-1964), pp. 63-78 et *Mémoires des amis du vieux Somain*, 1970, pp. 35-56.

Machut R., *Historique de Fenain*, 1987, (rapport dactilographié).

Michaud-Fréjaville F., « La forêt des Loges (Loiret) forêt royale au XIIIe siècle », *Bulletin de la Société archéologique et historique de l'Orléanais*, t. 10, 83, 1989, pp. 3-9.

Plaisance G., *Les forêts en Bourgogne, leur histoire, leur utilité, leur place dans la vie de tous les jours, dans l'art et la littérature*, Le Coteau, Horvath, 1988.

Poirier L., « Bocage et plaine dans le sud de l'Anjou », *Annales de Géographie*, a. XLIIIe, 241, 1934, pp. 22-37.

Sclafert T., *Cultures en Haute-Provence : déboisements et pâturages au Moyen Âge*, Paris, SEVPEN, 1959.

Sivéry G., « Herchies, un village du Hainaut (1267-1314) », *Revue du Nord*, t. LII, 1970, pp. 309-330.

Sivéry G., « L'enquête de 1247 et les dommages de guerre en Tournaisis, en Flandre gallicante et en Artois », *Revue du Nord*, t. LIX, 1977, pp. 7-17.

Sommé M., « Règlements, délits et organisation des ventes dans la forêt de Nieppe (Nord) (début XIVe - début XVIe siècle) », *Histoire des campagnes au Moyen Âge, Hommage à Guy Fourquin*, Revue du Nord, t. LXXII, 287, 1990, pp. 511-528.

Van Buren-Hagopian A., « Un jardin d'amour de Philippe le Bon au parc de Hesdin. Le rôle de Van Eyck dans une commande ducale », *Revue du Louvre et des musées de France*, 43, 1985, pp. 185-192.

Van Nieuwenhuysen A., *Les finances du duc de Bourgogne Philippe le Hardi (1384-1404)*, Bruxelles, 1984.

ILLUSTRATIONS

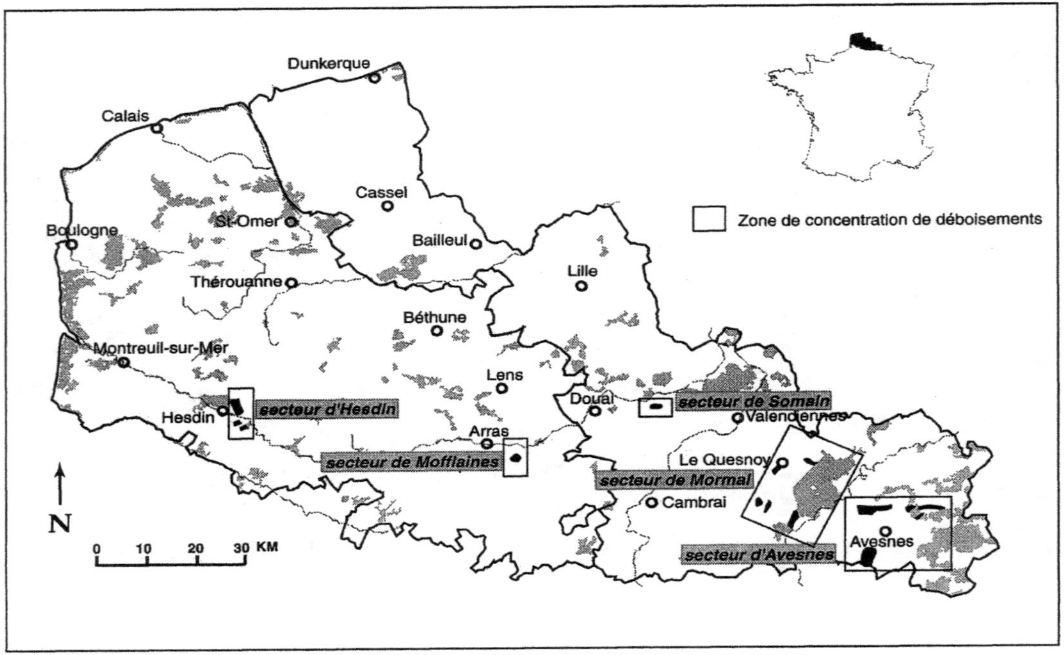

Fig. 1 : Les principaux espaces forestiers du nord de la France du Moyen Âge à aujourd'hui.

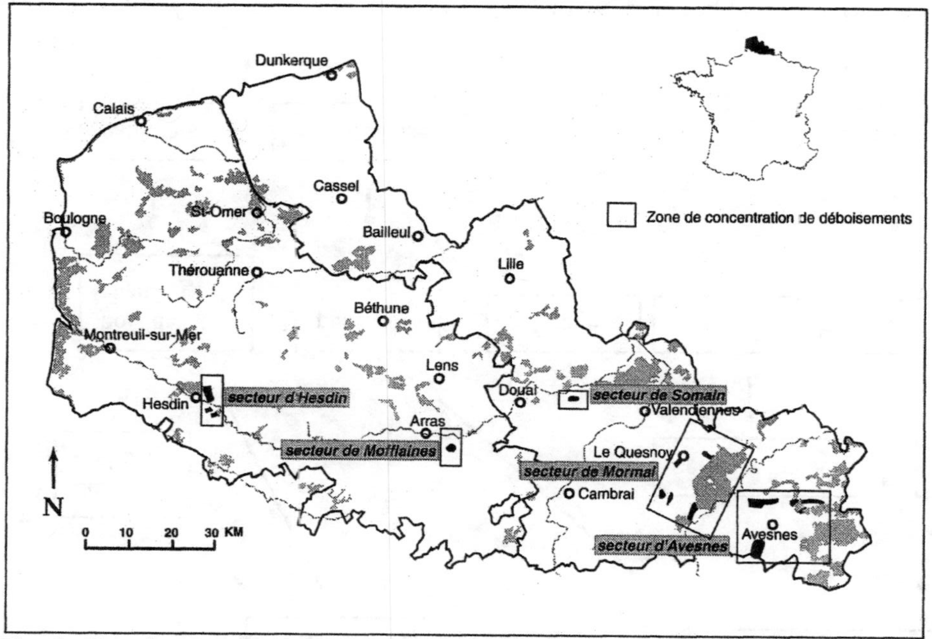

Fig. 2 : Le pâturage forestier et ses altérations d'après les sources textuelles (XIe au XVIe siècle).

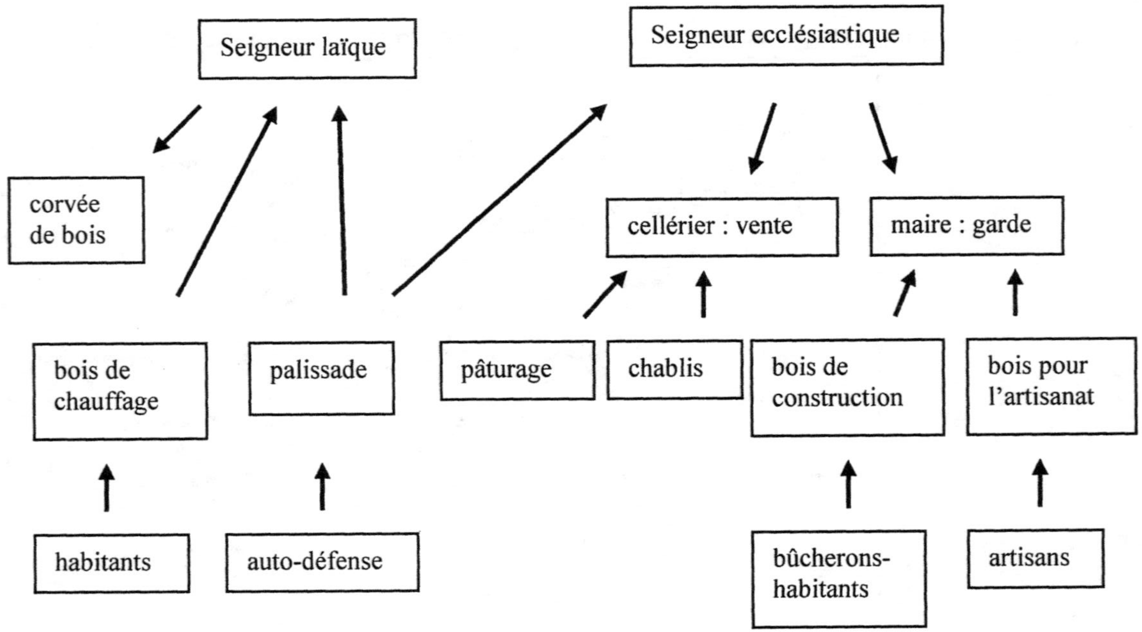

Fig. 3 : L'exploitation forestière de l'abbaye bénédictine de Marchiennes (XIe-XIIe siècles, Flandre).

années	1405-1406	1406-1407	1407-1408	1409	1410-1411
%	92,4	20,1	40,6	0	20,4

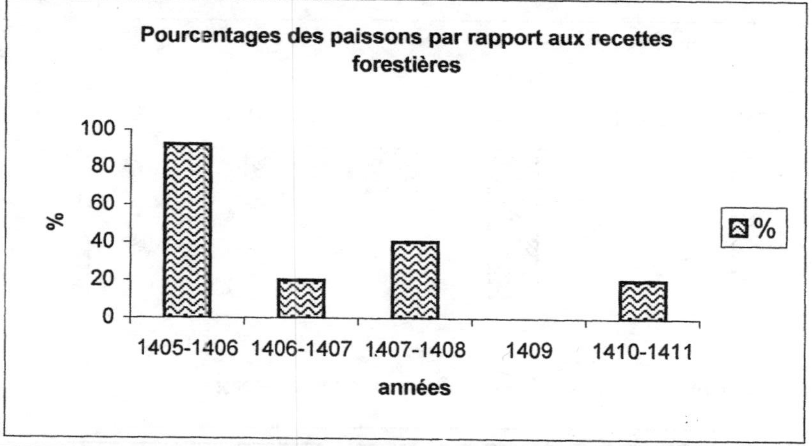

Fig. 4: Paisson des porcs et cycles de fructification dans les forêts de l'abbaye de Liessies durant le XVe siècle (Thiérache).

années	1418-1419	1420	1421	1422-1423	1424
%	31,6	23	76,8	0	67
deniers	4320	2400	16320	0	5520

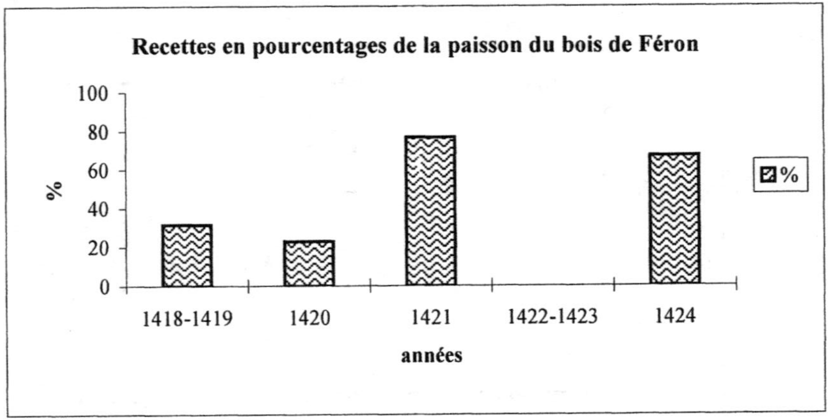

Fig. 4: Paisson des porcs et cycles de fructification dans les forêts de l'abbaye de Liessies durant le XVe siècle (Thiérache).

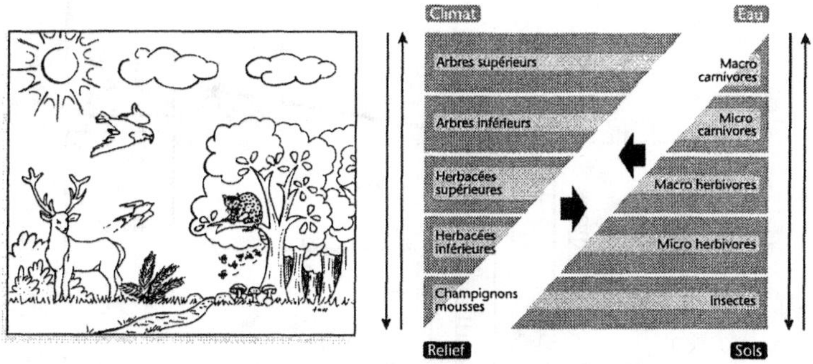

Fig. 5 : Représentation théorique de l'écosystème forestier de plaine de climat tempéré du nord de la France (ill.: F. Masse).

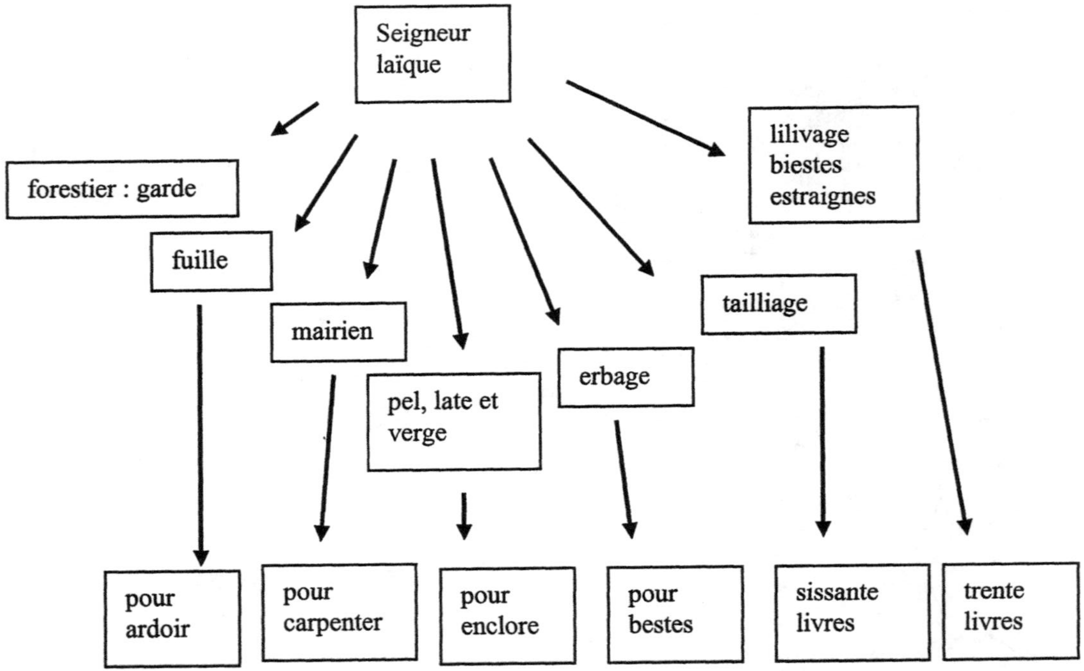

Fig. 6 : L'exploitation forestière de l'abbaye cistercienne de Flines (XIIIe siècle, Flandre).

Fig. 7 : Enclos sylvopastoral : structure archéologique d'après le *Livre de chasse* de Gaston Fébus.

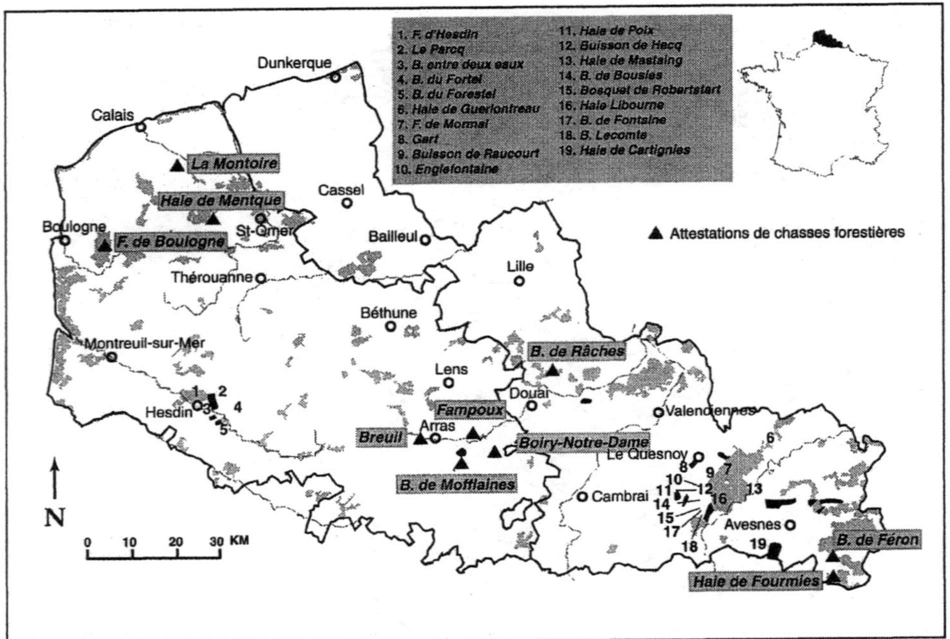

Fig. 8 : Les chasses dans les espaces boisés.

Fig. 9 : Le personnel des parcs d'Hesdin (Artois)…

D'après le compte du bailliage d'Hesdin par Robert du Plaissié, chevalier et bailli d'Hesdin. Rouleau de compte complet. Ascension 1301, A166[4]. Document en français.

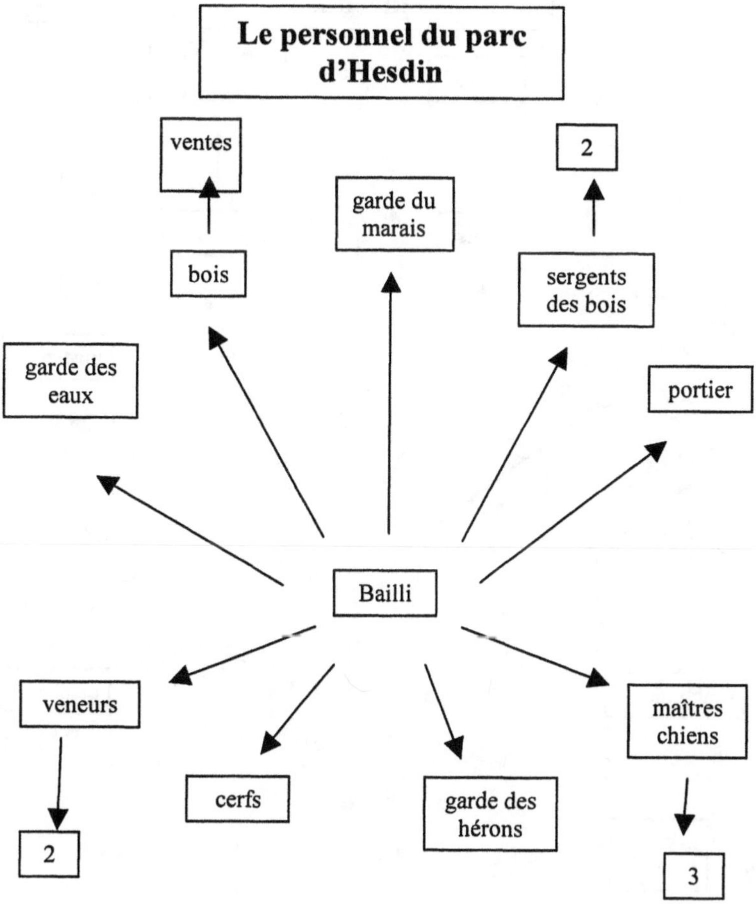

… et de Vincennes (domaine royal, région parisienne).

D'après J.-M. Derex. *Histoire du bois de Vincennes. La forêt du roi et le bois du peuple*. Paris : L'Harmattan, 1997.

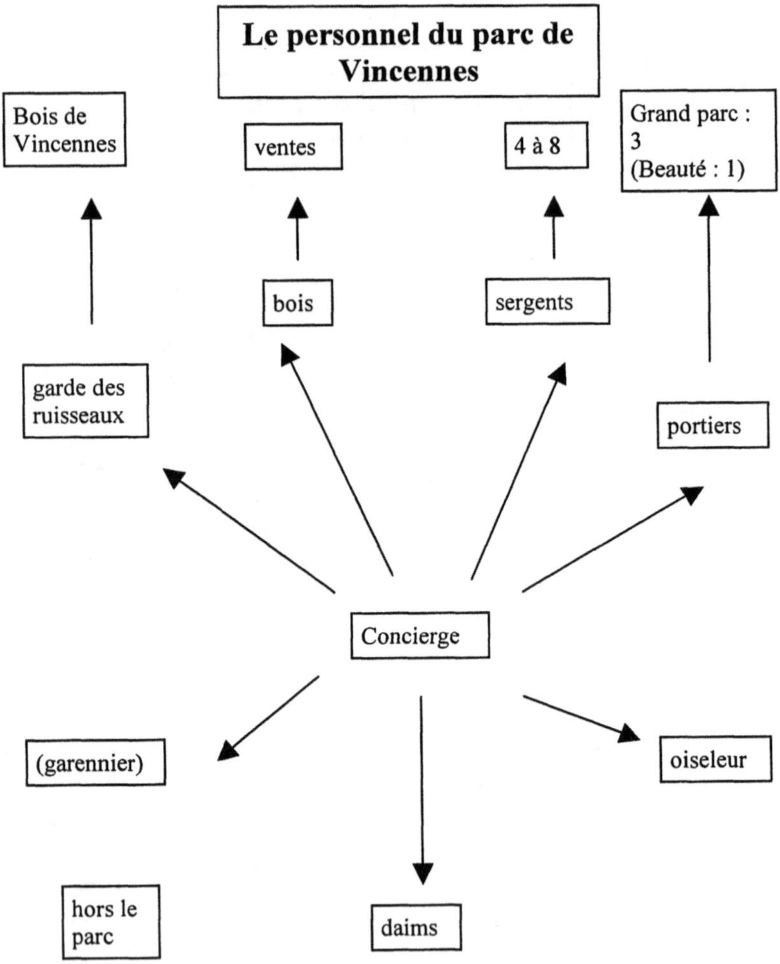

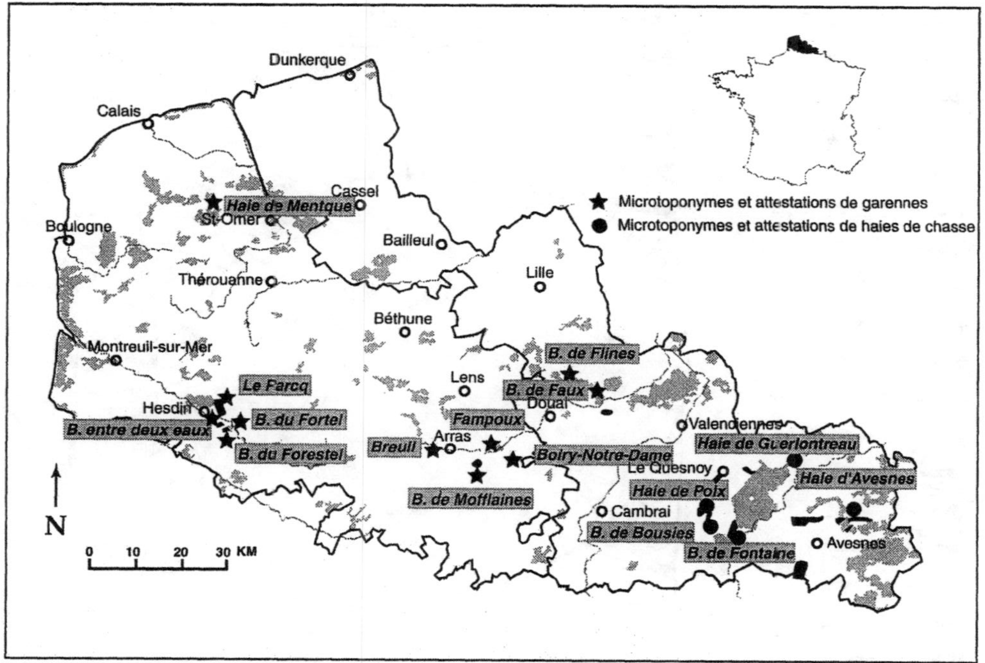

Fig. 10 : Distribution des garennes et des haies cynégétiques.

Fig. 11 : Relevé de la « conninnière » du Bois de Faux (Flandre).

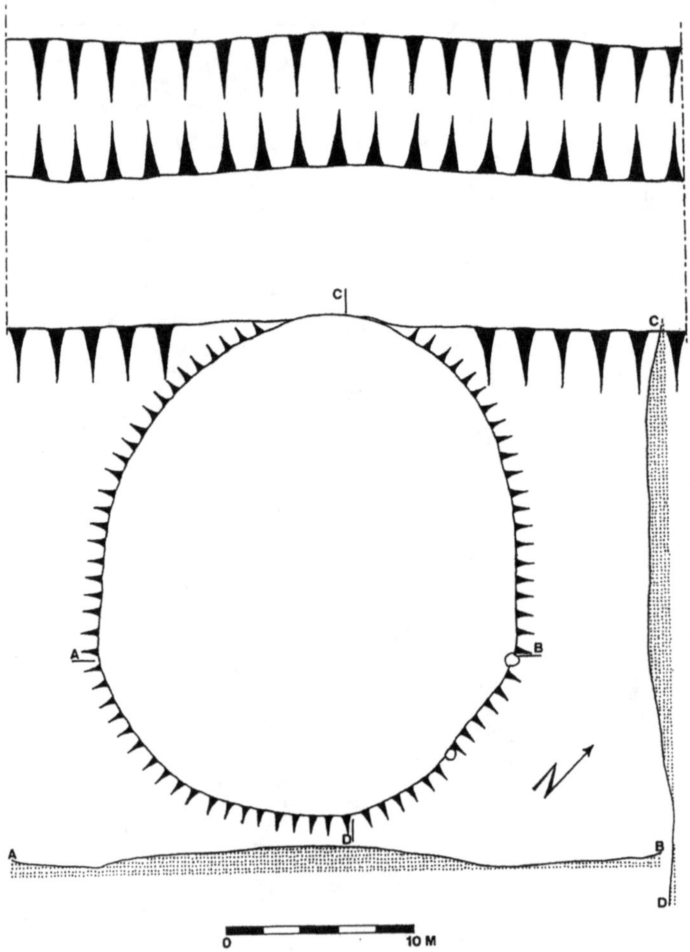

Fig. 12 : Deux illustrations de garennières d'après le *Luttrel Psalter* et l'ouvrage d'Henri de Ferrières.

Relevé d'après le *Luttrel Psalter*.

Relevé d'après le traité de chasse d'Henri de Ferrières.

Fig. 13 : Deux illustrations de garennes à lapins d'après le Maître aux boqueteaux et le *Livre de chasse* de Gaston Fébus.

Relevé d'après *Nature présentant Sens, Rhétorique et Musique* du Maître aux boqueteaux.

Relevé d'après le *Livre de chasse* de Gaston Fébus.

animal	nourriture	coût (deniers)	%	coût (lv s d)	coût quot. (d/jr)	mesures
castor	pain	270	2,2	22 s 6 d	2	
cerfs	vesce	2844	23,7	11 lv 17 s		27 cents
furets	lait	48	0,4	4 s		
hérons	peuture	7290	60,7	30 lv 7 s 6 d	54	
oiseaux 1	chènevis	469	3,9	39 s 1 d		3 menc 7 boist
oiseaux 2	blé	180	1,5	15 s		3 mines
ours	pain	810	6,7	67 s 6 d	6	
porc sanglier	blé	102	0,9	8 s 6 d		1 set 1 boist
		12013	100			

Fig. 14 : Frais alimentaires de la faune favorisée de la réserve cynégétique d'Hesdin (début 1301).

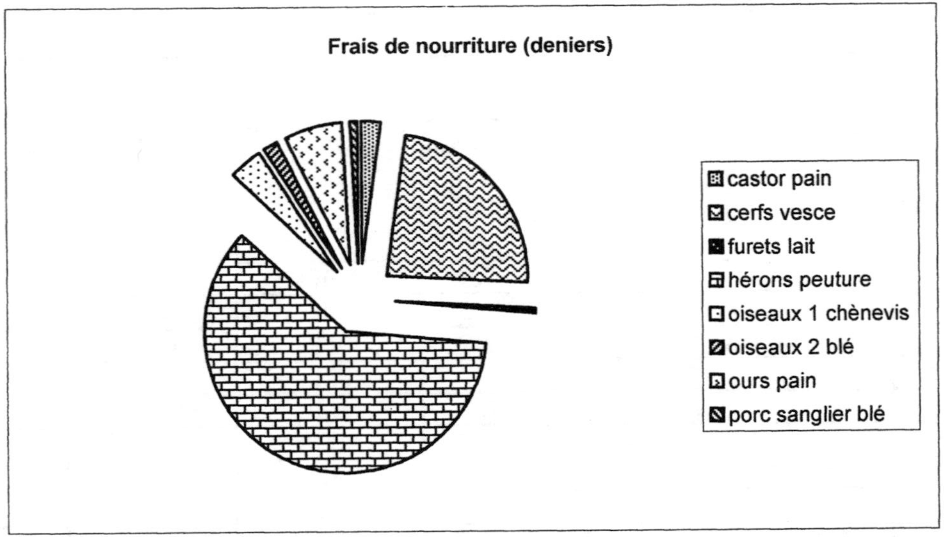

Fig. 14 : Frais alimentaires de la faune favorisée de la réserve cynégétique d'Hesdin (début 1301).

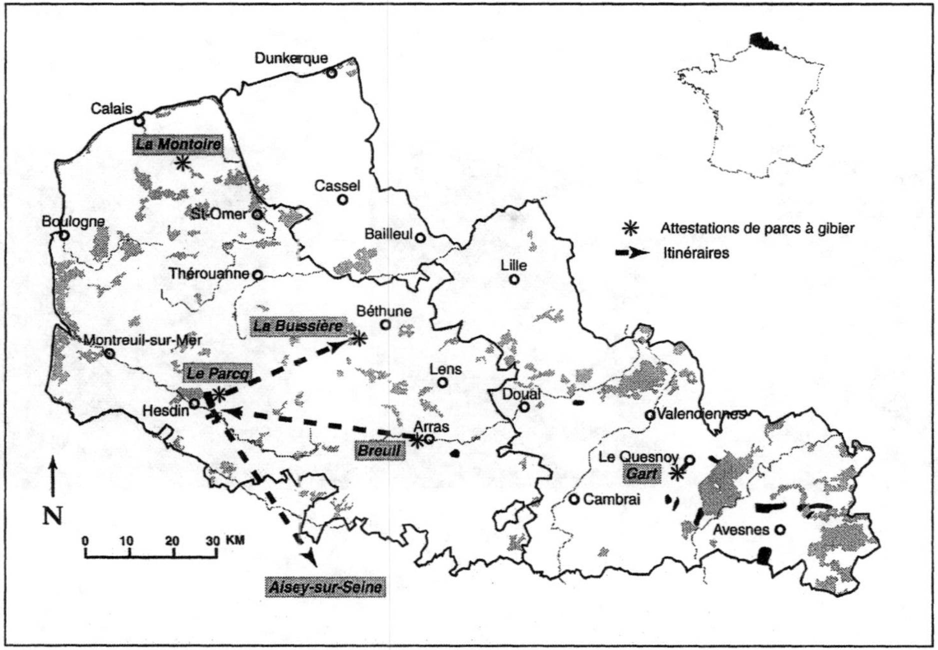

Fig. 15 : Répartition des parcs (XIe-XVIe siècles) et déplacements de cervidés au XIVe siècle.

Fig. 16 : Vestiges de la muraille du parc d'Hesdin (photos : A. Masse et F. Duceppe-Lamarre).

Fig. 17 : Relevé de la coupe de la muraille du parc d'Hesdin (commune : Le Parcq).

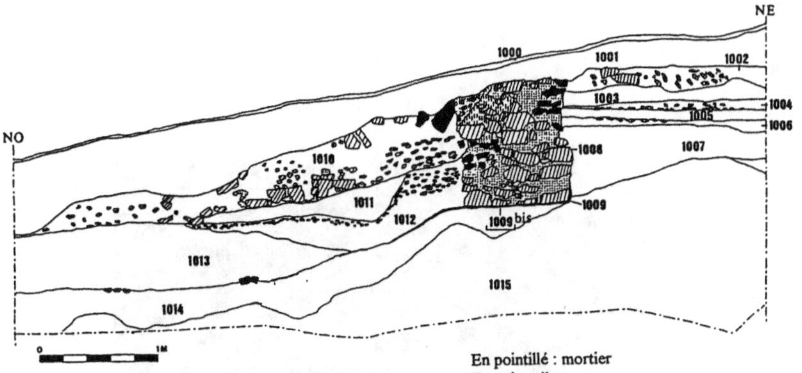

En pointillé : mortier
En noir : silex
En hachuré : craie

Description de la coupe :

1000 : humus
1001 : terre arable de couleur marron
1002 : niveau de destruction interne composé de débris de moellons de craie et de charbons de bois
1003 : niveau homogène, irrégulier, sans inclusions anthropiques, de couleur marron
1004 : niveau comprenant des granules de craie, horizontal, de couleur marron
1005 : niveau homogène, horizontal, sans inclusions anthropiques, de teinte ocre
1006 : niveau homogène sans inclusions anthropiques, de couleur brun
1007 : niveau pulvérulent à forte concentration de craie
1008 : section de la muraille du parc à gibier
1009 : niveau millimétrique de terre grasse, de couleur brun
1009 bis : tranchée de fondation de la muraille
1010 : niveau de destruction externe composé de débris de moellons de craie, de mortier jaune et de rognons de silex
1011 : lentille de couleur brun
1012 : niveau comprenant des granules de craie dans sa partie supérieure, de couleur brun clair
1013 : niveau incluant des concentrations de des granules de craie, de couleur brun-vert
1014 : niveau limono-sableux, de couleur marron/vert
1015 : substrat géologique de craie

Fig. 18 : Carrières médiévales dans le bailliage d'Hesdin : le « Blanc Mont » et le « Bois des Moines » ou « bois des Carrières ».

Fig. 19 : Restitution partielle du tracé de la muraille du parc d'Hesdin.

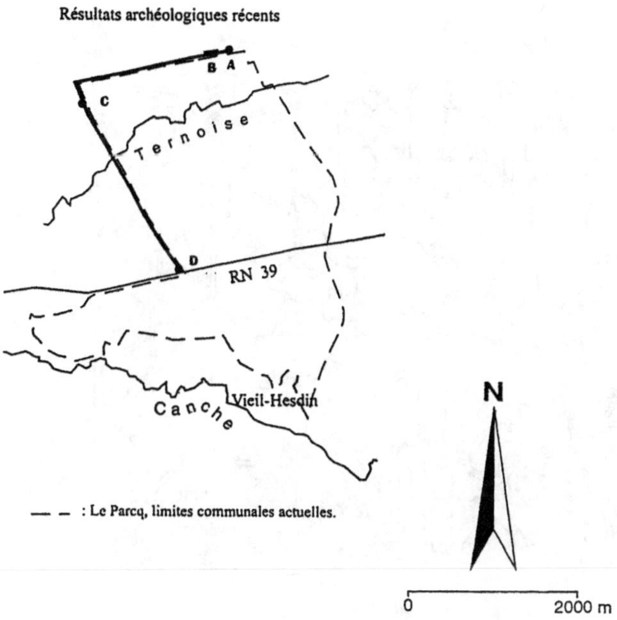

Fig. 20 : Reproduction des divers types de haies cynégétiques d'après le *Livre de chasse* de Gaston Fébus.

Fig. 21 : Trois types distincts de territoires d'élevage et de chasse médiévaux.

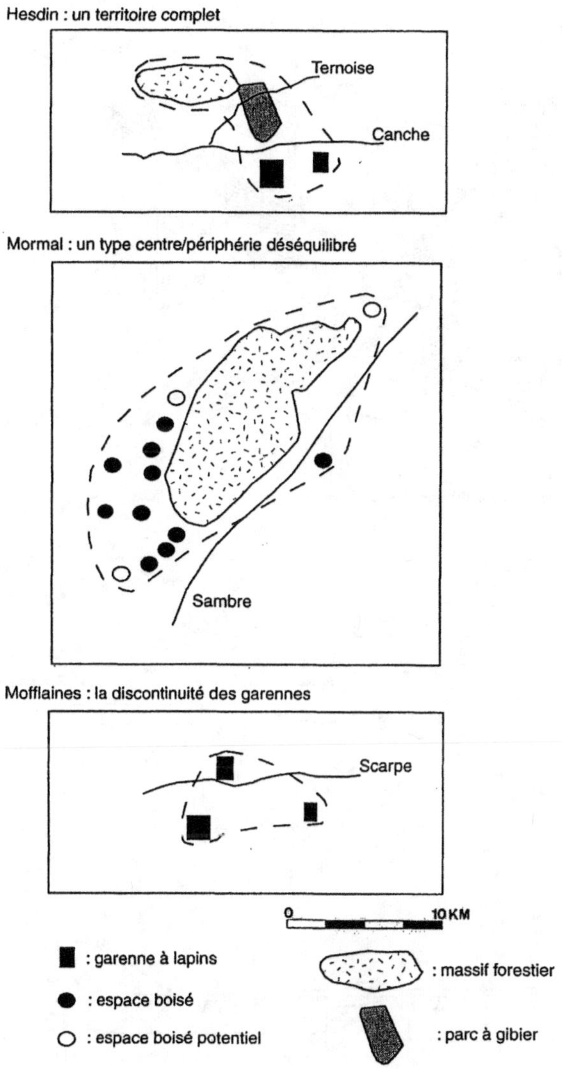

Fig. 22 : Piège en creux d'après le *Livre de chasse* de Gaston Fébus : reproduction, vues en plan et en coupe.

Relevé de la fosse aux « sanglers et autres bestes » du traité de Gaston Fébus.

Vue en plan d'après un hypothétique décapage de surface.

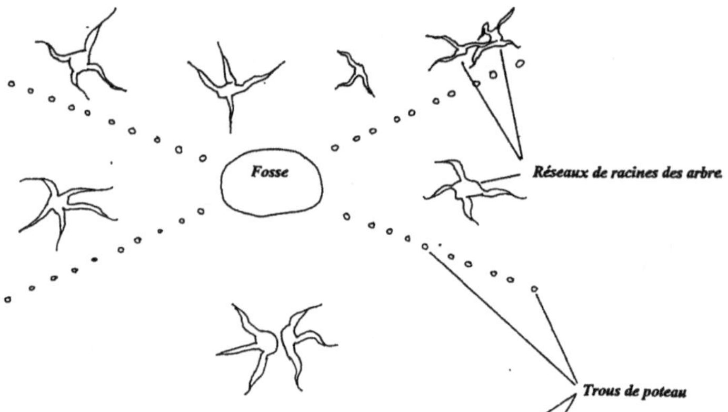

Vue en coupe.

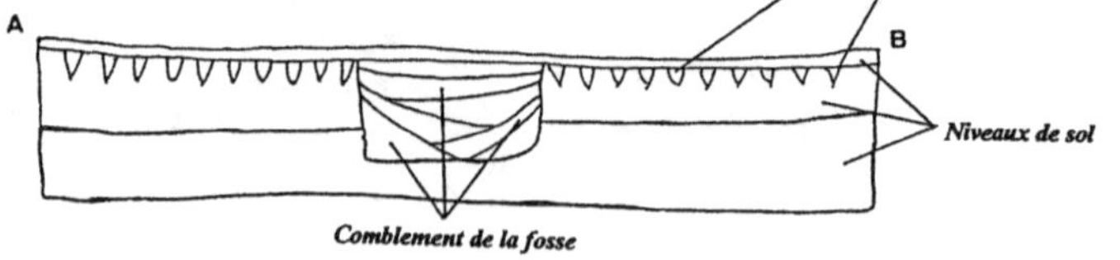

Fig. 23 : Piège construit d'après le *Livre de chasse* de Gaston Fébus : reproduction et vue en plan.

Relevé d'un « hausse-pied » à « lous et autres bestes » du traité de Gaston Fébus.

Vue en plan d'après un hypothétique décapage de surface.

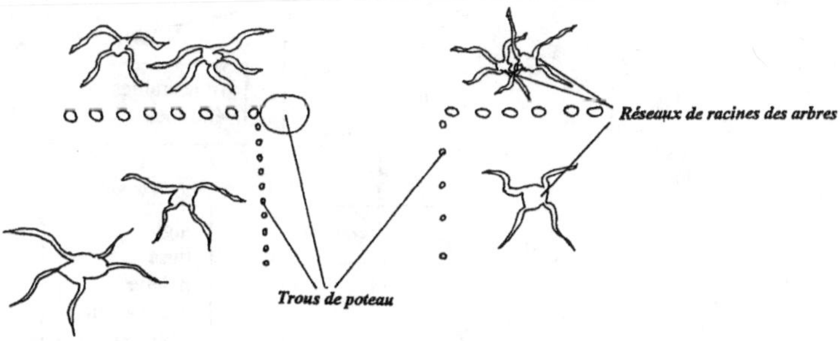

Fig. 24 : Animaux défavorisés et favorisés selon le chasseur médiéval à Hesdin

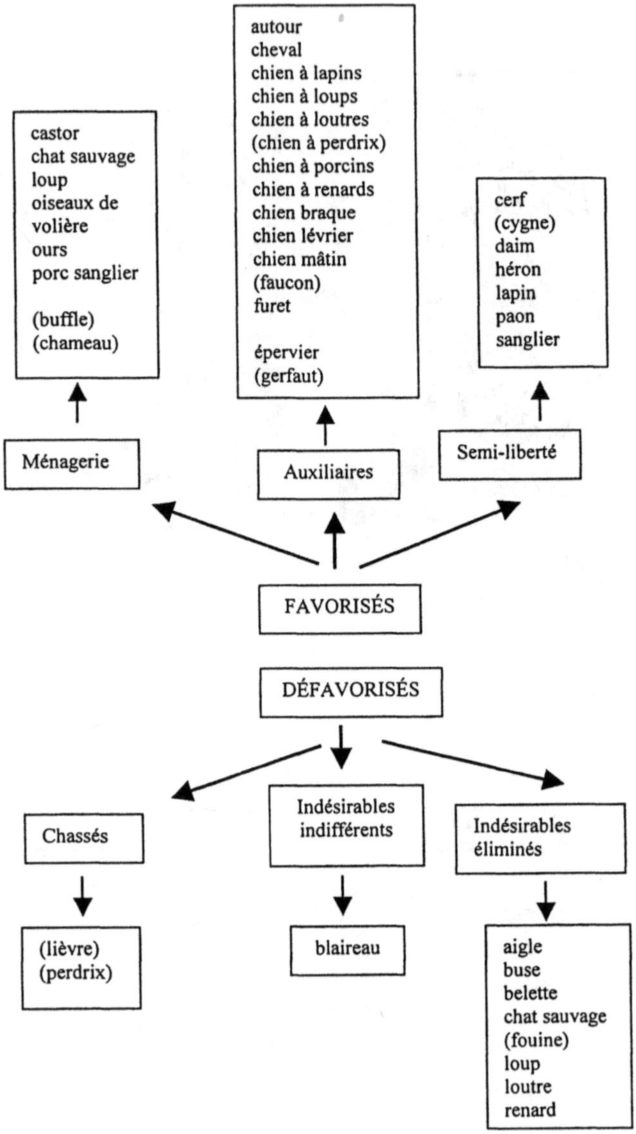

Fig. 25 : Tableau comparatif des mammifères recensés par les traités de chasse, les sources comptables et les sources archéozoologiques.

sources / *animaux*	**Fébus**	**De Ferrières**	**archives comptables**	**archéozoologie**
cerf	x	x	x	x
chevreuil	x	x		x
daim	x	x	x	
renne	x			
bouquetin	x			
lièvre	x	x		x
lapin	x	x	x	x
herbivores	7	5	3	4
loup	x	x	x	
renard	x	x	x	x
lynx			x	
chat sauvage	x		x	
blaireau	x	x	x	
loutre	x	x	x	
furet			x	
carnivores	5	4	7	1
ours	x		x	
sanglier	x	x	x	x
omnivores	2	1	2	1
écureuil		x	x	
castor			x	
rongeurs	0	1	2	0
Total	14	11	14	6

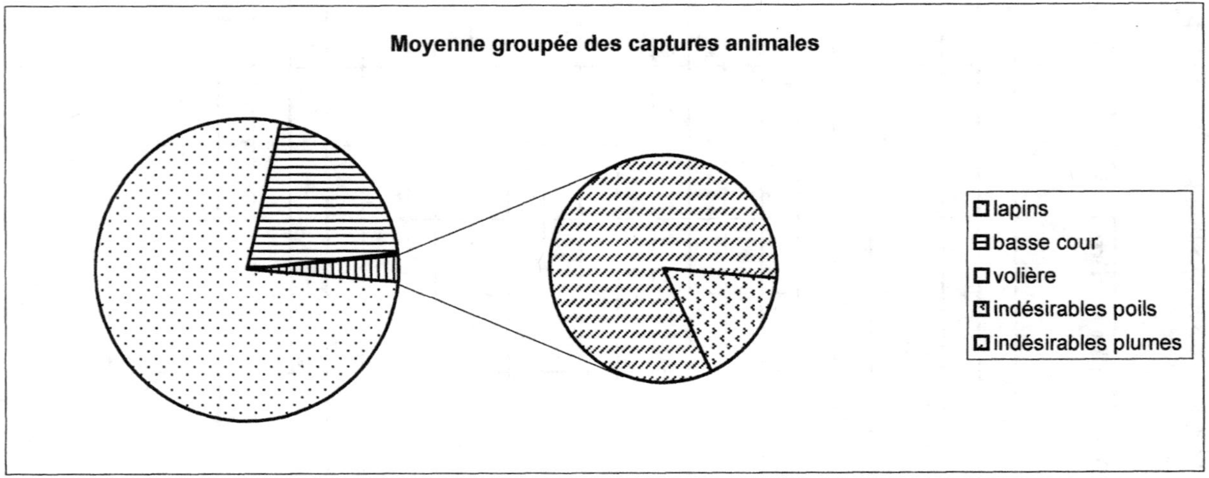

Fig. 26 : Les captures d'animaux dans la réserve cynégétique d'Hesdin : le lapin.

animaux	nombre	moyenne annuelle	faune groupée	moyenne groupée
lapins	5747	383,1	lapins	383,1
chapons	1425,5	95	basse cour	97,6
poules	39	2,6	volière	1,6
falconidés	19	1,3	indésirables poils	2,3
asturidés	4	0,3	indésirables plumes	11,4
loutres	14	0,9		
belettes	6	0,4		
loups	11	0,7		
blaireaux	4	0,3		
buses	28	1,9		
aigles	142	9,5		

Fig. 26 : Les captures d'animaux dans la réserve cynégétique d'Hesdin : le lapin.

Fig. 27 : Tableau des captures d'animaux dans la réserve cynégétique d'Hesdin (1300-1315).

	belette	blaireau	buse	chat sauvage	loup	loutre	aigle	ch. à renards	ch. à loups
Asc. 1300				x	x	x	0	0	
Ch. 1301					1	x	4	0	
Asc. 1301		x				2	0	8	
Ts. 1301			14			3	9	x	
Asc. 1302		4			7		2	12	
Ch. 1303				x	2	1	12	x	
Asc. 1303					x		0	8	
Ts. 1303			14				9	8	
Ch. 1304							0	8	
Asc. 1304	1					1	0	8	
Ts. 1304						1	0	8	
Ch. 1305							7	8	
Asc. 1305						1	1	8	
Asc. 1306	5				x	1	0	5	
Ts. 1306							0	0	
Ch. 1307						x	13	5	
Asc. 1307						1	1	10	
Ch. 1308							29	10	
Asc. 1308							0	5	5
Ts. 1308							0	0	
Ch. 1309							11	0	
Asc. 1309					x	x	4	0	
Ch. 1310							25	0	
Ts. 1310							0	0	
(Ch.) 1311					x	x	0	0	
Ch. 1312							0	0	
Asc. 1312							0	6	
Ts. 1312					1		0	6	x
Ch. 1313							0	6	
(Ts.) 1313/4							0	0	
Ch. 1314							11	6	
Ch. 1315					x	2	4	6	
Asc. 1315					x	1	0	0	
Ts. 1315							0	0	
Totaux	6	4	28	0	11	14	142	12	5

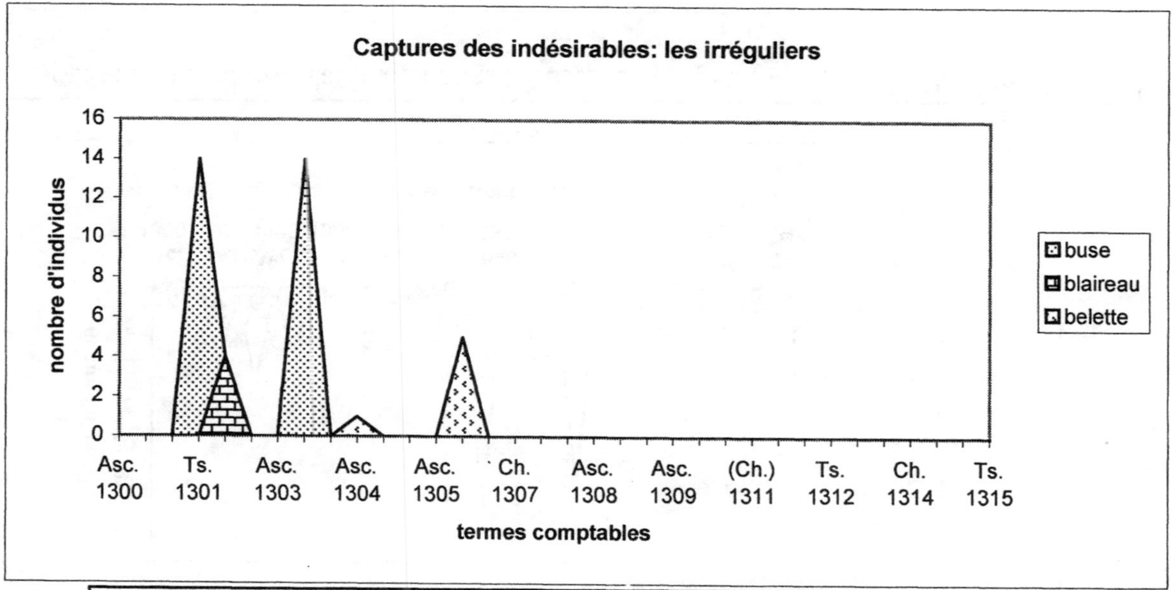

Fig. 28 : Les captures d'animaux dans la réserve cynégétique d'Hesdin : les indésirables irréguliers.

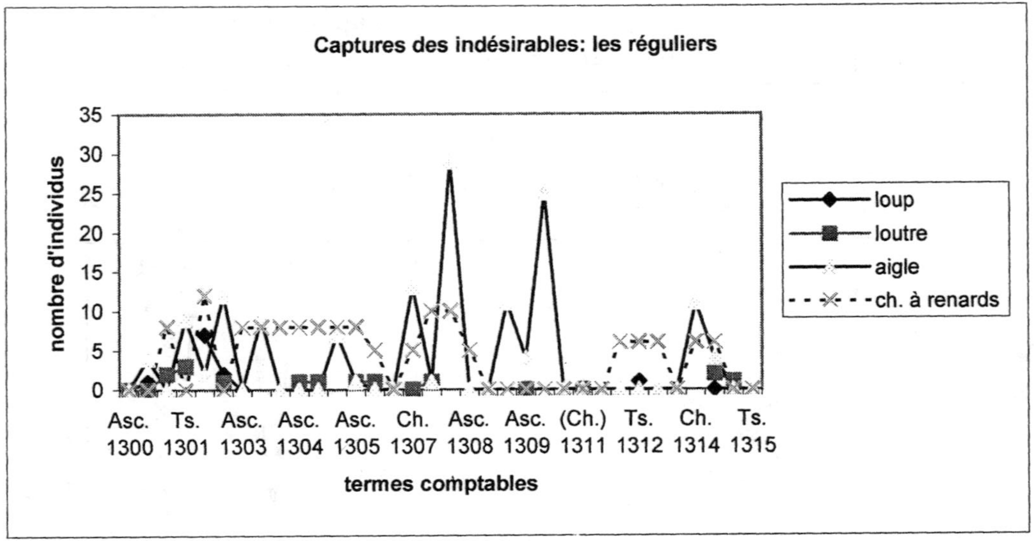

Fig. 29 : Les captures d'animaux dans la réserve cynégétique d'Hesdin : les indésirables réguliers.

Fig. 30 : Représentation synthétique de l'anthropisation de l'écosystème forestier de plaine de climat tempéré du nord de la France (ill. : F. Masse).

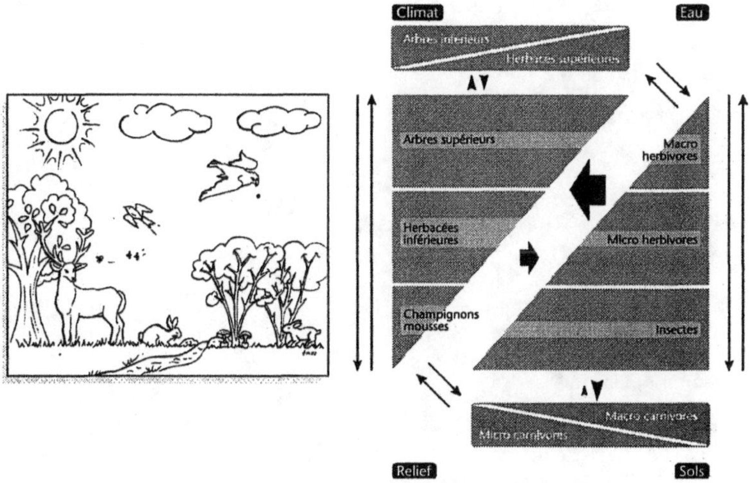

TABLE DES ANNEXES

Annexe I : Abbaye de Liessies (transcription intégrale de l'auteur). Comprend un acte. Copie d'époque moderne d'une entente entre l'abbé Helgot de Liessies et Jacques comte d'Avesnes, au sujet des droits respectifs de chacun sur les forêts de Féron, de Fourmies, de Fontenelles et de Cartignies. Datation de l'original : 1189. Archives départementales du Nord, 9H635 pièce 1191. Dimensions : 30 x 21,4 cm. Une feuille recto verso de papier. Écriture à l'encre noire, onciale s'inspirant du texte original.

Annexe II : Abbaye de Marchiennes (transcription de l'auteur). Comprend un acte. Original d'un mandement en forme de charte de l'archiduc d'Autriche et duc de Bourgogne Philippe Ier le Beau (1478-1506), contre les délinquants forestiers des bois de Brullel et d'Abscon, appartenant tous deux à l'abbaye de Marchiennes. Datation : avril 1501 après Pâques (entre le 12 et le 30 avril 1501). Archives départementales du Nord, 10H51 pièce 850^{a}.

Annexe III : Comptabilité d'Artois (transcription de l'auteur). Comprend un extrait de compte du XIVe siècle provenant du bailliage d'Hesdin par Robert du Plaissie, bailli d'Hesdin. Datation : terme de l'Ascension 1301 (3 février au 11 mai 1301). Archives départementales du Pas-de-Calais, A166^{4}.

Annexe IV : Comptabilité du Hainaut (transcription de l'auteur). Comprend un extrait de compte du XVe siècle. Comptabilité des bois du Hainaut avec insistance pour le massif forestier de Mormal. Datation : du 1er septembre 1406 au 1er septembre 1407. Archives départementales du Nord, B10649.

TABLE DES ILLUSTRATIONS

TABLE DES MATIÈRES

629198 - Novembre 2015
Achevé d'imprimer par

1livre.com
du rêve à la réalité !

www.ingramcontent.com/pod-product-compliance
Lightning Source LLC
LaVergne TN
LVHW011448061026
849535LV00004BA/1001